第一推动丛书: 宇宙系列
The Cosmos Series

黑洞战争
The Black Hole War

[美] 伦纳德·萨斯坎德 著 李新洲 敖犀晨 赵伟 译
Leonard Susskind

湖南科学技术出版社

图书在版编目（CIP）数据

黑洞战争 /（美）伦纳德·萨斯坎德著；李新洲，敖犀晨，赵伟译 . — 长沙：湖南科学技术出版社，2018.1（2024.10 重印）
（第一推动丛书 . 宇宙系列）
ISBN 978-7-5357-9450-5
Ⅰ . ①黑… Ⅱ . ①伦… ②李… ③敖… ④赵… Ⅲ . ①黑洞—普及读物 Ⅳ . ① P145.8-49
中国版本图书馆 CIP 数据核字（2017）第 210772 号

湖南科学技术出版社通过美国布罗克曼公司获得本书中文简体版中国大陆独家出版发行权
著作权合同登记号 18-2016-266

HEIDONG ZHANZHENG
黑洞战争

著者
[美]伦纳德·萨斯坎德
译者
李新洲 敖犀晨 赵伟
出 版 人
潘晓山
责任编辑
吴炜 戴涛 杨波
装帧设计
邵年 李叶 李星霖 赵宛青
出版发行
湖南科学技术出版社
社址
长沙市芙蓉中路一段416号
泊富国际金融中心
http://www.hnstp.com
湖南科学技术出版社
天猫旗舰店网址
http://hnkjcbs.tmall.com
邮购联系
本社直销科 0731-84375808

印刷
湖南省众鑫印务有限公司
厂址
长沙县榔梨镇保家工业园
邮编
410000
版次
2018 年 1 月第 1 版
印次
2024 年 10 月第 10 次印刷
开本
880mm × 1230mm 1/32
印张
16
字数
338千字
书号
ISBN 978-7-5357-9450-5
定价
69.00 元

THE
FIRST
MOVER

总序

《第一推动丛书》编委会

科学，特别是自然科学，最重要的目标之一，就是追寻科学本身的原动力，或曰追寻其第一推动。同时，科学的这种追求精神本身，又成为社会发展和人类进步的一种最基本的推动。

科学总是寻求发现和了解客观世界的新现象，研究和掌握新规律，总是在不懈地追求真理。科学是认真的、严谨的、实事求是的，同时，科学又是创造的。科学的最基本态度之一就是疑问，科学的最基本精神之一就是批判。

的确，科学活动，特别是自然科学活动，比起其他的人类活动来，其最基本特征就是不断进步。哪怕在其他方面倒退的时候，科学却总是进步着，即使是缓慢而艰难的进步。这表明，自然科学活动中包含着人类的最进步因素。

正是在这个意义上，科学堪称为人类进步的“第一推动”。

科学教育，特别是自然科学的教育，是提高人们素质的重要因素，是现代教育的一个核心。科学教育不仅使人获得生活和工作所需的知识和技能，更重要的是使人获得科学思想、科学精神、科学态度以及科学方法的熏陶和培养，使人获得非生物本能的智慧，获得非与生俱来的灵魂。可以这样说，没有科学的“教育”，只是培养信仰，而不是教育。没有受过科学教育的人，只能称为受过训练，而非受过教育。

正是在这个意义上，科学堪称为使人进化为现代人的“第一推动”。

近百年来，无数仁人志士意识到，强国富民再造中国离不开科学技术，他们为摆脱愚昧与无知做了艰苦卓绝的奋斗。中国的科学先贤们代代相传，不遗余力地为中国的进步献身于科学启蒙运动，以图完成国人的强国梦。然而可以说，这个目标远未达到。今日的中国需要新的科学启蒙，需要现代科学教育。只有全社会的人具备较高的科学素质，以科学的精神和思想、科学的态度和方法作为探讨和解决各类问题的共同基础和出发点，社会才能更好地向前发展和进步。因此，中国的进步离不开科学，是毋庸置疑的。

正是在这个意义上，似乎可以说，科学已被公认是中国进步所必不可少的推动。

然而，这并不意味着，科学的精神也同样地被公认和接受。虽然，科学已渗透到社会的各个领域和层面，科学的价值和地位也更高了，但是，毋庸讳言，在一定的范围内或某些特定时候，人们只是承认“科学是有用的”，只停留在对科学所带来的结果的接受和承认，而不是对科学的原动力——科学的精神的接受和承认。此种现象的存在也是不能忽视的。

科学的精神之一，是它自身就是自身的“第一推动”。也就是说，科学活动在原则上不隶属于服务于神学，不隶属于服务于儒学，科学活动在原则上也不隶属于服务于任何哲学。科学是超越宗教差别的，超越民族差别的，超越党派差别的，超越文化和地域差别的，科学是普适的、独立的，它自身就是自身的主宰。

湖南科学技术出版社精选了一批关于科学思想和科学精神的世界名著，请有关学者译成中文出版，其目的就是为了传播科学精神和科学思想，特别是自然科学的精神和思想，从而起到倡导科学精神，推动科技发展，对全民进行新的科学启蒙和科学教育的作用，为中国的进步做一点推动。丛书定名为“第一推动”，当然并非说其中每一册都是第一推动，但是可以肯定，蕴含在每一册中的科学的内容、观点、思想和精神，都会使你或多或少地更接近第一推动，或多或少地发现自身如何成为自身的主宰。

再版序
一个坠落苹果的两面：极端智慧与极致想象

龚曙光

2017年9月8日凌晨于抱朴庐

连我们自己也很惊讶,《第一推动丛书》已经出了25年。

或许,因为全神贯注于每一本书的编辑和出版细节,反倒忽视了这套丛书的出版历程,忽视了自己头上的黑发渐染霜雪,忽视了团队编辑的老退新替,忽视好些早年的读者,已经成长为多个领域的栋梁。

对于一套丛书的出版而言,25年的确是一段不短的历程;对于科学研究的进程而言,四分之一个世纪更是一部跨越式的历史。古人"洞中方七日,世上已千秋"的时间感,用来形容人类科学探求的速律,倒也恰当和准确。回头看看我们逐年出版的这些科普著作,许多当年的假设已经被证实,也有一些结论被证伪;许多当年的理论已经被孵化,也有一些发明被淘汰……

无论这些著作阐释的学科和学说,属于以上所说的哪种状况,都本质地呈现了科学探索的旨趣与真相:科学永远是一个求真的过程,所谓的真理,都只是这一过程中的阶段性成果。论证被想象讪笑,结论被假设挑衅,人类以其最优越的物种秉赋——智慧,让锐利无比的理性之刃,和绚烂无比的想象之花相克相生,相否相成。在形形色色的生活中,似乎没有哪一个领域如同科学探索一样,既是一次次伟大的理性历险,又是一次次极致的感性审美。科学家们穷其毕生所奉献的,不仅仅是我们无法发现的科学结论,还是我们无法展开的绚丽想象。在我们难以感知的极小与极大世界中,没有他们记历这些伟大历险和极致审美的科普著作,我们不但永远无法洞悉我们赖以生存世界的各种奥秘,无法领略我们难以抵达世界的各种美丽,更无法认知人类在找到真理和遭遇美景时的心路历程。在这个意义上,科普是人类极端智慧和极致审美的结晶，是物种独有的精神文本，是人类任何其他创造——神学、哲学、文学和艺术无法替代的文明载体。

在神学家给出“我是谁”的结论后，整个人类，不仅仅是科学家，包括庸常生活中的我们，都企图突破宗教教义的铁窗，自由探求世界的本质。于是，时间、物质和本源，成为了人类共同的终极探寻之地，成为了人类突破慵懒、挣脱琐碎、拒绝因袭的历险之旅。这一旅程中，引领着我们艰难而快乐前行的，是那一代又一代最伟大的科学家。他们是极端的智者和极致的幻想家，是真理的先知和审美的天使。

我曾有幸采访《时间简史》的作者史蒂芬·霍金，他痛苦地斜躺在轮椅上，用特制的语音器和我交谈。聆听着由他按击出的极其单调的金属般的音符，我确信，那个只留下萎缩的躯干和游丝一般生命气息的智者就是先知，就是上帝遣派给人类的孤独使者。倘若不是亲眼所见，你根本无法相信，那些深奥到极致而又浅白到极致，简练到极致而又美丽到极致的天书，竟是他蜷缩在轮椅上，用唯一能够动弹的手指，一个语音一个语音按击出来的。如果不是为了引导人类，你想象不出他人生此行还能有其他的目的。

无怪《时间简史》如此畅销！自出版始，每年都在中文图书的畅销榜上。其实何止《时间简史》，霍金的其他著作，《第一推动丛书》所遴选的其他作者著作，25年来都在热销。据此我们相信，这些著作不仅属于某一代人，甚至不仅属于20世纪。只要人类仍在为时间、物质乃至本源的命题所困扰，只要人类仍在为求真与审美的本能所驱动，丛书中的著作，便是永不过时的启蒙读本，永不熄灭的引领之光。

虽然著作中的某些假说会被否定，某些理论会被超越，但科学家们探求真理的精神，思考宇宙的智慧，感悟时空的审美，必将与日月同辉，成为人类进化中永不腐朽的历史界碑。

因而在25年这一时间节点上，我们合集再版这套丛书，便不只是为了纪念出版行为本身，更多的则是为了彰显这些著作的不朽，为了向新的时代和新的读者告白：21世纪不仅需要科学的功利，而且需要科学的审美。

当然，我们深知，并非所有的发现都为人类带来福祉，并非所有的创造都为世界带来安宁。在科学仍在为政治集团和经济集团所利用,甚至垄断的时代，初衷与结果悖反、无辜与有罪并存的科学公案屡见不鲜。对于科学可能带来的负能量，只能由了解科技的公民用群体的意愿抑制和抵消：选择推进人类进化的科学方向，选择造福人类生存的科学发现，是每个现代公民对自己，也是对物种应当肩负的一份责任、应该表达的一种诉求！在这一理解上，我们将科普阅读不仅视为一种个人爱好，而且视为一种公共使命！

牛顿站在苹果树下，在苹果坠落的那一刹那，他的顿悟一定不只包含了对于地心引力的推断，而且包含了对于苹果与地球、地球与行星、行星与未知宇宙奇妙关系的想象。我相信，那不仅仅是一次枯燥之极的理性推演，而且是一次瑰丽之极的感性审美……

如果说，求真与审美，是这套丛书难以评估的价值，那么，极端的智慧与极致的想象，则是这套丛书无法穷尽的魅力！

是什么给这些方程带来了勃勃生机，让它们能够描述宇宙呢？

——史蒂芬·霍金

引言

吾欲知神甚多，神予吾者太吝。

——罗伯特·安森·海因莱因

《异乡异客》

在东非稀树草原的某个地方，一头年迈的狮子正在寻觅它的美餐，它很想捕捉年老体弱、行动迟缓的猎物，但眼前只有一头年轻而健康的羚羊，是它唯一可能的选择。羚羊的双眼非常适合巡视四周，它用谨慎的目光搜索着捕食者危险的活动区域。捕食者的目光正视前方，极适合于锁定它的猎物和测量距离。[1]

羚羊这次的大角度扫描漏过了捕食者，它漫步到了被捕击的范围之内。狮子强有力的后缩，然后猛然冲向那惊慌的猎物。永恒的比赛重新开始了。

尽管狮子已被年龄拖累，但这头大型的猫科动物依然是出色的短跑运动员。起初它们之间的距离开始接近，但是狮子强有力的快肌纤

1. 译者注：与人类一样，食肉动物的双眼长在前部，所以能够测距；食草动物的双眼长在两侧，因而眼睛不能测距，但便于巡视周围的环境。

维渐渐变得缺氧。不久羚羊天生的耐力取胜了，在某一刻，狮子与它猎物之间的相对速度变化了；距离从起初变短，慢慢开始拉大。好运稍纵即逝，狮子殿下意识到失败了，它灰溜溜地回到灌木丛中。

5万年前，一个疲倦的猎人发现了一个被大石块挡住的山洞口：如果他能移走这个沉重的阻碍物，那么这个洞口将是一个安全的休息场所。这个猎人直立着，这不同于他的猿人祖先。他站在那里用力地推石块，石块不动。为了找到一个更好的角度，他移动双腿，调节与石块的距离。当他的身体几乎处于水平时，所施的力在有效的方向上，有一个很大的分量，大石块被移动了。

距离？速度？符号的改变？角度？分量？猎人未受教育的头脑中发生了令人难以置信的、复杂的计算，狮子的头脑中也同样如此。我们通常是在大学物理教科书上首次遇到这些专门概念的。狮子从哪里学会测量猎物的速度，以及更为重要的相对速度呢？猎人学习过物理课程中力的概念吗？他了解三角学中计算正弦和余弦的方法吗？

当然，事实上所有复杂的生物物种都有着内在的、天生的物理概念，这是通过进化[1] 灌输到它们的神经系统中的。如果没有这些预编的物理程序，它们就无法生存。变异和自然选择使我们甚至是动物都成了物理学家。对人类而言，大尺寸的大脑使得这些本能进化成我们意识层次上的概念。

---

1. 没有人真正知道，这些概念被灌输了多少，抑或是幼年生活学会了多少，但是差别在这里并不重要。问题在于，当我们的神经系统成熟时，无论是个人的，还是进化的经验，会告诉我们许多物理世界如何运行的本能知识。无论是灌输的，还是幼年时代学会的知识，要忘记它们是非常困难的。

重新装备自己

事实上，我们都是经典[1] 物理学家。我们在很浅显的水平上感觉到力、速度和加速度。在《异乡异客》（1961）这部科幻小说中，罗伯特·海因莱因（Robert Heinlein）创造了一个专用词汇“干扰克”[2] 来表达对现象深层次直觉，近乎本能的理解。我干扰克力、速度和加速度。我干扰克三维空间。我干扰克时间和数字5∵∴。一块石头和一支矛的轨迹是可以干扰克的。但对于我的悟性，标准的干扰克用到十维时空，或者数字10^{1000}时就失效了，当用到电子世界和海森伯不确定原理时将会更糟。

20世纪初，大量的直觉观念失效；物理学在完全陌生的现象面前显得不知所措。当阿尔伯特·迈克耳孙（Albert Michelson）和爱德华·莫雷（Edward Morley）发现地球在假设的以太中的轨道运动不可观测时[3]，我的祖父已经10岁了；直到他二十几岁电子才被发现；当他30岁时，阿尔伯特·爱因斯坦（Albert Einstein）发表了他的狭义相对论，海森伯（Heisenberg）发现不确定原理时他已经步入中年了。进化的压力不可能使我们对这些根本不同的世界产生本能的认识。但是，我们（至少我们当中的某些人）的神经网络事先为重新装备做好了准备，这使得我们不仅可以询问这些晦涩的现象，而且可以创造精确的抽象概念，即新的、非直觉的深刻概念来处理和解释它们。

---

1. 经典这个词是指，不需要考虑量子力学时的物理。
2. 译者注：干扰克（Grok）是美国俚语，意指通过神人作用而理解。海因莱因在他的科幻小说《异乡异客》中，是火星人的用语，指主人公所具有的感知与交流能力。读者务必记住这个词，因为它会反复出现。
3. 著名的迈克耳孙-莫莱实验最初是用来表明光速不依赖于地球的速度。它导致的佯谬，最终被爱因斯坦的狭义相对论解决。

当速度快到几乎可以与转瞬即逝的光的速度相比拟时，速度就是大脑第一个需要重新装备的。在20世纪之前，没有任何动物的速度能超过每小时100英里（1英里约为1.6千米），甚至在今天，仅仅是出于科学的目的才涉及光速多快。光一点儿也不动：当发光体被接通时，光是瞬时出现的。早期的人类不需要硬接装备线来协调诸如光速这样的超高速度。

瞬间产生速度是需要重新装备的。爱因斯坦决不是顿悟者；他在困惑中苦苦奋斗了10年来取代牛顿的装备。但对当时的物理学家而言，似乎在他们之中自发地出现了一个全新的人种，爱因斯坦不是用三维的空间，而是用四维的时空来审视世界。

物理学家通常的看法是，爱因斯坦又奋斗了10年来统一狭义相对论和牛顿的引力理论。广义相对论产生了，它深刻地改变了关于几何的所有传统观念。时空变得有弹性、弯曲或扭曲，它对物质存在的反应就像一张应力作用下的橡皮膜。原先的时空是被动的，它的几何性质是固定的。在广义相对论中，时空成为积极的表演者：像行星和恒星那样的大质量的物体可以使它变形，但是没有大量必要的数学是无法具体化理解这些的。

1900年，爱因斯坦登上舞台的5年前，伴随着光是由光子[1]或光量子组成的发现，产生了另一个怪诞的范例。光子理论仅仅是革命的一个导火索，智力体操比目前所见的任何事物都要抽象得多。量子力

---

1. 直到1926年由化学家吉尔伯特·刘易斯（Gilbert Lewis）引进光子这个术语后才开始使用。

学不仅仅是自然界的一个新法则，它改变了任何心智正常的人用来推理的经典逻辑规则。这似乎很疯狂。但无论疯狂与否，物理学家可以用称之为量子逻辑的新逻辑来重新装备自己。在第4章中，我会解释所有需要了解的量子力学知识。准备好吧，任何人都会被它迷惑！

相对论和量子力学创世伊始，就是一对勉为其难的伴侣。当它们被强迫结合在一起时，冲突发生了：物理学家所提出的任何问题，数学上都给出了令人烦恼的无穷大。经过了半个世纪才调和了量子力学和狭义相对论之间的矛盾，数学上的不一致性最终被消除了。到了20世纪50年代早期，理查德 · 费曼（Richard Feynman）、朱力安 · 施温格尔（Julian Schwinger）、朝永振一郎（Sin-Itiro Tomanaga）和弗里曼 · 戴森（Freeman Dyson）[1] 为狭义相对论和量子力学的结合奠定了基础，量子场论诞生了。虽然尝试无数，但是广义相对论（狭义相对论和牛顿引力理论的结合）和量子力学之间依然是无法调和的。费曼、史蒂文 · 温伯格（Steven Weinberg）、布赖斯 · 德威特（Bryce DeWitt）和约翰 · 惠勒（John Wheeler）都曾尝试量子化爱因斯坦的引力方程，但得到的尽是数学废话。这可能并不令人感到惊奇。量子力学是非常轻的物体的运动规律。相比较而言，引力只是对一些非常重的物体才显得重要。看来并不存在轻得足以使量子力学有效，重得足以使引力成为重要的物体，所以一切都是安全的。因此，在整个20世纪后半叶，许多物理学家认为对统一理论的追求是毫无价值的，只适合于怪人和哲学家。

1. 1965年费曼、施温格尔和朝永振一郎因他们的工作获得了诺贝尔奖。但量子场论的现代思维方式更多的归功于戴森。

但是，其他人认为这是一种目光短浅的观点。存在这样两种不相容的，甚至是矛盾的自然理论，对他们而言是无法忍受的。他们相信引力必然在研究物质最小构成砖块的性质时产生影响。问题是物理学家还没有探测得足够深入。他们确实是正确的：到达世界的基石时，距离太短以至于无法直接观测，自然界最小的物体之间存在着强大的引力。

当前，人们普遍相信引力和量子力学对于确定基本粒子的法则处于同等重要的地位。但是，自然界的基本组成砖块出奇的小，因此如果需要用极端的重新装备来理解它们也是不足为奇的。无论这种新的装备是什么，我们将称它为量子引力，即使我们不知道它的具体形式，我们也可以很肯定地说：这种新的模式将包含极为新奇的时空观念。关于时空点和时刻的客观实在性即将过时，和同时性[1]、决定论[2]一样销声匿迹，终将成为昨日黄花。量子引力描述了一个比我们所能想象的更为主观的实在。我们将在第18章可以看到，就许多方面而言，这个实在性，就像一个全息图的幽灵般的三维幻象。

理论物理学家正在努力奋斗，想在陌生的领域占有一席之地。正如过去一样，思想实验导致基本原理之间存在轻微的佯谬和冲突。这本书是关于一个思想实验的智力之战。1976年史蒂芬·霍金（Stephan Hawking）想象把一些信息，诸如一本书、一台电脑，抑或是一个基本粒子抛入黑洞之中。霍金认为黑洞是最终的陷阱，那些信息在外面

---

1. 1905年的相对论革命重要思想之一，两个事件可以客观上是同时的。
2. 决定论的原则是将来由过去完全决定。按照量子力学的观点，物理定律是统计的，不存在完全肯定的预言。

的世界中，会永久地消失。这种言论听上去好像无害，但事实并非如此，它威胁和推翻了现代物理学的整个体系。自然界最基本的定律，信息守恒已处于严重的危机之中，这件事情极不寻常。对于关注此事的人，认为要么是霍金错了，要么是已建立300年之久的物理核心不成立了。

起初很少有人关注此事。将近20年的论战在很大程度上默默无闻地进行着。我和伟大的荷兰物理学家赫拉德·特霍夫特（Gerard’t Hooft）组成两人的队伍，处于智力派的一面。史蒂芬·霍金和人数不多的相对论军团为对立的一面。直到20世纪90年代早期，绝大多数的理论物理学家，尤其是弦理论家在霍金提出的威胁中觉悟过来，而他们大部分都误解了，至少是暂时误解了。

黑洞战争是名副其实的科学论战，完全不同于关于智能设计或温室效应是否存在的伪论辩。那些空头的争论，都是出于政治操纵来迷惑纯真的大众，丝毫不能体现真正不同的科学观点。相比之下，关于黑洞的观点分歧是真正的。杰出的理论物理学家对物理学原理的取舍不能达成一致。他们是应该追随霍金关于时空的保守观点，还是我和特霍夫特关于量子力学的保守观点呢？似乎任何观点都导致佯谬和矛盾。要么自然法则演绎舞台的时空不是我们所想的那样，要么神圣的熵和信息原理错了。成千上万年的认知进化和数百年的物理经验又一次欺骗了我们，我们发现我们自身需要一种新的智力装备。

黑洞战争是一首歌，它赞美了人类心智及其发现自然界法则的非凡能力。它对世界的解释，比量子力学和相对论还要远离我们的判断。

量子引力处理的是质子万亿亿分之一的物体。我们从未直接体验过如此小的东西，或许永远也无法体验，但是人类的创造力赋予我们追溯它们存在的根源。令人惊奇的是，通往那个世界的入口，竟是有着巨大的质量和尺寸的物体：黑洞。

黑洞战争同时也是一部发现史。全息原理是所有物理领域内的直觉抽象之一。它是一场关于落入黑洞中的信息的命运，长达20多年的智力争战。这不是愤怒的敌对者之间的战争，实际上所有的参与者都是朋友。然而，它是一场深深尊重对方，但又持有完全不同意见的双方之间关于思想的智力争战。

我们需要纠正一个流传甚广的观点。物理学家，尤其是理论物理学家，在公众当中通常是乏味而狭隘的人，他们的兴趣也是与众不同的、非常人的和无聊的。没有什么比这个观点离真理更加遥远。我所认识的伟大物理学家当中很多都极具超凡魅力，有着强烈的热情和引人入胜的思想。对我而言，人格和思维方式的多样性，有着无穷的乐趣。在写给广大读者的物理著作中，如果不加入人的要素，就会遗漏了某种乐趣。在这本书的写作中，我尝试讲述既有科学性又有情感性的故事。

关于大数和小数的注记

本书的自始至终，你会发现许多很大和很小的数字。人类的大脑无法形象化思索比100大很多或比1/100小很多的数字，但我们可以训练自己以便做得更好。例如，很习惯处理数字的我或多或少可以想象100万，但1万亿和1000的5次幂之间的区别超出了我的形象化能力。本书中的很多数字都远远超过了100万和1000的5次幂。那么我们如何记录它们呢？答案涉及有史以来最伟大的重新装备功绩之一：指数和科学计数法的发明。

我们首先来看一个相当大的数字，地球上的人口大约是60亿。10亿等于将10自身相乘9次。它还可以表示成1后面有9个0。

$$10亿 = 10 \times 10 \times 10 \times 10 \times 10 \times 10 \times 10 \times 10 \times 10 = 1\,000\,000\,000$$

10自身相乘9次的简短记法是10^9，或是10的9次方。因此地球上的人口大体上可以用下式给出：

$$60亿 = 6 \times 10^9$$

这样的话，9被称为指数。

这里有一个更大的数：地球上质子和中子的总数。

$$地球上质子和中子的数目（大约）= 5 \times 10^{51}$$

这显然比地球上的人口数大很多。大多少呢？10的51次幂有51个因数10，而10亿只有9个。因此，10^{51}比10^9多了42个因数10。这使得地球上的核子数比人口数多10^{42}倍。（注意，我忽略了前述方程中的因子5和6。5和6并非很不相同，因此仅需要粗略的“数量级估算”时，你可以忽略它们。)

我们来看两个确实非常大的数。我们目前用最强大的望远镜观测到宇宙中电子的总数大约是10^{80}。总的光子[1]数大约是10^{90}。现在10^{90}听起来可能不比10^{80}大多少，但这是一个令人迷惑的假象：10^{90}比10^{80}大10^{10}倍，而且10 000 000 000是一个非常大的数。事实上，10^{80}和10^{81}看起来几乎相等，但是后者比前者大10倍。因此指数上一个适度的改变可能意味着它表示的数巨大的变化。

现在我们来考虑非常小的数。原子的尺寸大约是1米的100亿分之一（1米大约是1码）。用小数记法表示如下：

原子的尺寸=0.0 000 000 001米

注意，1在第十个小数位上。用科学计数法来表示100亿分之一涉及负指数，即−10。

$$0.0\,000\,000\,001=10^{-10}$$

具有负指数的数小，具有正指数的数大。

我们再来看一个更小的数。基本粒子，例如电子，相对于通常物

1. 不要混淆光子和质子。光子是光的粒子，质子和中子共同组成原子核。

体而言是非常轻的。1千克是1升（大约1夸脱）水的质量。一个电子的质量实在是微不足道的。事实上，单个电子的质量大约是9×10^{-31}千克。

最后，在科学计数法中进行乘法和除法是非常简单的。你仅需要进行指数的加或减即可。下面是几个例子。

$$10^{51}=10^{42} \times 10^{9}$$

$$10^{81} \div 10^{80}=10$$

$$10^{-31} \times 10^{9}=10^{-22}$$

指数并不是描述非常大的数字的唯一简短记法。某些大数有它们自身特有的名字。例如，谷戈尔是10^{100}（1后面有100个0），谷戈尔普勒克斯是$10^{\text{谷戈尔}}$（1后面有谷戈尔个0），是一个十分巨大的数字。

解决了这些基础，我们返回并非十分抽象的世界，在罗纳德·里根（Ronald Reagan）总统第一次任期第3年的圣弗朗西斯科，一场冷战正在激烈地进行着，新的战争一触即发。

目录

黑洞战争

吾写历史，历史爱吾。

——温斯顿·丘吉尔[1]

风云篇

1. 第一篇和第四篇的标题分别取自丘吉尔《第二次世界大战史》的第一卷和第五卷。

第1章
第一枪

圣弗朗西斯科 1981

在杰克·罗森堡（Jack Rosenberg）的圣弗朗西斯科公寓的顶楼里，当最初的小冲突发生时，战争的乌云已集聚了80多年。杰克，又名沃纳·埃哈德（Werner Erhard），是一个宗教教师、一个超级推销员，还有一点儿哄骗行径。在20世纪70年代早期，他只是平凡的杰克·罗森堡，一个“万事通”式的推销员。后来有一天，当他穿过金门大桥时，他顿悟了。他将要拯救世界，并由此可以获得一笔巨额的财富。他所需要的是一个经典的名字和一个新的场所。他的新名字是沃纳（源于沃纳·海森伯）·埃哈德（源于德国政治家路德维希·埃哈德）；新的场所是埃哈德研讨会培训中心，简称EST。他确实成功了，虽然没有拯救世界，但至少发财了。成千上万个羞涩的、心神不宁的人，每人花几百美元来到这里，使自己变成高谈阔论且积极主动的人，据说他们在沃纳或他众多门徒举办的激发研讨会中，16个小时不允许去洗手间。这比心理疗法要快速和廉价得多，在某种程度上它是有效的。参加者进去的时候目光还是羞涩和闪烁不定的，出来时就像沃纳一样表现得有自信、坚强和友好。不用再担心他们有时候像狂躁的握手机器人，他们感觉好多了。“训练”的主题居然是伯特·雷诺兹

（Burt Reynolds）的一部有趣的、名为《匹夫之勇》的电影。

4

EST的狂热追随者围着沃纳。奴隶显然是一个非常强的术语，我们称他们为志愿者。有EST训练的厨师来给他做饭，有司机拉着他四处转，有各种各样的家庭仆人来整理他的公寓。但具有讽刺意义的是，沃纳也是一个狂热的追随者，他是一个物理迷。

我喜欢沃纳，他聪明、有趣、充满着乐趣。他被物理迷住了，想成为其中的一分子，因此，他耗费了大量的资金将一群出色的理论物理学家带到他的公寓里。有时仅有他的几个特殊的物理伙伴，包括悉尼·科尔曼（Sidney Coleman）、大卫·芬克尔斯坦（David Finkelstein）、迪克·费曼（Dick Feynman）和我，相聚在他家中，享用名厨提供的丰盛晚餐。但更为重要的是，沃纳喜欢举行小型的、精华的会议。圣弗朗西斯科是我们活动的地点，在顶楼装备齐全的研讨会议厅中，有一群志愿者对我们无微不至地照顾，这些小型的会议充满了乐趣。某些物理学家对沃纳产生了怀疑。他们认为沃纳在以某种狡猾的方式，利用他与物理学家的联系来推销自己，但是他从来没有这样做。据我所知，他只是喜欢从知名人士那里了解他们最新的思想而已。

我想在那里总共举办了三次或四次EST会议，但只有一次给我留下了不可磨灭的印象，进而影响到了我的物理研究。那是1981年，客人中包括默里·盖尔曼（Murray Gell-Mann）、谢尔登·格拉肖（Sheldon Glashow）、弗兰克·维尔切克（Frank Wilczek）、萨瓦斯·迪莫波洛斯（Savas Dimopoulos）、戴夫·芬克尔斯坦（戴夫是大卫的昵称）。但在这个故事当中，最重要的参与者是黑洞战争的三位主要参战者：赫拉德·特霍夫特、史蒂芬·霍金和我。

虽然在1981年之前我只见过特霍夫特几次，但他给我留下了深刻的印象。所有人都知道他才华横溢，但我感觉到的远不止这些。他似乎有着钢铁般的意志和上乘的智力，超过了我所知道的任何人，或许迪克·费曼除外。他们两个都是表演者：费曼是一个美国表演者，他傲慢、玩世不恭、充满着胜人一筹的男子气。有一次，他给加州理工学院的一群年轻物理学家讲述了研究生和他开的一个玩笑。在帕萨迪纳有个卖三明治的地方，那里供应"名人"三明治。你可以要一个汉弗莱·博加特（Humphrey Bogart）[1] 三明治、一个玛丽莲·梦露（Marilyn Monroe）[2] 三明治，等等。我想可能是他过生日的时候，学生们把他带到那里，一个接着一个要费曼三明治。他们预先和经理协商过了，柜台后面的小伙子眼睛都没有眨一下。

当他讲完这个故事后，我说："噢，迪克，我想知道费曼三明治和萨斯坎德三明治的区别？"

他回答："哦，它们几乎相同，只不过萨斯坎德三明治有较多的火腿。"

我说："是的，不过胡扯[3] 要少得多。"那可能是我在此类游戏中唯

1. 译者注：汉弗莱·博加特（Humphrey Bogart，1899～1957），美国著名演员，以在银幕上饰硬汉角色而闻名。在《非洲皇后》一片中，饰爱喝杜松子酒的船夫，获奥斯卡最佳演员奖。
2. 译者注：玛丽莲·梦露（Marilyn Monroe，1926～1962），美国著名喜剧女演员，金发性感女郎的象征。因过量服用安眠药而去世，引起世界舆论的震动。
3. 译者注：这是一句双关语，美国口语baloney既有胡扯、鬼话的意思，又指大红肠，从而作者在这次斗口中胜了费曼。

一赢他的一次。

特霍夫特是荷兰人，荷兰人是欧洲最高的人种，但是特霍夫特矮小、结实健壮，长着八字胡，看起来像个市民。与费曼一样，特霍夫特有着强烈的竞争倾向，我确定我永远无法胜过他。与费曼不同的是，他是旧欧洲的产物，是欧洲最新涌现出来的伟大物理学家，是爱因斯坦和玻尔（Niels Bohr）的真正继承者。虽然他比我小6岁，但从1981年开始，我就尊敬他，到现在依然如此。由于在基本粒子标准模型方面的工作，他获得了1999年的诺贝尔物理学奖。

但在沃纳的顶楼里，让我记忆最深的并不是特霍夫特，而是我在那里第一次遇到了史蒂芬·霍金。霍金在那里投下了炸弹，发动了黑洞战争。

6

霍金同样也是一个表演者。他身体瘦小，我猜想他的体重只有100磅（1磅约0.45千克），但这瘦小的身体里蕴含着异常的智力和同等强大的自我。那个时候，霍金用的是一个普通动力的轮椅，他可以用自己的声音说话，然而他的话不好懂，除非你花大量的时间和他在一起。他的随行人员包括一个护士和一个年轻的同事，这个年轻的同事会仔细听他讲，然后重复他说的话。

在1981年，他的译员是马丁·勒克（Martin Rocek），现在是一个著名的物理学家，是超引力这个重要学科的先驱者。然而，在当时的EST会议上，勒克非常年轻，并不是非常出名。不过通过先前的会议，我了解到他是一个非常有能力的理论物理学家。在我们的交谈中，霍金（通过勒克）说我所考虑的某种东西是错误的。我转向勒克，请他说明一下刚才所谈及的物理内容。他发愣地看着我，像一只在汽车大灯照射下的鹿。事后他告诉我究竟是怎么回事，看来翻译霍金的言语需要如此强烈的专注力，他通常无法了解会议的内容，几乎不知道我们讨论的是什么东西。

霍金是一个不同寻常的奇观。我不是指他的轮椅或者是他显而易见的生理缺陷。尽管他的面部肌肉不动，但是他那浅浅的微笑是独一无二的，天使与魔鬼般的笑容共存，透射出一丝神秘的乐趣。在EST会议期间，我发现与霍金交谈是极为困难的。他要花很长时间来回答问题，而且他的回答通常十分简短。这些简短的、有时甚至是一个字的回答和他的笑容，还有他超凡的智力令人感到不安。这与特尔斐的先知对话一样[1]。当有人向霍金提出问题时，他的最初反应总是绝对沉默，最终的回答经常是不可思议的。但那会心的微笑表明："你可能没有理解我说的是什么，但是我知道我是正确的。"

全世界认为矮小的霍金是一个强大的人，一个有着非凡勇气和毅力的英雄。那些熟悉他的人看到了另一方面：幽默和大胆的霍金。在EST会议期间的一天晚上，我们一群人出去到圣弗朗西斯科著名景点布雷克—勃斯汀小山去散步。霍金开着他的动力椅子和我们一同前往。当我们到达最陡峭路段时，他突然显现出魔鬼般的笑容。他毫不迟疑，以最快的速度冲下山坡，其他人都被他震惊了。我们追赶他，害怕最坏的事情发生。当我们到达山下时，发现他坐在那里笑着。他

1. 译者注：特尔斐是古希腊城市，因有阿波罗神庙而出名。特尔斐神谕，常对问题作出模棱两可的回答。

说他想知道有没有更为陡峭的山坡可以尝试一下。史蒂芬·霍金：物理学的不死天王[1]。

事实上，霍金是一位富有冒险精神的物理学家。但也许他最大胆的行为是他在沃纳顶楼里投下的炸弹。

我已经不记得他在EST的演讲是如何进行的。如今在霍金的物理研讨会上，他静静地坐在他的椅子上，而由一个预先录音的空洞的计算机声音来演讲。那个计算机化的声音成了霍金的商标；尽管单调，它充满了个性和幽默。那时，是他说后让勒克翻译。无论如何它发生了，炸弹以全力冲向特霍夫特和我。

霍金声称"信息在黑洞蒸发中丢失"，更为糟糕的是他似乎证明了它。特霍夫特和我意识到如果那是正确的，那么我们这个学科的基础将被破坏了。沃纳顶楼里的其他人如何看待此事呢？就像某动画片中冲出了悬崖的小狼一样：脚下的地面消失了，但它还不知道。

人们常常说宇宙学家经常犯错但从不怀疑。如果是这样，那么霍金只是半个宇宙学家：从来不怀疑但几乎从不出错。他过去是这样的。不过霍金这次的"错误"是物理学史上最具创新性的一个，它最终能导致关于空间、时间和物质本质的思考模式发生深刻的变革。

8

霍金的演讲是那天的最后一个。大约一个小时之后，特霍夫特还

---

1. 译者注：原文为霍金是物理学的Evel Knievel，后者是美国惊险摩托车手（1938～2007），创造了多项吉尼斯纪录，且是美国电影《不死天王》中的主人公。

站在那里盯着沃纳黑板上的那个图，其他人都已经离去了。我依然能够看到特霍夫特紧皱的眉头和霍金愉悦的笑容。他们几乎什么都没有说，恰似是一个电矩。

黑板上画着一个彭罗斯图，它是表示黑洞的一种图。视界（黑洞的边缘）是一条虚线，黑洞中心的奇点是一条看起来有不祥之兆的锯齿线。通过视界指向黑洞内部的线代表穿过视界并落入奇点的少量信息。没有出来的线，按照霍金所讲，那些少量的信息永久地消失了。更为糟糕的是，霍金证明了黑洞最终会蒸发直至完全消失，落入的信息了无踪迹。

霍金的理论走得更远。他假定真空中充满着不可见的、瞬间起伏不定的“虚”黑洞。他声称这些虚黑洞的作用就是消灭信息，即使邻近没有“实”黑洞。

在第7章中，你们会精确地了解到“信息”是什么，以及信息丢失意味着什么。暂且相信我的话：这是一个十足的灾难。特霍夫特和我都了解到这一点，但是那天听说此事的其他人的反应是：“讨厌，信息在黑洞中丢失了。”霍金自身是乐观的。对我而言，与霍金相处最为艰难的莫过于他的自鸣得意，不免会产生恼怒的心情。信息丢失不可能是正确的，但是霍金没有看到这一点。 9

会议结束了，我们都回各自的家了。霍金和特霍夫特分别回到剑桥大学和乌得勒支大学；我则要在101线上开车南行40分钟回到斯坦福大学。我无法专注于交通。那是正月里寒冷的一天，每当停下或缓慢运行时，我都会在冰冻的挡风玻璃上画沃纳黑板上的图形。

回到斯坦福后，我把霍金的观点告诉了我的朋友汤姆·班克斯（Tom Banks）。班克斯和我深入地考虑了这个问题。为了了解更多的信息，我甚至邀请霍金的一个校友从南佛罗里达来到斯坦福。我们都非常怀疑霍金的观点，但一时说不出为什么。一个比特的信息丢失在黑洞内部，会糟糕到什么程度呢？我们马上意识到：信息的丢失等同于产生熵，而产生熵意味着产生热量。霍金如此轻松假定的虚黑洞会在真空中产生能量。我们和另外一个同事迈克尔·佩斯金（Michael Peskin）一起，在霍金的理论基础之上做了一个估计。我们发现，如果霍金是正确的，那么真空会在几分之一秒内被加热到百万亿亿亿度。虽然我知道霍金的观点是错误的，但我却无法发现他推理的漏洞，可能这才是令我最为恼怒的地方。

随后的黑洞战争不仅仅是物理学家之间的争论，它同样是思想的战争，或者更确切地说，是基本原理之间的战争。量子力学的基本原理和广义相对论的基本原理之间，似乎始终相冲突，两者能否共存很不明确。霍金是一个广义相对论学家，他相信爱因斯坦的等效原理。特霍夫特和我是量子物理学家，我们确信不破坏物理学的基础，而违反量子力学的定律是不可能的。在接下来的三章中，我会阐明黑洞、广义相对论和量子力学的基本知识，为叙述黑洞战争做好准备。

第2章
暗星

11

霍雷肖，天地间的奇事很多，远超越你的理性。

——威廉·莎士比亚，《哈姆雷特》

最早发现黑洞那样的东西是在18世纪晚期，当时伟大的法国物理学家皮埃尔·西蒙·德·拉普拉斯（Pierre-Simon de Lapalace）和英格兰的牧师约翰·米歇尔（John Michell）有着同样惊人的想法。那个时代的所有的物理学家都对天文学有着强烈的兴趣。关于天体的所有了解来源于它们发出的光，或者是在月亮和行星的情况下，它们反射的光。在米歇尔和拉普拉斯时代，尽管艾萨克·牛顿（Isaac Newton）已去世半个世纪了，但他在物理学上依然有着最强大的影响力。牛顿坚信光是由微小的粒子组成的，他把它们称为微粒，如果是这样，那么没有理由认为，光会不受重力的影响。拉普拉斯和米歇尔想知道：是否存在一种大质量、大密度的恒星，以至于光无法逃离它们的万有引力。如果存在这样的恒星，那么它们不是全黑以至于不可见的吗？

诸如一块石头、一颗子弹，甚至是一个基本粒子，这样的抛射体[1]

---

1. 美国传统英语字典第4版定义抛射体如下：“一种像弹丸那样自身没有动力，通过射击、扔或其他方式推动的物体。”光的单个微粒是抛射体吗？依照米歇尔和拉普拉斯的观点，答案是肯定的。

能逃脱出地球的引力吗？从某种意义上来说它能，从另一种意义上来说又不可能。一个有质量物体的引力场永远不会终止，它永远延续着，并随着距离的增加越来越弱。例如，一个抛射体永远无法彻底逃脱地球的引力。但是，如果以极大的速度向上快速扔出一个抛射体，那么它将永远持续它向外的运动，减弱的引力太弱，无法使其回头并回到地面。这就是抛射体逃脱地球引力的本意。

最强壮的人也无法将一块石头扔向太空。专业的棒球投手垂直向上抛可能会达到75码（1码约为0.9米），这大约是帝国大厦1/4的高度。在忽略空气阻力的情况下，手枪向上发射的子弹大约能达到3英里的高度。存在一个特定的速度，恰好足够发射一个物体到一个永久的外轨道，该速度被称为*逃逸速度*。当射出的速度小于逃逸速度时，抛射体会落回地面。当射出的速度大于逃逸速度时，抛射体会逃离到无穷远处。地球表面的逃逸速度极大，为每小时25 000英里。[1]

对于这里的讨论，我们称所有大质量的天体为恒星，无论它是行星，或者小行星，还是真实的恒星。那么地球恰好是一个小的恒星，月球是一个更小的恒星，诸如此类。依据牛顿定律，一个星体的引力效果正比于它的质量，因此星体的逃逸速度也极为自然地正比于它的质量。然而质量仅仅是决定要素之一，另一要素与星体的半径有关。想象你站在地球的表面，某种力使得地球的尺寸变小，但它的质量保持不变。如果你正站在地球表面，吸引力会使你与地球之间和地球各个原子之间变近。由于你趋近地球的中心，地心引力的影响会变

1. 逃逸速度是一个理想化的概念，它忽略了诸如空气阻力的效应，这要求物体有更大的逃逸速度。

得更为强大。正如你想象的那样，你自身的质量作为地心引力的函数，也会增加，逃离地球的拉力会更为困难。这显示了一条基本的物理规则：压缩星体（不减少它的质量）会增加其逃逸速度。

现在考虑完全相反的情形。出于某种原因，地球的尺寸扩张了，[13] 因此你离地心远了。表面的地心引力将会变弱，因此变得容易逃离。米歇尔和拉普拉斯提出的问题是：是否存在一个有着如此大的质量和如此小的半径星体，以至于它的逃逸速度大于光速。

当米歇尔和拉普拉斯首先提出这个预言性的想法时，光速（用c来表示）已为人类所知达100年之久。丹麦天文学家奥勒·罗默（Ole Rϕmer）在1676年就确定了c的值，发现光以惊人快的速度传播，为每秒186 000英里（或绕地球运行7周）[1]。

c=186 000英里/秒

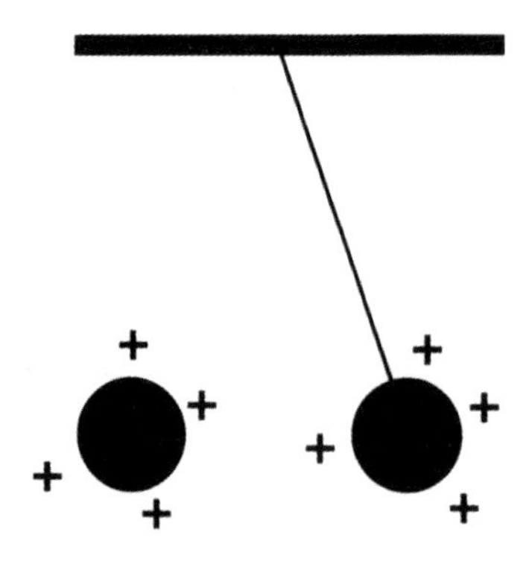

1. 在米制单位中，光速大约是3×10^{8}米/秒。

光有如此大的速度，因此需要非常大的或者极度收缩的质量才能捕获光，但是没有任何明显的原因阻止这样的事情发生。米歇尔向皇家学会递交的论文是后来被约翰·惠勒称之为黑洞的物体的第一篇参考文献。

当你知道引力与其他力相比是非常弱的时候，你可能会为此事而感到吃惊。起重机工作人员和跳高运动员可能感到引力不小，但一个简单的实验会展示出引力是多么的微弱。首先考虑一个轻的物体：一个由泡沫聚苯乙烯制成的小球是很合适的。通过这样或那样的方法，例如用你的衬衫摩擦物体，就可以让它带上静电。现在用细线将它悬[14]挂在天花板上，当它停止摆动时，细线处于竖直位置。接下来，让另外一个带相同电的物体靠近它。静电会推开悬挂的物体，使细线张开一定的角度。

如果悬挂的物体是一个铁制品，那么用磁铁可以得到和上面相同的结果。

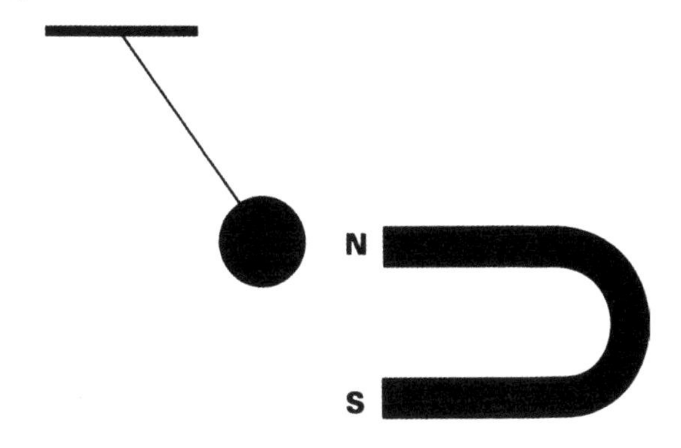

现在去除电荷和磁铁，让一个质量非常大的物体靠近轻小物体，来使它偏离。重物体的引力作用在悬挂物体上，但是这个效应太小以至于无法观测。与电磁力相比，引力是非常微弱的。

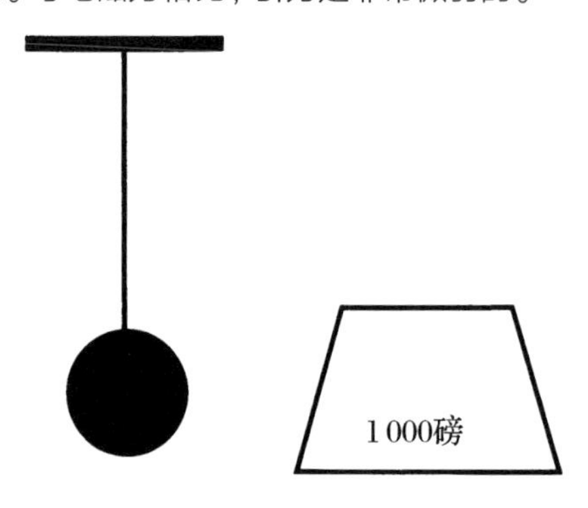

但是，既然引力如此微弱，为什么我们无法跳到月球上去呢？答案在于地球有巨大的质量，约为 6×10^{24} 千克，这轻而易举地弥补了引力的微弱。然而即便有如此大的质量，地球表面的逃逸速度依然小于光速的千分之一。为了使逃逸速度大于光速 c，米歇尔和拉普拉斯所想象的暗星必须是非常重和极度被压缩的。 15

为了使你能够体验所涉及的强度，我们来看看几种天体的逃逸速度。逃离地球表面的初始速度大约是每秒8英里（大约等于11千米），即大约每小时25 000英里。就地面的标准而言，这个速度是很快的，但与光的速度相比，就显得非常慢了。

与逃离地球相比，你有更好的机会逃离小行星。半径为1英里的小行星的逃逸速度大约是轻易能达到的每秒6英尺（2米）。相比之下，无论是半径还是质量[1]，太阳都比地球大得多。这两者的效应是相反的。质量越大，逃离太阳表面越困难，而半径大了逃离反而容易。然而质量取胜了，太阳表面的逃逸速度比地球表面的逃逸速度大50倍左右，但依然比光速慢得多。

然而，太阳注定不能永远保持相同的尺寸。当恒星的燃料消耗殆尽时，由内热产生的向外的压力消失。引力就像一个巨大的钳子一样，使恒星坍缩为它原有尺寸的一小部分。大约50亿年之后，太阳将会枯竭，坍缩成所谓的*白矮星*，它的半径和地球半径相当。从它的表面逃离需要的速度为每秒4000英里，快极了，但依然只是光速的2%。

如果太阳再重一些，即大约是现在质量的1.5倍，那么增加的质量会刚好把它挤压过白矮星阶段。恒星内的电子会被挤压到质子里面，形成一个稠密得难以想象的中子球。中子星是如此的密集，以至于单单一茶匙中子球的质量就超过了10万亿磅。但是，中子星还不是暗星，它表面的逃逸速度接近光速（大约是光速的80%），但还不是光速。

如果坍缩的恒星更重的话，即达到太阳质量的5倍，那么即便是密集的中子星也无法承受向内的引力。它最终会坍缩到一个*奇点*，一个密度为无穷大、有着毁坏性力量的点。这个微小的核的逃逸速度，远远大于光速。暗星，也就是我们今天称之为黑洞的东西，由此而诞生了。

---

1. 太阳的质量大约是2 × 10^{30}千克，大约是地球质量的50万倍。太阳的半径大约是700 000千米，约是地球半径的100倍。

爱因斯坦非常不喜欢黑洞的观点，以至于他忽视了它存在的可能性，宣称黑洞是无法形成的。但是，无论爱因斯坦的喜与恶，黑洞是真实存在的。如今，天文学家们不仅研究单个坍缩的恒星，而且也涉及星系群的中心，在那里成千上万甚至是数以亿计的恒星，转化成巨大的黑色怪物。

太阳不够重，无法压缩自己来形成黑洞，但如果我们用宇宙钳将它夹紧，使它的半径恰好压缩到2英里，它就变成一个黑洞。你可能会认为，如果钳子的压力变小，它的半径会弹回到5英里。不过为时已晚，组成太阳的材料会进入一种自由落体的状态。太阳表面会快速地经历1英里点、1英尺点和1英寸点（1英尺约为30厘米，1英寸约为2.5厘米）。这在形成奇点之前是不会停下来的，而且这种可怕的坍缩是不可逆转的。

想象你发现自己在一个黑洞附近，但是离奇点尚有一段距离。从那里发出的光能逃离黑洞吗？答案依赖于黑洞的质量和光开始其旅程的精确起点。一个称之为视界的假想球面将宇宙分为两部分。从视

17 界内发出的光不可避免地被拉回黑洞，而从视界外发出的光能逃脱黑洞的引力。如果太阳变成了黑洞，视界的半径大约是2英里。

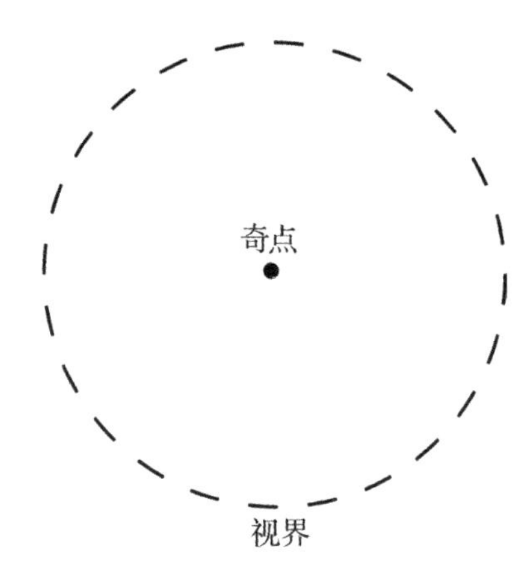

视界的半径称为史瓦西半径。这是为了纪念天文学家卡尔·史瓦西（Karl Schwarzschild）而取的名字，他是第一个研究黑洞数学理论的人。史瓦西半径依赖于黑洞的质量；事实上，它直接正比于黑洞的质量。例如，如果太阳的质量变为现在的1000倍，离它2英里或3英里处发出的光就没有任何机会逃离，因为视界的半径增加了1000倍，达到了2000英里。

质量和史瓦西半径之间成正比是物理学家获知黑洞的第一个事实。地球的质量大约是太阳的百万分之一，因此它的史瓦西半径是太阳的百万分之一。只有把它挤压到越橘大小的时候才能形成暗星。相比之下，有一个超大尺寸的黑洞，潜藏在银河系中心，它的史瓦西半径大约是1000万英里，与地球环绕太阳的轨道大小相当。在宇宙的某一个小区域，甚至存在比这个黑洞更大的庞然大物。

没有任何地方比黑洞的奇点更为危险，任何事物都无法在它无限强大的力量下存活。爱因斯坦对奇点的想法感到惊恐不安，因此他抵制它的存在。但是我们只能接受它，如果足够多的质量堆积在一起，任何事物都无法对抗向心的巨大拉力。

潮汐和身高2000英里的人

大海每天就像是呼吸了两次一样，那么是什么引起大海的起伏呢？当然是月球，但它是怎样做到的呢？为什么每天两次呢？在我解释之前，首先让我向你们讲述一个关于身高2000英里的人的降落故事。

想象身高2000英里的人，即一个从他的头顶到脚底高2000英里的巨人，当他从外太空落向地球时，脚先着地。在外太空遥远的某处，引力太弱以至于他没有什么感觉。但是当他接近地球时，他长长

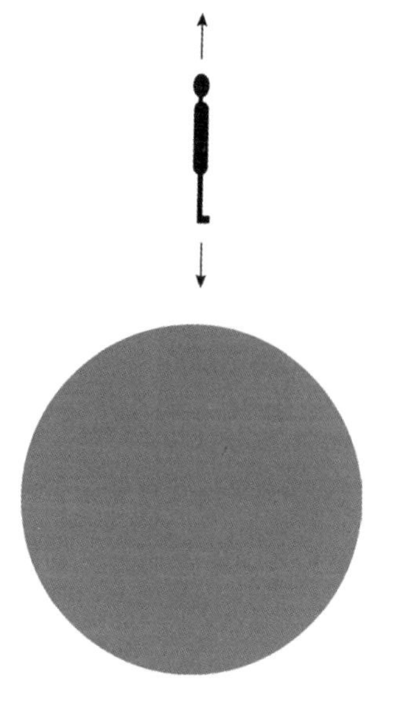

的身体会产生强烈的感觉，不是下落的感觉而是被拉伸的感觉。

19　问题不在于这个巨人朝向地球的整体加速度，引起他感觉不适的原因，是因为引力在空间上的不均匀性。在远离地球的地方，引力几乎完全不存在。但是当他靠近地球时，由引力产生的拉力增加了。这个可怜的人太高了，以至于他的脚部受到的拉力要比他的头部受到的拉力大得多，净效应就是产生了难受的感觉，他的头部和脚部正在被朝相反的方向拉伸。

如果水平下落的话，他可能会避免被拉伸，因为头和脚处在同样的高度。然而当这个巨人这样做时，他感觉到了新的一种不适，一种被挤压的感觉代替了拉伸的感觉。他感觉自己的头部好像正在被压向脚部。

为了理解为什么会这样，我们暂时把地球想象成平坦的。下面就是它的样子：

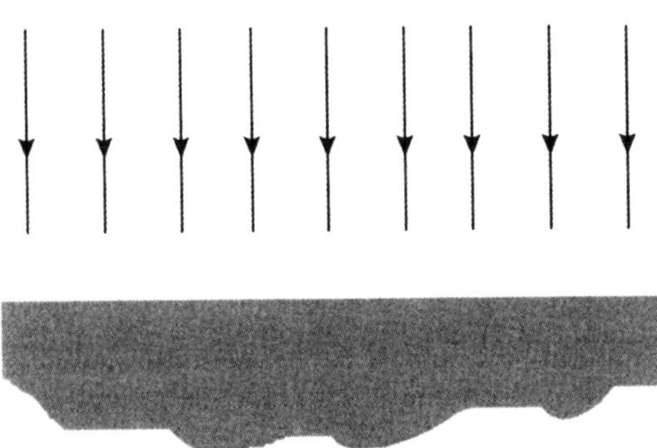

图中带箭头的竖直线代表引力的方向，一律竖直向下，而且引力

的强度是完全均匀的。在这样一种设定下，无论身高2000英里的人是竖直落下还是水平落下，都不会有任何麻烦，至少在他撞到地面之前不会遇到麻烦。

但是，地球不是平坦的，因而引力的强度和方向都是变化的。引力不是指向一个方向，而是直接指向球体的中心。

如果巨人水平下落时，就会产生新的问题。因为地心引力将他拉向地球中心，因此他的头部和脚部受到的力不同，导致了被压缩的奇怪感觉。

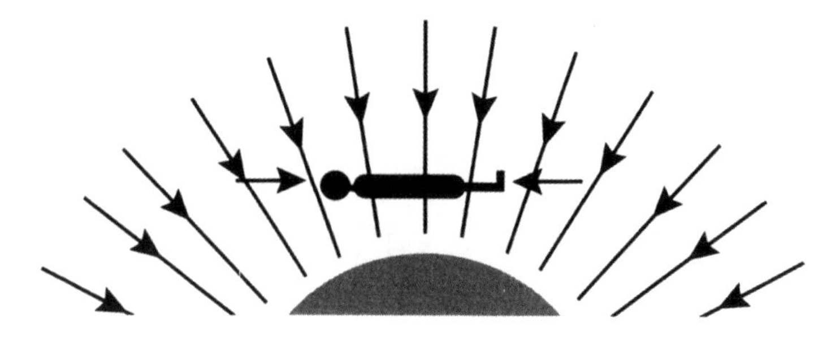

我们回到大海的潮汐问题。海水每天两次的涨落的原因，与2000英里高的人在下降中所感到不适的原因，是完全相同的：引力的不均匀性。但是在潮汐问题上，不是地球的，而是月球的引力起作用。正对月球的大海，受到它的引力最强，背对月球的那部分大海最弱。你如果认为月球仅引起靠近它的海洋的膨胀，那么你就错了。在下落中，巨人的头部被拉伸而远离他的脚部，出于同样的原因，地球两侧无论是面对，还是背向月球的水，都会膨胀而离开地球。有一种方法可以想象，地球上靠近月球那面的水由于月球的吸引而偏离地球，但是在远离月球的那边，月球吸引地球而偏离那部分水。结果地球上两边的水都会膨胀，一边朝向月球，一边背离月球。当地球在膨胀的水下回转时，每一点都经历两次潮汐。

21

由引力的强度和方向变化而引起的扭转力统称为*潮汐力*，无论它们是由于月球、地球、太阳，还是其他天体引起的。当身高正常的人从跳水板上跳下时，他们能感受到潮汐力吗？不能，我们是不能感受到的，但这仅仅是因为我们的尺寸太小，以至于地球的引力场，在我们身体尺度上几乎不发生变化。

坠入地狱

我走上渺无人烟的神秘之路。

——但丁《神曲》

当你掉向一个具有太阳质量的黑洞时，潮汐力不会如此仁慈。紧[22]密收缩在黑洞微小的体积内的质量不仅使视界附近的引力非常强大，而且变得非常不均匀。在你到达史瓦西半径之前，当距离黑洞不超过100 000英里处时，潮汐力就会使你感觉极为不适。对黑洞周围快速变化的引力场而言，你就如同身高2000英里的巨人一样大。当接近视界时，你会变形，几乎类似于从管子里挤出的牙膏。

有两种方法可以消除黑洞视界处的潮汐力的影响：或者让你自己变小些，或者让黑洞变大些。细菌在一个具有太阳质量的黑洞的视界处是不会感受到潮汐力的，而你在具有100万倍太阳质量的黑洞的视界处同样如此。这似乎有点儿违反直觉，因为质量大的黑洞周围的引力作用会更强些。但是，这种思维方式忽略了一个重要的事实：质量大的黑洞的视界是如此之大，以至于它几乎是平坦的。在黑洞视界附近，引力场非常强却几乎是均匀的。

如果你对牛顿的引力理论略有所知，你就可以计算出一个暗星视界处的潮汐力。你会发现，暗星半径和质量越大，视界处的潮汐力就越弱。因此，穿过一个非常大的黑洞的视界是平安无事的。然而不幸的是，你依然无法逃脱潮汐力的魔爪，甚至对于最大的黑洞也是如此。大的尺寸仅仅延缓了这种必然，最终会无可奈何地落向奇点，正如但丁（Dante）所想象的折磨那样可怕，托克马达（Torquemada）在西班牙宗教法庭所遭受的苦难，毁灭的情形浮现在我的脑海中。即使最小的细菌在垂直轴上也会被分裂，水平方向上被挤扁。小的分子会比细菌存活的时间长些，原子会存活得更长些。但是，甚至对于单个质子而言，奇点迟早会占到上风。我不知道但丁关于任何犯罪的人，都无法逃脱地狱的痛苦折磨的言论是否正确，但是我非常确定任何事物，都无法逃离黑洞奇点处可怕的潮汐力。

我们已知道被拉入奇点的物体如同坠入地狱，这当然不是什么好事。尽管奇点有着不仅奇异而且残忍的性质，但仍然不是黑洞最神秘之处。无论如何，奇点至少不像视界那样似是而非。当物质穿过视界时会发生什么呢？现代物理学中几乎没有比这个问题更为混乱的答案了。无论你怎样回答，都可能是错的。

米歇尔和拉普拉斯的时代远远早于爱因斯坦的时代，因此无法预料到他在1905年作出的两大发现。第一个发现是狭义相对论，它所基于的原理是：包括光在内，任何事物都永远无法超过光速。米歇尔和拉普拉斯知道光不会逃逸出暗星，但是他们没有意识到其他事物更加不能逃逸。

爱因斯坦在1905年的另一个发现是:光实际上是由粒子组成的。在米歇尔和拉普拉斯猜想出暗星不久，牛顿关于光的微粒说就失宠了。事实证明光是由波组成的，类似于声波或是大洋表面的波。直到1865年，詹姆斯·克拉克·麦克斯韦（James Clerk Maxwell）领会到光是由波动的*电场和磁场*组成的，在空间以光速传播，光的微粒说寿终正寝了。似乎没有人会想到电磁波仍然可能被引力吸引，因此暗星被遗忘了。

暗星就这样被忘却了，一直到1917年，当天文学家卡尔·史瓦西求解爱因斯坦新制的广义相对论方程，并重新发现暗星[1]为止。

等效原理

如同爱因斯坦的许多其他工作一样，广义相对论是复杂和微妙的，但它是由极为简单的观测事实而来的。事实上，它们是如此的基本，以至于任何人都能做，而想不到做。

爱因斯坦的风格是从最为简单的思想实验中得出意义极为深远的结论。就我个人而言，我始终仰慕这种思维方式。在广义相对论的情形下，思想实验涉及电梯中的一个观测者。教科书上经常把电梯修改为飞船，但是在爱因斯坦的时代，电梯是令人为之激动的高科技。他首先想象电梯在宇宙空间中自由飘浮，远离任何引力源。 24

1. 黑洞有很多种类。特别地，如果原来的恒星旋转的话（所有的恒星在某种程度上都能做到），黑洞可以绕一个轴旋转，它们还可以带电。把电子放入黑洞会让它带电。只有不旋转、不带电的黑洞才称为史瓦西黑洞。

电梯中的任何人都能体验到完全失重的感觉，抛射体会做完美的匀速直线运动，光线也完全以相同的方式运动，不过当然是以光速了。

可以采用绳索将电梯固定到某个遥远的支撑物上，或者将它拴在火箭的下面。爱因斯坦接下来想象：如果电梯向上加速将会发生什么呢？乘客会被推向电梯的底板，抛射体的轨道也会向下弯曲，呈现为抛物线。这所有的一切和他们在引力影响下的情形完全相同。自伽利略之后，人们都了解这一点，但直到爱因斯坦才把这个简单的事实变成一个崭新的、强有力的物理学原理。等效原理假设引力效应和加速效应完全没有任何差异。电梯中的任何实验都无法区分出电梯是静止在引力场中，还是正在宇宙空间中加速。

就其自身而言，这并不奇怪，但结果是重要的。当爱因斯坦发表等效原理时，关于引力对其他现象的影响知之甚少，这些现象包括电流、磁铁的行为，以及光的传播，等等。爱因斯坦首次计算出引力如何影响这些现象，这通常不涉及任何新的或是未知的物理。他需要做的是，想象在加速的电梯中，观测这些已知现象时会有怎样的结果。于是，等效原理将告诉他引力的效应。

第一个例子涉及光在引力场中的行为。想象一束光在电梯中从左到右做水平运动。如果电梯在远离引力源处自由移动，那么光将沿着一条完美的、水平的直线运动。

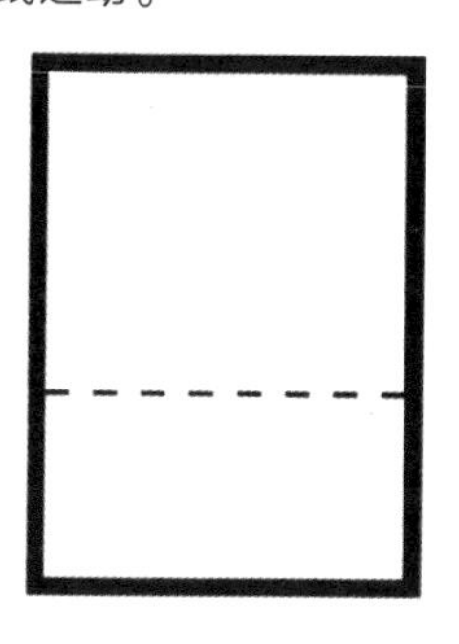

现在让电梯向上加速。从电梯左侧发出的光是水平运动的，但是由于电梯的加速运动，当它到达另一侧时，它表现为有一个向下分量的运动。就某种观点而言，电梯在向上加速，但是在电梯中的乘客看来，光表现为向下加速。

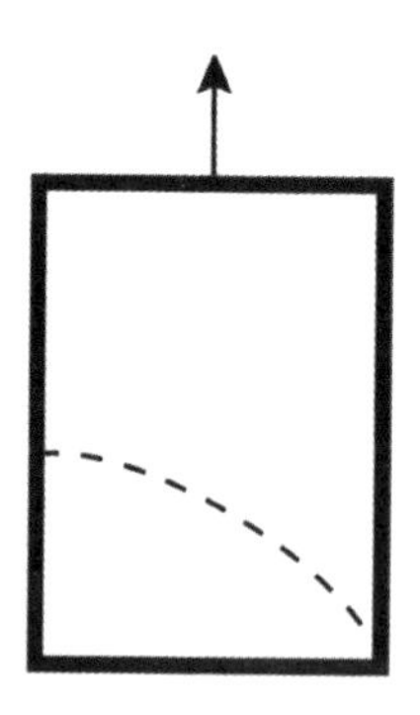

事实上，光线路径的弯曲类似于一个极快速运动的粒子的轨道。这个效应与光是由粒子还是波组成无关，它仅仅是向上加速运动的效应。除此之外，爱因斯坦论证道：如果加速能引起光线轨道的弯曲，那么引力一定也可以。事实上，你可能认为是引力吸引光而引起它下落，这正是米歇尔和拉普拉斯所猜想的情况。

事情的另一面是：如果加速运动可以模拟引力效应，那么它同样也能消除引力效应。想象电梯不再是处于宇宙空间中的无限远处，而是在一座摩天大楼的顶部。如果电梯处于静止状态，那么电梯中的乘客将体验到引力的全部效应，包括光线穿过电梯时的弯曲效应。但是随后，电梯的吊索断了，它开始加速落向地面。在短暂的自由下落过程中，电梯中的引力表现为完全消失了。[1] 乘客悬浮在电梯舱中，丝毫感觉不到是向上还是向下运动。粒子和光线在其中沿着完美的直线运行。这是等效原理的另一方面。

26

排水孔、哑洞和黑洞

任何不用数学公式而试图阐明现代物理学的人，都会了解到类比是多么的有用。例如，把原子想象成一个微型太阳系是十分有益的；同样，对于还没有准备好投入到广义相对论的艰深数学中的某些人而言，用通常的牛顿力学来描述暗星是有所帮助的。但是，类比有它们自身的局限性，如果用严格的标准来说，黑洞的暗星类比是有缺陷的。存在另外一个更为合适的类比，我是从比尔 · 温鲁（Bill Unruh）那里了解到的，他是黑洞量子力学的先驱者之一。我如此喜欢它的原因，可能起源于我的第一份工作——钳管工。

1. 这里我假设电梯足够小，以至于潮汐力可以被忽略。

想象一个浅的、无限大的湖，它只有几英里深，但是在水平方向上无限延伸。一种全盲的蝌蚪生存在这个湖中，它们对光一无所知，但是非常善于利用声音来确定物体的位置和进行交流。这里存在着一条铁定的法则：在水中没有什么比声速传播得更快。对大多数场合而言，由于蝌蚪的移动速度慢于声速，因此速度的极限并不重要。

此湖中有一个危险的地方。许多蝌蚪一旦发现这一危险，就为时已晚，永远无法回去说出这个秘密。湖中心有一个排水孔，湖中的水通过这个孔流到下面的洞穴中，水流将在那里形成瀑布落向锋利而致命的岩石。

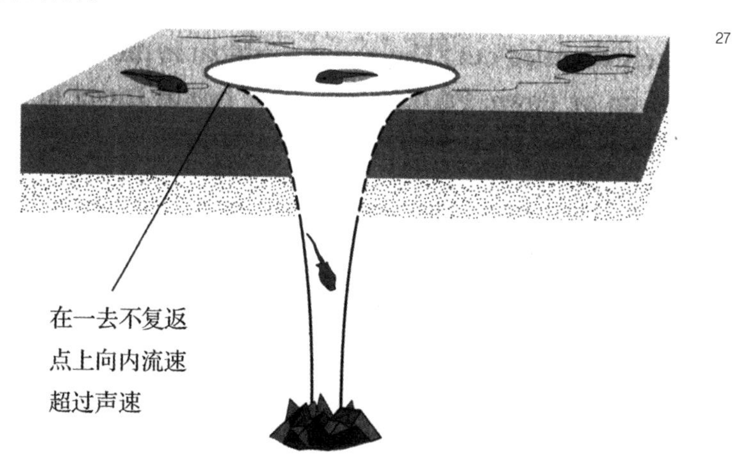

如果从上往下看此湖，你会发现湖中的水流向排水孔。在远离孔的地方，水速很慢，以至于难以测量，但在靠近孔处，水流开始加速。我们假设这个孔排水很快，以至于在距离中心某处水速等于声速。距离孔更近的地方，水流是超过声速的。现在，我们构造了一个非常危险的排水孔。

蝌蚪在水中悬浮着，体验着它们自己唯一的液体环境，它们永远无法知道自己运动得有多快；它们邻近的一切事物都以相同的速度被冲走。大的危险是它们可能被吸进孔中去，然后在锋利的岩石上丧命。事实上，向内的速度超过声速有一个边界，一旦它们当中的某一个穿过此处，就注定要被毁灭了。穿过一去不复返点之后，蝌蚪再也不能逆流而上，也不能给安全区域中的同类发出警告（因为水中传播的可听信号都比声速慢）。温鲁把排水孔和一去不复返点称为*哑洞*，哑的意思是安静无声，因为声音不能从中逃逸出来。

当一个粗心的观测者漂过它时，起初是无法发现任何不同寻常之处的，这是关于一去不复返点最有趣的事情。没有路标和警报器来警告它，也没有障碍物来阻止它，甚至没有任何东西来通知它即将突如其来的危险。此时此刻一切都平安无事，接下来的时刻仍然如此。经过一去不复返点是令人乏味的。

一只自由漂浮的蝌蚪，我们称她为爱丽丝（Alice），她一边给远处的朋友鲍勃（Bob）唱歌，一边漂向排水孔。如同其他看不见的蝌蚪同伴一样，爱丽丝只有非常有限的演唱节目。她所能唱的音符仅仅是中央C，它的频率是每秒262周，或者用专业术语来讲，是262赫兹（Hz）[1]。当爱丽丝还远离排水孔时，她的运动几乎是无法感知的。鲍勃聆听着爱丽丝的声音，他听到了中央C。但是当爱丽丝加速时，她的声音开始变得深沉，至少鲍勃听着是这样；中央C变到了B，然后是A。原因在于我们熟知的*多普勒频移*，这在当一个加速的火车鸣

1. 赫兹是为纪念19世纪德国物理学家海因里希·赫兹（Heinrich Hertz）而命名，它是频率的单位，简称赫。1赫等于1周每秒。

笛时可以听到。当火车靠近时，对你而言，鸣笛声比火车上乘务员听到的音调高。接着，当鸣笛声退离到某处时，又变得深沉。这时每相邻的振动要比前一次传播的稍远些，当你听到它时有微小的延后。相邻的声音振动的时间被拖长，因此你听到了较为低的频率。如果火车加速远离，那么所谓的频率会变得越来越低。

爱丽丝所唱的音符在漂向一去不复返点时发生了同样的事情。起初，鲍勃听到的音符的频率是262赫。稍后它转移到了200赫，接着是100赫，50赫，等等。在极为靠近一去不复返点处发出的声音要经过非常长的时间才能逃逸出来；水的运动速度几乎抵消了声音向外传播的速度，几乎让它停了下来。不久之后，爱丽丝的声音变得如此低沉，以至于没有特殊的装置，鲍勃就不能再听到她的声音。

鲍勃可能有某种特殊的装置来收取声波，于是他得到了爱丽丝接近一去不复返点时的信号。但是，随后的声波需要更长的时间才能抵达鲍勃，因此使得关于爱丽丝的所有一切都慢下来了。不仅她的声音变得深沉，而且她挥动的手也几乎停止了。鲍勃探测到的最后一个波，似乎需要无穷长的时间。事实上，当爱丽丝到达一去不复返点时，鲍勃永远无法接收到她的声波了。

29

然而在此同时，爱丽丝没有注意到任何异样。她幸运地漂过一去不复返点，丝毫没有感觉到任何减速或加速。只是在不久之后，当她被冲向致命的岩石时，她才意识到危险。这里我们发现黑洞的关键特点之一：关于同一事件，不同观测者的看法表面上相矛盾。对鲍勃而言，至少通过他所听到的声音来判断，爱丽丝需要无限长的时间才能到达一去不复返点，但对爱丽丝来说，可能不过一眨眼的工夫就到了。

到目前为止，你可能猜想一去不复返点是黑洞视界的一个类比。如果用光来代替声音（记住没有什么能超过光速），那么你就对史瓦西黑洞的性质有了一个相当精确的图景。在排水孔的情形下，经过视界处的任何事物都无法逃离出去，甚至不能保持不动。在黑洞中，危险不再是锋利的岩石，而是中心处的奇点。视界内的任何事物都会被拉向奇点，它们在那里被挤压成有着无限压力和密度的物质。

有了哑洞这个类比作为我们的装备，与黑洞有关的许多似非而是的事情就变得明确了。例如，设想鲍勃现在不再是一只蝌蚪，而是空间站的一名宇航员，他在一个安全的距离内环绕黑洞运行。与此同时，爱丽丝正落向视界，她不是在唱歌，因为宇宙空间中没有空气来传播她的声音；相反，她用一个能发出蓝光的手电筒来向外发射信号。当她下落时，鲍勃发现光的频率由蓝光变为红光，然后越过红外到微波，最终到低频率的无限电波。爱丽丝感到自己越来越呆滞，几乎静止了。鲍勃永远无法看到她穿过视界；对他而言，爱丽丝需要无限长的时间才能到达一去不复返点。但是在爱丽丝自身的参考系中，她正好穿过了视界，仅当她接近奇点时才开始感到有点儿异样。

史瓦西黑洞的视界在史瓦西半径处。当爱丽丝穿过视界时，她的末日将要来临了，但是就像蝌蚪一样，在被奇点毁灭前，她依然有些时间。究竟是多少时间呢？这依赖于黑洞的大小和质量。质量越大，史瓦西半径越大，爱丽丝存活的时间越长。对太阳质量般大的黑洞而言，爱丽丝大约只有10微秒的时间。位于我们星系中心处的黑洞，它的质量可能是太阳的10亿倍，爱丽丝将有10亿微秒，即大约半小时。你甚至可以想象更大的黑洞，爱丽丝在那里可终其一生，甚至她的子孙后代可能在那里生存、死亡，当然是在奇点毁灭他们之前。

当然，依据鲍勃的观测，爱丽丝永远无法到达视界处。那么谁是正确的呢？她是到达还是没有到达视界处呢？真正发生了什么呢？究竟在哪里呢？总之，物理是一门观测和实验科学，因此我们必须信任鲍勃的观测结果，尽管它们表面上与爱丽丝对事件的描述相矛盾，但是有着自身的有效性。（在后面的章节中，在讨论了由雅各比·贝肯斯坦和史蒂芬·霍金发现的有关黑洞的令人惊异的量子性质之后，我们将重新回到爱丽丝和鲍勃。）

就大多数场合而言，排水孔是个好的类比，但是如同其他类比一样，它也有自身的局限性。例如，当一个物体落向视界时，它的质量使得黑洞的质量增大。质量的增大意味着视界的增加。毫无疑问，在排水孔这个类比中，我们可以连接一个泵，来控制水流。每当有东西落进孔中时，泵就会打开一点儿，从而加速水流，并将一去不复返点向远处延伸。但是这个模型就此而失去了它的简洁性。[1]

黑洞的另一个性质是：它们自身是可移动的物体。如果将黑洞放在另一个物体的引力场中，就如同其他任何有质量的物体一样，它会被加速。它甚至可能落入一个更大的黑洞之中。如果我们试图描述真

---

1. 乔治·埃利斯（George Ellis）教授提醒我，当水流可变时，存在一个精妙之处。在这种情况下，一去不复返点不是严格与水速等于声速处的点相重合。就黑洞而言，类比的精妙在于表面视界与真实视界存在着差异。

实黑洞的所有特性，那么排水孔类比就会比它想避免的数学还要复杂。但尽管有这些局限，排水孔是一个极为有用的图景，它使我们不需要精通广义相对论的方程，而理解黑洞的基本特征。

31 为喜欢公式者准备的一些公式

我这本书的写作宗旨是为倾向于不用数学的读者准备的，但是对那些喜爱一点儿数学的读者，这里给出了一些数学公式以及它们的意义。如果你不喜欢它们，直接跳到下一章去阅读就行了。我们这里不必通过测试。

根据牛顿的引力定律，宇宙中的任何物体之间的作用是相互吸引的，引力正比于它们质量的乘积，反比于它们之间距离的平方。

$$F=\frac{mMG}{D^2}$$

这是物理学中最著名的方程之一，几乎和$E=mc^2$（爱因斯坦著名的方程，它联系着能量E、质量m和光速c）一样有名。方程左边是两物体之间的力F，例如月球和地球，或者是地球与太阳之间的力。方程右边是大的质量M和小的质量m。比如说，地球的质量是6×10^{24}千克，月球的质量是7×10^{22}千克。两物体间的距离用D来标记，从地球到月球间的距离大约是4×10^{8}米。

方程中的符号G是数值常数，称为牛顿常数。我们不能通过纯数学的推导来得到牛顿常数。为了得到它的值，必须测定两个已知质量的物体之间的引力。一旦你这样做了，你可以计算出相距任意距离的任何两个物体之间的引力。具有讽刺意义的是，牛顿从来不知道他自己的这个常数的值。由于引力非常弱，因此G太小，以至于直到18世纪末才测量出它的值。那时，英格兰物理学家亨利·卡文迪许（Henry Cavendish）设计了一种巧妙的方法，用来测量非常小的力。卡文迪许发现，相距为1米的一对质量为1千克的物体之间的力大约是6.7×10^{-11}牛顿。（在公制单位中，牛顿是力的单位，它大约等于1/5磅。）因此在公制单位下，牛顿常数的值为：

$$G=6.7\times10^{-11}$$

32

牛顿得到了他理论中的一个幸运的突破：有关平方反比定律的特殊数学性质。当你称自己的体重时，把你拉向地球中心的引力一部分是由你脚底下的质量产生的，一部分是来自于地球内部的质量，还有一部分产生于8000英里远的对径点。然而由于数学的神奇魔力，你可以假设全部的质量都集中于一点，它恰好在行星的几何中心。

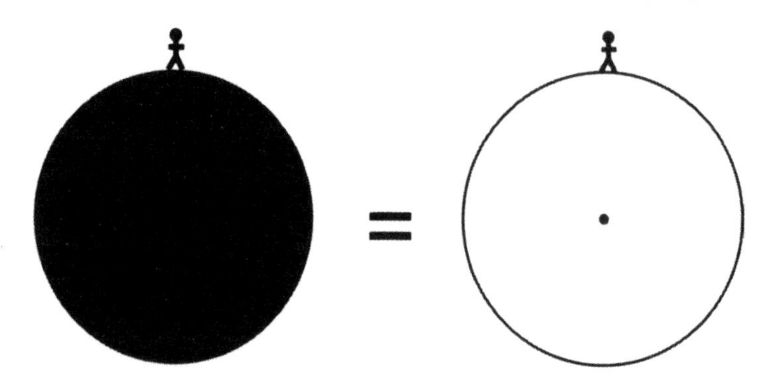

一个球体与质量全部集中于中心点时产生的引力精确相同

由于这个便利的事实，牛顿用一个微小的质点来代替大的质量，从而计算出大物体的逃逸速度。下面是结果：

$$逃逸速度 = \sqrt{2MG/R}$$

这个公式清楚地表明：质量越大，半径R越小，逃逸速度越大。

现在计算史瓦西半径R_S就成为一个简单的练习了。你仅需要把光速代替逃逸速度，然后求解方程得出半径即可。

$$R_s = \frac{2MG}{c^2}$$

注意一个重要的事实：史瓦西半径正比于质量。

关于暗星，要说的就这么多了，至少在这种程度上拉普拉斯和米歇尔能够理解它们。

第 3 章
非欧几何

在过去，诸如高斯（Gauss）、玻利亚（Bolyai）、罗巴切夫斯基（Lobachevski）和黎曼（Riemann）[1] 那些数学家之前，几何学是指欧几里得几何学，这和我们在中学所学习的几何学是一样的。首先是平面几何学，它是有关于极为平坦的二维面的几何学。基本的概念是点、直线和角度。我们了解到：不在同一条直线上的三点确定一个三角形；平行线永不相交；任意三角形的内角和是180°。

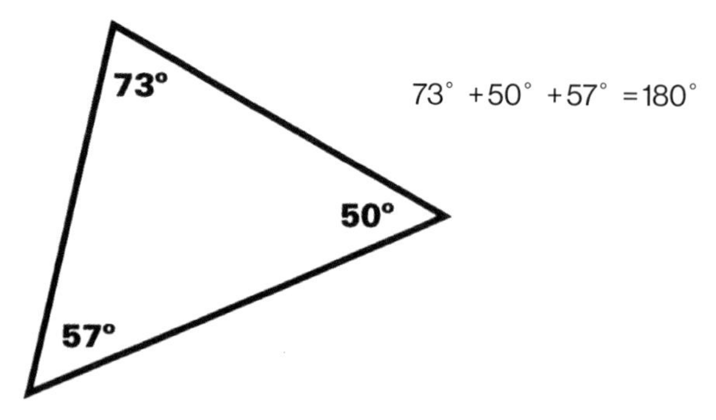

如果你在此之后和我学过的课程相同，那么你就展开了形象化的力量，即到了三维空间。三维空间中的某些情况和二维空间保持一致，但是其他一些情况必须要改变，否则三维空间和二维空间将没有任何

1. 卡尔·弗里德里希·高斯（1777～1855），亚诺什·玻利亚（1802～1860），尼古拉·罗巴切夫斯基（1792～1856），格奥尔格·弗里德里希·伯恩哈德·黎曼（1826～1866）。

34 差异。例如，三维空间中的直线可以不相交，然而它们并不平行；我们称它们为异面直线。

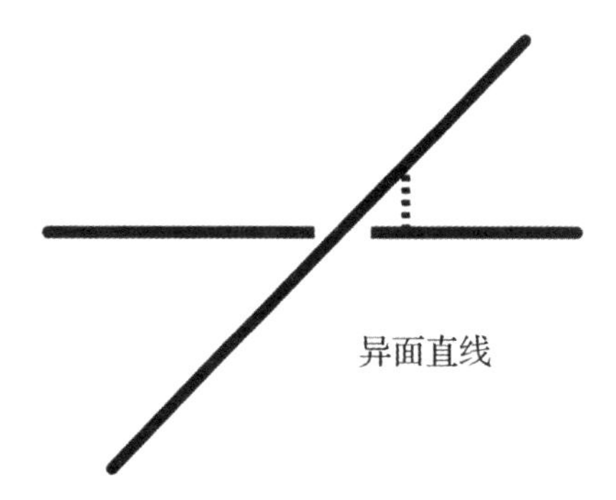

无论是在三维还是二维情况下，几何学的规则保持不变，这大约是欧几里得在公元前300年左右定下来的。然而，即使在二维情况下，其他种类的几何学是可能的，它们有着不同的公理。

几何这个词字面上的意思是"测量地球"。具有讽刺意义的是，如果欧几里得真的不辞辛苦地去测量地球表面上的三角形，他会发现欧几里得几何学是不能用的。原因在于地球表面是球面，[1] 而不是平面。球面几何学中当然有点和角度，但是我们称之为直线的东西并不显然存在。首先让我们试图来弄明白"球面上的直线"究竟是什么意思。

在欧几里得几何学中，描述直线的一种熟知的方法是：它是两点之间的最短路线。如果我想在足球场上建立一条直线，首先我会在地上钉两个木桩，然后用一条尽可能紧的线把它们连接起来。把线拉得

1. 当然，这里我将地球看作一个理想的、完美的球体。

足够紧是为了保证距离尽可能短。 35

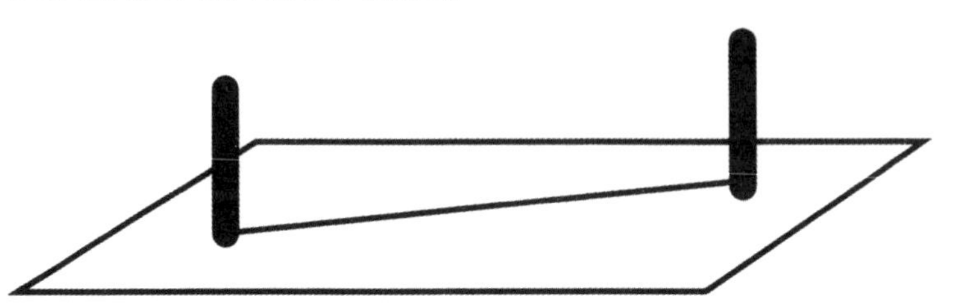

两点之间最短路线的概念可以极为方便地推广到球面。设想我们的目的，是寻找莫斯科和里约热内卢之间的最短航线。我们需要一个地球仪、两个图钉以及一些线。我们分别用两个图钉来标记莫斯科和里约热内卢，并在地球仪表面上拉伸线段来确定最短路线。这些最短路线称为大圆，例如赤道和子午线。将它们称为球面几何学中的直线是合理的吗？事实上，我们将它们叫做什么并不重要，要紧的是点、角度和直线之间的逻辑关系。

从某种意义上来说，作为两点之间的最短路线的这些线是球面上最直的线了。这些路线的正确数学术语是*测地线*。平面上的测地线显然就是通常的直线，而球面上的测地线是大圆。

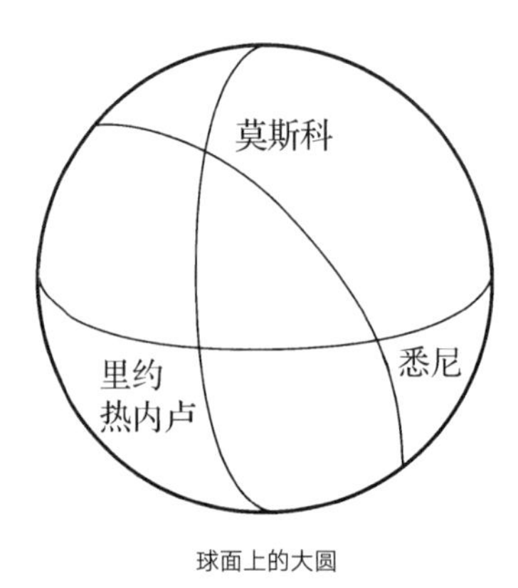

球面上的大圆

有了这些球面的替代物，我们就可以建立三角形了。在球面上选三个点，分别为莫斯科、里约热内卢和悉尼。接下来，分别画出两点间的三条测地线：莫斯科-里约热内卢测地线，里约热内卢-悉尼测地线，36 以及悉尼-莫斯科测地线。结果我们得到了一个*球面三角形*。

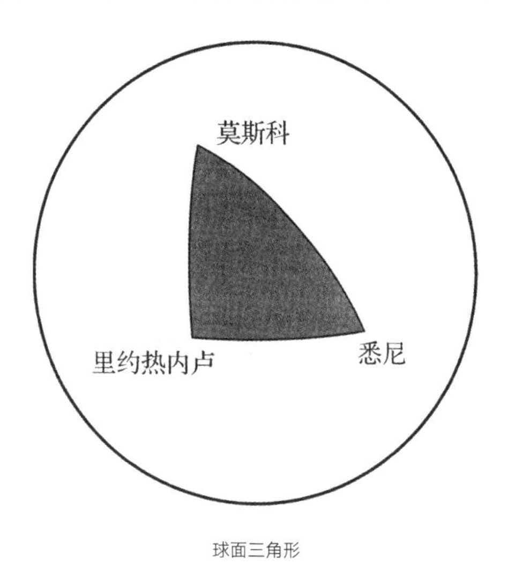

球面三角形

在平面几何学中，将任意三角形的角度相加，我们得到了精确的180°。但是当仔细观察球面三角形时会发现，由于边向外凸出，使得角度比平面上的要大些。结果是球面三角形的角度之和总是大于180°。如果曲面上的三角形具有这个性质，我们就称曲面是*正弯曲的*。

那么存在具有相反性质（即三角形的内角和小于180°）的曲面吗？答案是肯定的，此类曲面的一个例子是马鞍面，它是*负弯曲的*。负弯曲曲面上的测地线形成的三角形向内陷，而不是向外凸。

因此，无论我们有限的大脑能否想象出三维弯曲空间，我们的确知道如何在实验上测出曲率，三角形正是答案所在。在空间选三点，将线拉得尽可能地紧，形成一个三维的三角形。如果对于任意的三角形的内角之和，都等于180°，那么空间是平坦的。反之，空间是弯[37]曲的。

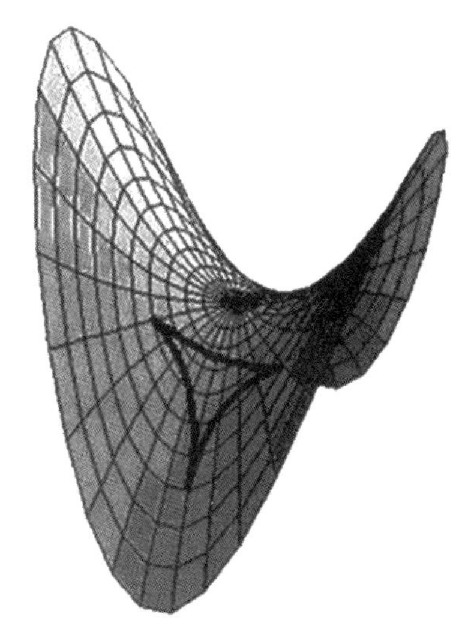

比球面和马鞍面还要复杂得多的曲面是可以存在的，具有不规则起伏的区域既有正曲率又有负曲率，然而建立测地线的规则始终是简单的。想象你自己在这样一个曲面上一直往前爬行，永远不要回头，也不要向四周看，更不要担心你从哪里来，要到哪里去，仅仅是盲目地向正前方爬去。那么你的路径是一条测地线。

想象一个坐在机械轮椅中的人，他试图通过一个沙漠。由于随身只携带了少量的水，因此他必须尽快走出沙漠。圆形的小山、马鞍形的山坳通道和深深的山谷确定了一个正曲率和负曲率的地带，驾驶者不清楚轮椅行驶的最佳路径。他起初认为高山和深谷会减缓他的行驶，因此要绕过它们，方法极为简单，减缓其中的一个轮子，那么轮椅就会转向该方向。

但是几小时过后，驾驶者发觉自己正在经过原来走过的地方，轮椅使他毫无目的地危险行驶。他现在意识到最好的策略，就是完全笔直地向前走，既不左转也不右转。他自言自语道："仅仅听从你的鼻子。"但是，又如何保证他不是摇摆地行走呢？

38

稍加思索，答案显而易见。利用某种装置将轮椅的两个轮子固定在一起，使它们像哑铃一样。以这种方式固定了两个轮子后，这个人再出发，他在沙漠中就会行走最短的距离。

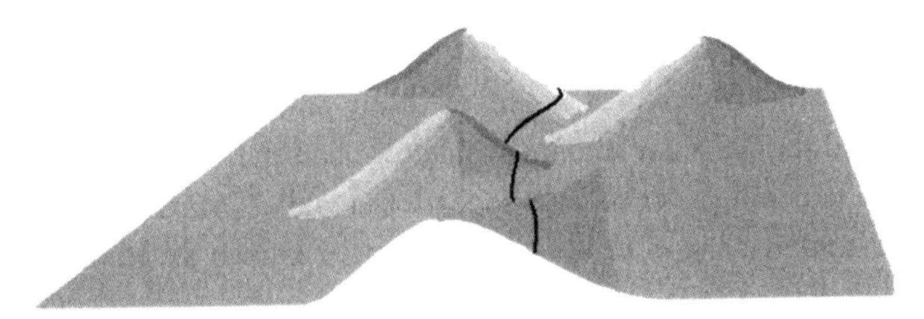

从轨道上的任意一点来看，旅行者似乎都在一条直线上行走，但就整体而言，他所行走的路径是相当复杂的，是一条曲线。虽然如此，它已经是最直、最短的线了。

一直到19世纪，数学家才开始用另外的公理来研究这种新的几何学。诸如格奥尔格 · 弗里德里希 · 伯恩哈德 · 黎曼（Georg Friedrich Bernhard Riemann）等人认为：关于真实空间中"真实"的几何学可能不完全是欧几里得的。然而爱因斯坦是第一个认真考虑这种想法的。在广义相对论中，空间（或者，更为确切的说法是时空）的几何，不仅对哲学家和数学家，而且也对实验家，构成了课题。数学家告诉我们什么样的几何是可能的，但是只有实验家，才能确定空间的“真实”几何。

为了构造广义相对论，爱因斯坦建立在黎曼的数学工作的基础之上。他想象几何超越于球面和马鞍面之外：空间有凸有凹，某些地方是正弯曲的，某些地方是负弯曲的。测地线在空间延伸着，形成弯曲的、不规则的路线。黎曼只是想到了三维空间，但是爱因斯坦和他同时代的赫尔曼·闵可夫斯基（Hermann Minkowski）引进了某种新的东西：时间作为*第四维*。（试着形象化它，如果你可以做到，那么你就有着非比寻常的大脑。）

狭义相对论

39

即使在爱因斯坦开始考虑弯曲空间之前，闵可夫斯基就有了将时间和空间组合起来，形成四维时空的想法。他带着些许傲慢但又相当优雅的语气宣告：“自此之后，空间本身和时间本身注定要消失而成为幻影，只有将它们结合起来才能保持独立的实在性。”[1] 闵可夫斯基的平坦的（或者是不弯曲的）时空称为*闵可夫斯基空间*。

---

1. 闵可夫斯基第一个意识到：新的四维几何学是爱因斯坦的狭义相对论的正确框架。该处引自《空间与时间》，这是1908年9月21日在第80届德国自然科学家和物理学家大会上，闵可夫斯基的演讲词。

在1908年第80届德国自然科学家和物理学家大会的演讲中，闵可夫斯基用垂直轴来代表时间，水平轴代表所有三维的空间。听众必须要用一点儿想象力才行。

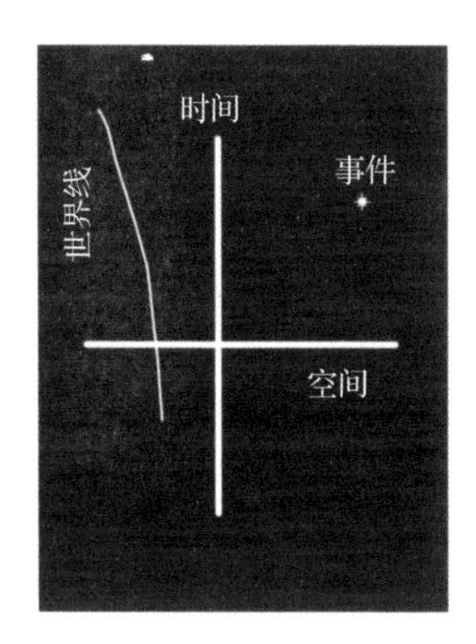

闵可夫斯基将时空中的点称为事件。事件这个词的传统用法不仅意味着时间和地点，而且意味着与此同时某事发生了。例如："在1945年6月16日早晨5点29分45秒，一个非常重要的事件在新墨西哥州的三位一体[1] 发生了，测试了第一颗原子武器。"闵可夫斯基所用的事件一词所指的要少一些，它仅指特定的时间和地点，而不管事情是否真实地在那里发生了。他真正指的是：事件可能发生也可能不发生的一个特定的时间和地点，但这样说就有点儿绕口，因此他就仅称它为事件。

时空的中直线或曲线在闵可夫斯基的工作中起了特殊的作用。空

1. 译者注：原是新墨西哥州南部的一个地名，西班牙人原来称它为"死亡之旅"，为建造原子弹做出重大贡献的物理学家奥本海默将它重新命名为三位一体。

间中的点代表粒子的位置。但是，为了在时空图中画出粒子的运动，你可以画一条为直线（或曲线）的轨道，称为*世界线*。关于运动的某种分类是无法避免的。即使粒子完全保持静止状态，然而它依然在时间上旅行。于是，一个静止粒子的轨迹是一条垂直的直线，一个向右运动的粒子的轨迹是一条向右倾斜的世界线。

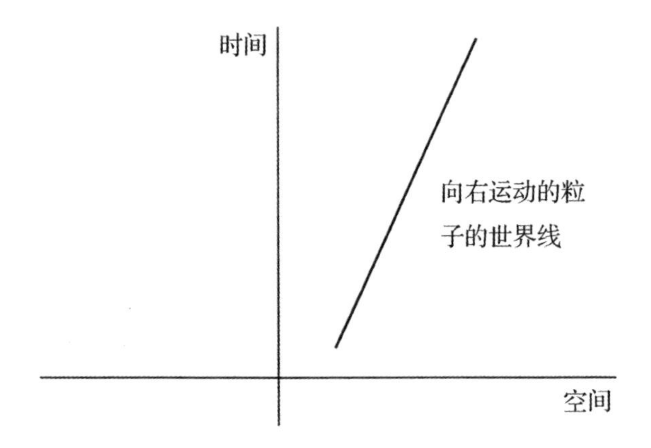

相似的，向左倾斜的世界线描述向左运动的粒子。偏离垂直线越远，粒子运动得越快。闵可夫斯基用倾斜45°角的直线来描述光线的运动，它是运动最快的客体。由于任何粒子的运动速度都无法超过光速，因此一个真实物体的轨道偏离垂直线的角度不能超过45°。

由于比光运动得慢的粒子的世界线接近垂直线，因此闵可夫斯基将它称为*类时的轨迹*。他将45°的光线的轨道称为*类光的轨迹*。 41

固有时

对人类的大脑而言，距离是一个极为容易把握的概念。当沿着直

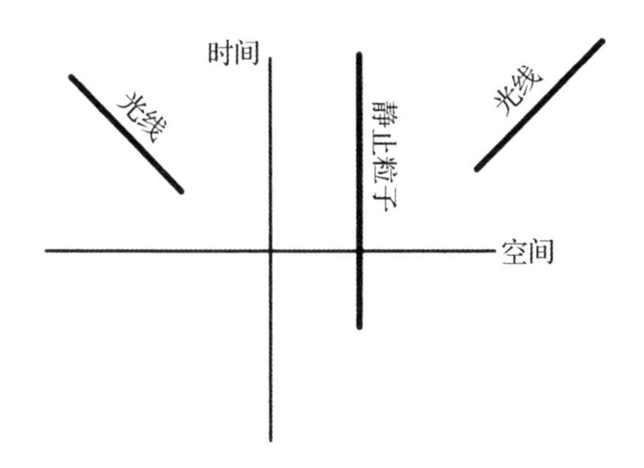

线测量距离时尤为简单，为了测量它，你仅需要一把普通的直尺。在曲线上测量距离有点儿困难，但并不是非常困难，只要用一个可弯曲卷尺代替直尺即可。然而，时空中的距离更为精妙，一时之间不知如何测量。事实上，在闵可夫斯基引入它之前并没有这个概念。

闵可夫斯基特别喜欢沿着世界线来定义距离的概念。例如，取静止粒子的世界线。由于它的轨道不包括任何空间上的距离，因此直尺或卷尺不是正确测量它的工具。但是，闵可夫斯基意识到：甚至是一个完全静止的物体依然在随时间流逝。正确测量它的世界线的方法不是用直尺，而是用时钟。他将测量世界线距离的新方法称为固有时。

42　想象任何物体，无论它到哪里，都随身携带着一个小时钟，正如同人所携带的袖珍手表一样。沿着同一条世界线的两事件间的固有时是它们之间所流逝的时间，这可以用沿着此世界线的时钟来测量。时钟的滴答声类似于沿着卷尺的英寸符号，但它不是测量普通的距离，而是测量闵可夫斯基空间中的固有时。

这里有一个具体的例子。龟先生和兔先生打算在中央公园里举行赛跑。公园两头的仲裁员各自携带着经过仔细同步校正的时钟，因此他们可以计时得出胜负。两个参赛者恰好从12点钟开始出发，当兔先生中途经过公园时，他就已经遥遥领先了，因此决定小憩片刻，再继续赛跑。但是他睡过头了，睡醒时他发现龟先生刚巧要接近终点线了。兔先生为了不输掉比赛而孤注一掷，他像闪电一样冲刺，恰好赶上与龟先生同时冲过终点线。

龟先生拿出他高度可靠的袖珍手表，自信地给等待的人群看他的世界线上从初始到终了的固有时，是2小时56分。但为什么是*固有时*这个新术语呢？为什么龟先生不只是说他从出发到结束的时间是2小时56分呢？难道时间不仅仅是时间吗？

牛顿一定是这样想的。他坚信上帝的主时钟确定了一个均匀流逝的时间，所有的其他的时钟都与之同步。为了生动地说明牛顿的世界时，想象空间充满着同步的小时钟。这些时钟是良好可靠的，它们以相同的速率运行着，因此一旦被校准，它们将永远保持同步。无论龟先生或是兔先生恰好位于何地，他都可以通过邻近的时钟来知道时间，他也可以查看自己的袖珍手表。假设你的袖珍时钟是良好可靠的，无论你在哪里，以多大的速度运行，轨道是沿着直线还是沿着曲线，它都将与邻近的当地时钟保持一致。对牛顿来说，这是不言自明的真理。牛顿的时间是一个纯粹的实在，没有任何相对性可言。

但是在1905年，爱因斯坦把牛顿的绝对时间弄成一团乱麻了。依据狭义相对论，时钟滴答的速率依赖于它们的运动，即便它们是完全相同的时钟也是如此。在通常情况下，这种效应是无法察觉的，但43当时钟的运动接近光速时，它就非常显著了。根据爱因斯坦的说法，任何时钟都沿着它各自的世界线，以各自的速率滴答运行着。因此，闵可夫斯基定义了固有时这个新概念。

回到龟兔赛跑，当兔先生拿出他的手表时（同样是一个良好可靠的时钟），他的世界线的固有时显示是1小时36分。[1] 虽然他们从相同的时空点出发，又在相同的时空点到达，但龟先生和兔先生各自的世界线却有着不同的固有时。

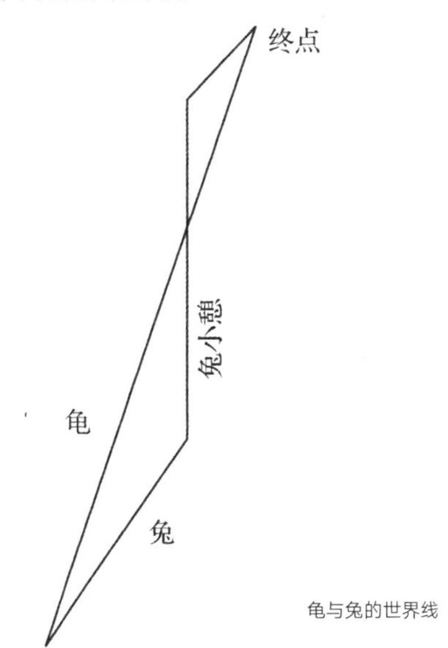

龟与兔的世界线

在进一步讨论固有时之前，多考虑一下用卷尺沿着曲线测量普通的距离方法是有益的。在空间任选两点，在它们之间画一条曲线。那

1. 这是一个极端夸张的说法，这要求兔子的运动接近光速。

么沿着这条曲线上的两个点相距多远呢？答案显然依赖于曲线。这里有两条曲线，它们连接着相同的两点（a和b），但有着不同的长度。当沿着上面的一条曲线时，a和b之间的距离是5英寸；沿着下面的一条曲线时，它们之间的距离是8英寸。 44

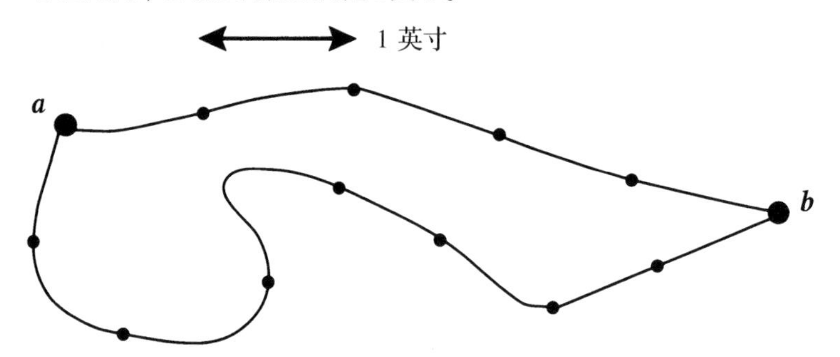

当然，a和b之间的不同曲线有着不同的长度这个事实丝毫没有任何令人吃惊的地方。现在我们回到时空中世界线的测量问题。下面是一个典型的世界线图形。注意此世界线是弯曲的，这意味着沿着

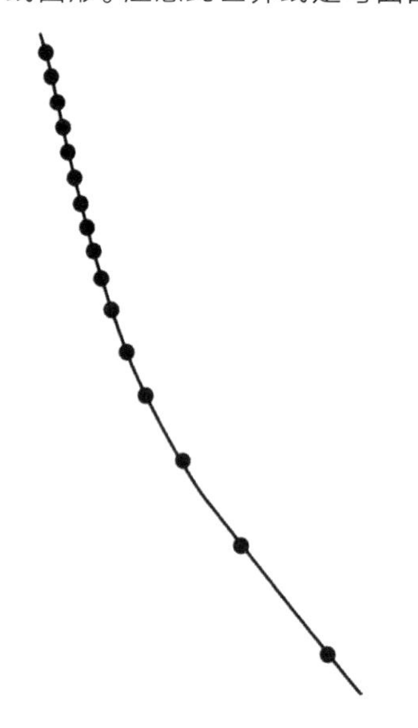

这个轨道运动的物体不是匀速的。在这个例子中，一个快速运动的粒子慢下来了。图中的点表示时钟的滴答声，每个间隔代表一秒。注意，当角度趋于水平时，每一秒钟滴答得更为缓慢。这并不是一个错误，[45]它表示时间延缓，与缓慢运动或静止的时钟相比，快速运动的时钟更慢些，这是爱因斯坦的著名发现。

我们来考虑连接两事件的两条曲线。爱因斯坦永远是一个思想实验家，他想象一对双生子，我把他们称为爱丽丝和鲍勃，在同一时刻出生。将他们出生的事件标记为a。在他们出生的那一刻，他们被分开了；鲍勃待在家里，爱丽丝以极大的速度被迅速带走。一段时间之后，爱因斯坦让爱丽丝回头往家走。最终，鲍勃和爱丽丝在b处再一次相遇。

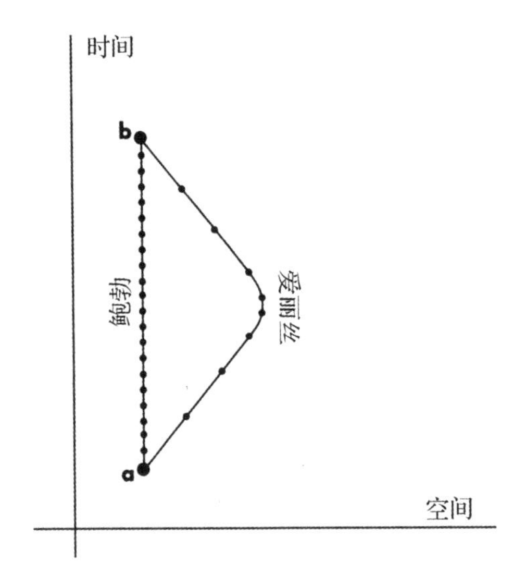

在出生的时候，爱因斯坦给他们完全相同的袖珍手表，它们是协

调一致的。当鲍勃和爱丽丝最终在b处相遇时，他们比较各自的手表，发现了令牛顿为之惊讶的事情。首先，鲍勃长着灰长的胡须，而爱丽丝却正值青春。根据他们各自的袖珍手表，爱丽丝世界线上的固有时要比鲍勃的小得多。正如两点间通常意义上的距离依赖于连接它们的曲线一样，两事件间的固有时依赖于连接它们的世界线。

爱丽丝注意到她的时钟在旅途中变慢了吗？回答是一点儿也没有察觉。她的手表不是唯一变慢的东西，她的心跳、脑功能和全部的新陈代谢都变慢了，在旅行中，爱丽丝无法将她的时钟与其他东西相比。但是当最终和鲍勃再次相遇时，她发现自己要比鲍勃年轻得多。这个“双生子佯谬”让学物理的学生为之困惑已达100年之久。 46

你可能已经发现了一个特性，鲍勃在时空中以一条直线行驶，而爱丽丝则在一条弯曲的轨道上运行。然而沿着爱丽丝轨道的固有时要比鲍勃的短。这是闵可夫斯基空间几何学中一个反直觉的事实：两事件间直的世界线有着最长的固有时。将这件新装备放进你的大脑工具包吧！

广义相对论

空间如同黎曼一样，爱因斯坦坚信几何（不仅是空间，而且是时空）是弯曲的、可变的。他所指的不仅是空间，而且是时空的几何。按照闵可夫斯基的做法，爱因斯坦让一个轴代表时间，另一个轴代表全部的三维空间，但是他不再把时空视为平坦的平面，而将它想象成一个扭曲的曲面，随波逐流地弯曲。粒子仍然沿着世界线运动，时钟以固有时滴答运行，但是时空的几何变得非常不规则。

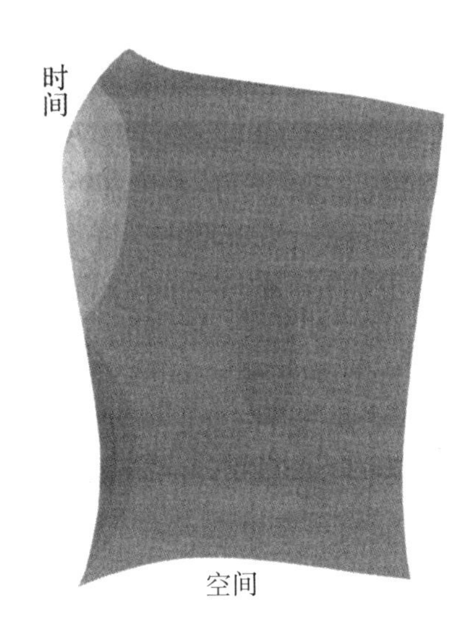

47 **爱因斯坦的定律**

令人感到惊讶的是，弯曲时空中的物理定律在许多方面要比牛顿物理学中的更为简单。下面以粒子的运动为例。牛顿定律以惯性定律为开始：

任何物体在不受外力的情况下保持匀速运动状态。

这条听起来简单的规则中有一个短语“匀速运动”，它隐藏着两种不同的说法。第一种指，匀速运动意味着是在空间中的一条直线上运动。然而牛顿所指的更强：匀速运动还隐含着恒定的、不变的速度，也就是没有加速度。[1]

1. 加速度这个术语指的是速度发生的任何改变，包括慢下来，我们通常称之为减速度。对物理学家而言，减速度只不过是负的加速度。

但是引力又是什么呢？为此牛顿增加了第二条定律，是有关非匀速运动的定律，即力等于质量乘以加速度，或者用不同的方式表达为：

物体的加速度等于作用到它上面的力除以它的质量。

当涉及引力时，应用第三个规则：

作用于任何物体上的力正比于它的质量。

48

闵可夫斯基用巧妙的洞察力概括了牛顿关于匀速运动的两个条件：

任何物体，当它不受外力时，它沿着时空中直的世界线运动。

直的世界线不仅意味着在空间上是直的，而且意味着恒定的速度。

闵可夫斯基的直的世界线假设，完美地结合了匀速运动的两个方面，但它只适用于完全没有力的情形。当爱因斯坦将闵可夫斯基的思想，应用到弯曲时空时，他把它提升到了一个新的高度。

爱因斯坦的新定律令人惊讶地简单。沿着世界线上任意一点，粒子进行了最为简单的事情：它笔直地向前走（在时空中）。如果时空是平坦的，那么爱因斯坦定律就是闵可夫斯基定律，但如果时空是弯曲的，即某区域中的巨大物体，使时空发生变形和扭曲，那么新的定律就使得粒子沿着时空中的测地线运动。

正如闵可夫斯基所解释的，弯曲的世界线表明，有力作用在物体上。根据爱因斯坦的新定律，粒子在弯曲时空中尽可能沿着直线运动，不过测地线为了和局部时空的形状相匹配，它不可避免地发生弯曲。爱因斯坦的数学方程表明，弯曲时空中世界线的行为，与粒子在引力场中的弯曲世界线极为相似。因此，引力只不过是弯曲时空中测地线的弯曲。

爱因斯坦用一个有趣的简单定律结合了牛顿定律和闵可夫斯基的世界线假设，并解释了引力是如何作用到物体上的。牛顿把引力作为自然界中一个无法解释的事实，爱因斯坦将它解释为非欧几里得时空几何的效应。

粒子沿着测地线运动，这个原理为我们提供了一种强有力的新方法来思考引力，但是它没有提到引起曲率的原因。爱因斯坦为了完成他的理论，就必须解释是什么决定了时空的扭曲和其他不规则变化。[49] 在旧的牛顿理论中，引力场的源是质量：像太阳这样的大质量的存在，产生了其周围的引力场，引力场接着影响了星体的运动。因此自然而然地，爱因斯坦推测是质量（或者等价地说是能量）的存在引起了引力场的扭曲或弯曲。约翰·惠勒是现代相对论理论的伟大先驱者和传授者之一，他用了一个简洁的口号式话语来总结如下："空间告诉物体如何运动，物体告诉空间如何弯曲。"（他所说的空间指的是时空）

爱因斯坦的新思想意味着时空不是被动的，它的性质，例如曲率，对质量的存在作出反应。时空近乎是一种弹性的材料，甚至是一种流体，受到其中运动的物体的影响。

巨大物体、引力、曲率和粒子的运动之间的联系，有时可以用一个类比来描述，对此我抱着一种复杂的心态。这个想法把空间想象成一个水平的橡皮垫，就如同蹦床一样。当没有物体使其发生变形时，垫子保持平坦。但是，当把一个重物，像保龄球，放在它上面时，就会使它变形。现在加一个质量小得多的物体，一颗弹丸就可以了，观察弹丸落向保龄球时的行为。还可以给弹丸某个切向速度，这样它绕着重物运动，就像地球绕着太阳运动一样。橡皮垫表面的凹陷防止小质量的物体飞出去，就如同太阳的引力拴住了地球一样。

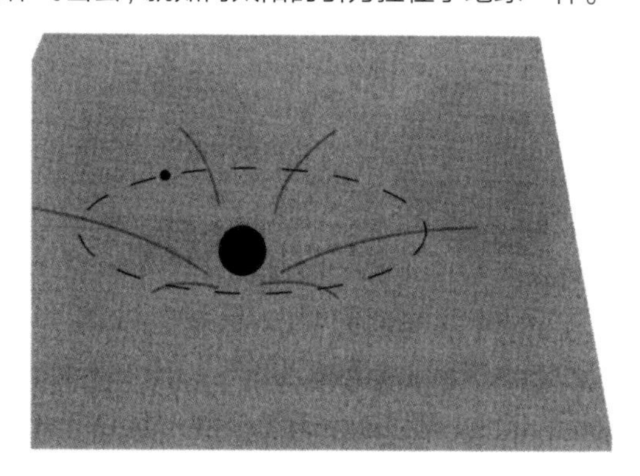

这个类比有着误导性的地方。首先，橡皮垫的曲率是空间曲率，[50] 而不是时空的曲率。它无法解释质量引起邻近时钟的独特效应（我们将在下一章来讨论这些效应）。更为糟糕的是，这个模型用引力来解释引力。地球对保龄球的引力引起了橡皮垫表面的凹陷。从专业的意义上而言，用橡皮垫模型来进行类比是完全错误的。

然而，这个类比确实抓住了广义相对论的某些精髓。时空是可变形的，重物能使其形状发生改变，小物体的运动受重物所产生的曲率的影响。凹陷的橡皮垫很像我不久将要在数学上解释的嵌入图。当这个类比对你有帮助时就利用它，但记住它仅仅是个类比。

黑洞

取一个苹果，将它从中间切开。苹果是三维的，但新剖开来的截面是二维的。如果你把所有的这些二维的细苹果薄片堆积起来，你可以重新构建苹果。你可能会说每一个细薄片被嵌入更高维的薄片垛之中。

时空是四维的，但当把它切成薄片后，我们就展现出三维空间薄片。它可以被形象化为一垛薄片，每一薄片代表某个特定时刻的三维空间。形象化三维空间要比形象化四维空间容易得多。这些薄片的图景被称为嵌入图，它为弯曲几何提供了一个直觉的图景。

我们以太阳产生的几何为例。暂时忘记时间，而专注于形象化太阳周围的弯曲空间。嵌入图就如同橡皮垫上的微小凹陷，以太阳为中心，这几乎类似于放有保龄球的蹦床。

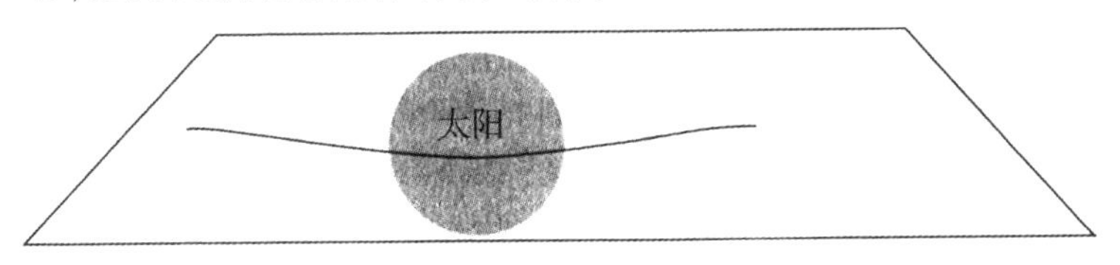

如果质量集中在一个更小体积之内，那么太阳周围的扭曲会更为显著。51

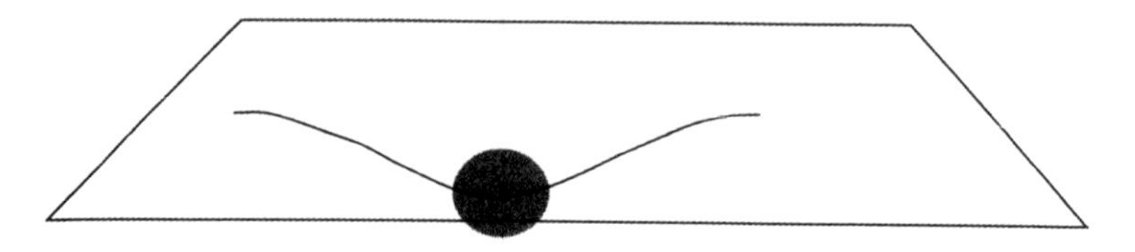

虽然白矮星或中子星周围的几何更为弯曲，但它仍然是光滑的。

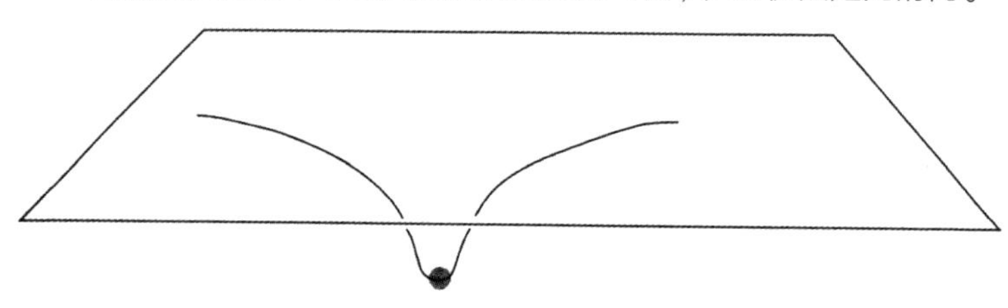

正如我们早先所了解到的，如果一个正在坍缩的恒星收缩到足够小，包含在史瓦西半径（对太阳来说，史瓦西半径是2英里）之内，接着就像蝌蚪被困入排水孔中一样，组成太阳的粒子无法抗拒吸引力，一直坍缩下去，直到它们形成奇点，一个有着无穷大曲率[1] 的点。

52

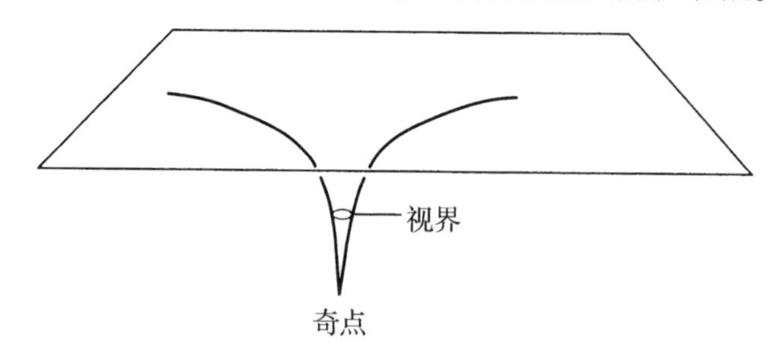

1. 专业人士注意：下面的图，不是在恒定的史瓦西时间的嵌入图，而是利用克鲁什卡（Kruskal）坐标，并选择表面 T=1 的嵌入图。

讹传中的黑洞

我想这一小节会引来某些读者愤怒的邮件，他们关于黑洞的知识主要来自于迪斯尼电影《黑洞》。我不想被人称为煮鹤焚琴的人，上帝知道黑洞是引人入胜的物体，但它不是通往天堂、地狱或是其他宇宙，甚至是返回自身宇宙之门。因为在爱情、战争和科幻小说里，一切都是美好的，我不是真的在意电影制作人是否曾到旮旯岛旅行过。但是为了理解黑洞，所要求的要比仔细学习二流电影要多得多。

事实上，黑洞的前提起源于爱因斯坦和他的合作者内森·罗森（Nathan Rosen）的工作，随后在约翰·惠勒那里变得为人所知了。爱因斯坦和罗森推测黑洞的内边界，通过惠勒后来称之为虫洞的东西与遥远的地方相连接。他们的想法是，两个也许相距几十亿光年远的黑洞，可以在它们的视界处相连接，形成穿越宇宙的奇妙捷径。相反的是，黑洞的嵌入图，不再是终结于尖锐的奇点，一旦穿过视界，将到达一个新的宽广的时空区域。

53

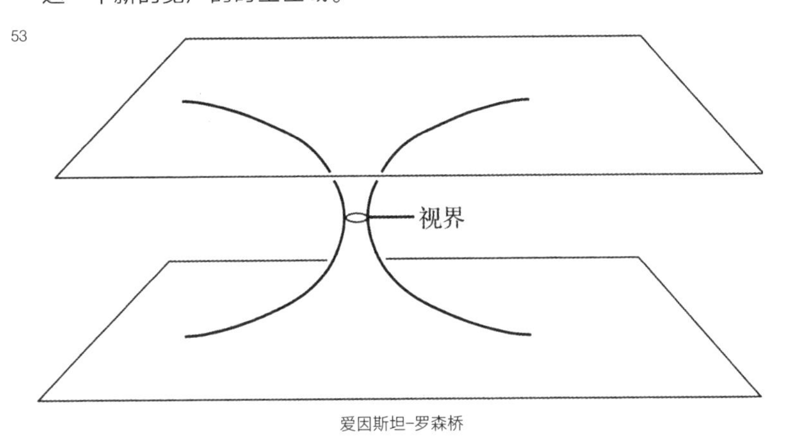

爱因斯坦-罗森桥

从一个端点进去，从另外一个端点出来，就像是在纽约穿过隧道，在不超过几英里后出现在北京，甚至是火星上。惠勒的虫洞基于广义相对论的真正的数学解。

黑洞作为通往其他世界的通道，这个荒诞的神话起源于此。但是，这个想象有两处错误。首先，惠勒的虫洞只能开放很短的一段时间，接着它就关闭了。虫洞的开闭如此之快，以至于任何事物（包括光）都无法从其中经过。因此，通往北京的短通道，在我们经过它之前就已经坍缩掉了。某些物理学家推测量子力学可能通过某种方式来使得虫洞稳定化，但对此毫无确凿的证据。

其次，爱因斯坦和罗森研究的是“永恒的黑洞”，它不仅存在于无限的未来，而且也存在于无限的过去。但是，即使宇宙的年龄也不是无限大。真实的黑洞一定起源于恒星（或者其他超重物体）的坍缩，这发生在大爆炸很久之后。当把爱因斯坦方程应用到黑洞的形成时，并没有虫洞来连接它们，嵌入图则与上图相似。

既然我破坏了你的美好一天，我建议你去租下那部迪斯尼电影的光盘，寻找一下乐趣吧！

如何建造时间机器

54

未来不为古人用。

——约吉·贝拉

时间机器是科幻小说中另外一个骗人的玩意儿，是许多书籍、电视节目和电影的主题，它究竟是怎样的呢？就我个人而言，我希望拥有一台。对将来会是什么样，我真的感到非常好奇。今后100万年人类还存在吗？他们能克隆空间吗？性别作为生殖发育的优先方式还存在吗？我想知道，我猜想你同样也想知道。

对于你的愿望，你需要当心，到未来旅行的行情并不一定会上涨。你所有的朋友和家人都死去很久了，你的衣服看起来很可笑，你的语言也将会毫无用处。简而言之，你会成为一个怪人。如果通向未来的单向旅行不是灾难性的，那也是令人感到沮丧的。

这没有问题。你仅需要爬回你的时间机器，把指示表设定为现在即可。但是，如果你的时间机器的传动装置没有倒挡呢？如果你只能向前走呢？你究竟还会不会做这件事情呢？你可能认为这是一个无意义的问题，每个人都知道时间机器是科幻小说的产物。事实上，这是不正确的。

通向未来的单向时间机器是极为可能的，至少理论上来讲是这样。在伍迪·艾伦（Woody Allen）的电影《沉睡者》中，主人公利用一个现今几乎可行的技术，到达了200年后的未来。他只是把自己冷冻到假死的状态，这在狗和猪身上已经实验过了，达几小时之久。当他从冷冻状态醒来时，他就在未来了。

当然，这个技术并不是真正意义上的时间机器。它可以减缓人的新陈代谢，却无法减缓原子和其他物理过程的运动。然而我们可以做得更好。还记得在出生时刻被分开的双生子鲍勃和爱丽丝吗？当爱丽丝从空间旅行回来后，发现除她之外的世界，已变老了许多。因此，[55] 在一个快速的宇宙飞船中往返一次，是时间旅行的一个例子。

一个大黑洞是另外一台非常便利的时间机器。我们来看它如何工作。首先，你需要一个环绕着黑洞的空间站和一条长的绳索，将你放到视界附近。你不想靠得太近，当然你也不想穿过视界，因此绳索必须非常结实。空间站上的绞车会把你放下，经过原定的时间后，再把你收回来。

我们假设你想去1000年后的将来，你也乐意被绳索悬挂一年，而且由引力引起的不适并不明显。这是可以做到的，但是你需要找一个视界和我们的星系一样大的黑洞。当然，如果你不在意引起的不适，可以用我们星系中心一个小得多的黑洞来实现。在视界附近处下放的一年中，你会感到自己重达100亿磅。在绳索上度过一年之后，当你被转回来时，你发现1000年已经过去了。至少从理论上来说，黑洞的确是通往未来的时间机器。

但是如何回来呢？为此你需要一个通往过去的时间机器。哎呀，在时间上回到过去很可能是无法实现的。物理学家时常推测通往过去的时间旅行要穿越量子虫洞，但是在时间上回到过去，常常会导致逻辑上的矛盾。我猜想你会被困在未来，而且对此无能为力。

引力导致的时钟变慢

是什么使得黑洞成为时间机器呢？答案在于它们引起了时空几何

的强烈扭曲。扭曲使得世界线上不同位置处的效应不一样，所以影响固有时流逝的方式也会不同。在离黑洞很远的地方，它的效应是非常微弱的，固有时的流逝几乎不受其影响。但是由于时空的扭曲，恰好悬挂在视界正前方处的时钟，会明显变慢。事实上，所有的时钟，包括你自身的心跳、新陈代谢，甚至是体内的原子运动，都会变慢。你丝毫不会注意到这种现象，但当你回到空间站，将你的手表和舱内的时钟相比时，你才会注意到差异。空间站的时间要比你手表上流逝快得多。

事实上，返回空间站去观测黑洞，对时间的效应并不是必要的。如果你被悬挂在视界附近，我在空间站上，我们各自都用望远镜来相互看对方。我看到你连同你的时钟的运动变慢了，而你看到我在加速，就像观看启斯东公司出品的警察老电影[1]。在大质量物体附近，这种时间的相对延缓称为*引力红移*。爱因斯坦发现的引力红移，是广义相对论的一个自然推论，在牛顿的引力理论中并没有对应的效应，因为时钟以完全相同的速率滴答运行着。

接下来的时空图展示了黑洞视界处的引力红移。图中左边的物体是黑洞。记住，此图表示的时空，垂直轴是时间。灰色的表面是视界，距离视界不同距离处的竖直轴代表一群等同的静止钟。标记号代表沿着世界线上固有时的流逝。单位并不重要，它们可以是秒、纳秒或者年。离黑洞视界越近，时钟滴答得越缓慢。相对于黑洞外的时钟而言，恰好在视界处的时钟完全静止。

1. 译者注：启斯东笑剧指1914～1920年初，由美国启斯东影片公司拍成幽默片的笑剧，片中经常出现一堆愚蠢而无能的警察。

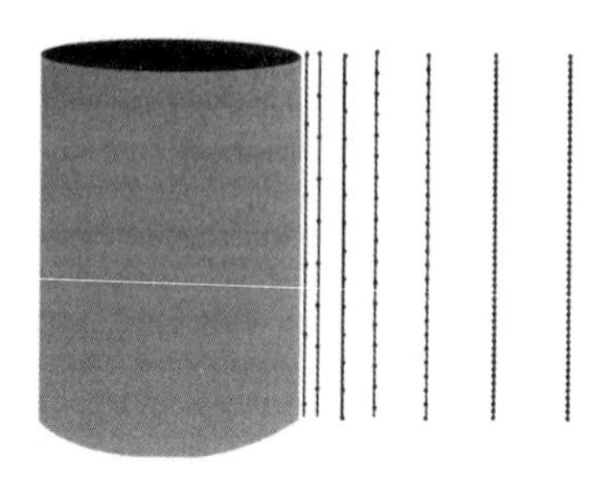

引力的时钟延缓可发生在不是很奇异的环境下，而并不一定要在黑洞视界处。一个合适的环境是太阳表面。原子是微型时钟，电子绕原子核的运动如同时钟的指针一样。从地球上来看，太阳上的原子运动得要慢一些。 57

同时性的丧失、双生子佯谬、弯曲时空、黑洞和时间机器，这些新而奇妙的想法如此之多，但它们都是可靠的，是物理学家都认同的、无争议的概念。这需要煞费苦心地进行重新装备，微分几何、张量微分、时空矩阵、微分形式来理解时空的新物理。然而，与调和广义相对论和量子力学，所产生的令人困扰的概念上的困难相比，即使是仅仅过渡到梦幻般的量子王国时，所遇到的困难相比，这些棘手的事情就算不得什么了。在过去，有人认为量子力学无法与爱因斯坦的引力理论共存，似乎应该被抛弃。但是，可能也有人会说黑洞战争是一场“为保卫量子力学的战争”。

在下一章中，我几乎不使用方程式，而尝试用堂吉诃德式的重新装备来使你适应量子力学。思考量子宇宙的真实工具是抽象的数学，这包括无穷维的希尔伯特空间、投影算符、幺正矩阵和许多其他高等原理，这需要几年的时间来学习它们。然而，让我们来看如何用几页纸来说明它们。

58

第 4 章
“爱因斯坦，请不要告诉上帝该做什么”

她放下杯子，胆怯地问道：“光是由波，还是由粒子组成的呢？”

房前的一棵大树下，放着一张桌子，三月兔和帽匠坐在旁边喝着茶，一只睡鼠在它们中间酣睡，那两个家伙把它当作垫子，把胳膊支在睡鼠身上，而且就在它的头上谈话。爱丽丝想道：“这睡鼠太不舒服了，不过它已睡着，可能就不在乎了。”[1]

---

1. 刘易斯 · 卡罗尔（Lewis Carroll），《爱丽丝梦游仙境》，插图来自约翰 · 坦尼尔（John Tenniel）（伦敦：麦克米伦公司，1865）。

自从爱丽丝上了最后一次科学课之后，她就深深地被某种东西所困惑，她希望她的这位新朋友可能会澄清这些混乱。她放下杯子，胆怯地问道："光是由波，还是由粒子组成的呢？""是的，完全是这样。"帽匠回答道。爱丽丝有些恼火，提高声音问道："我重复一下我的问题：光是粒子还是波？答案是什么呢？""是这样的。"帽匠回答。 59

欢迎来到乐趣屋，这儿是疯狂、混乱的量子世界，不确定法则和一切都无法感知。

部分地回答爱丽丝

牛顿认为光线是由一束微小的粒子组成的，几乎类似于从机枪中快速射出的小子弹。虽然这个理论几乎是全盘错误的，但它巧妙地解释了光的许多性质。直到1865年，苏格兰数学家和物理学家詹姆斯·克拉克·麦克斯韦彻底怀疑牛顿的子弹理论。他证明光是由波——电磁波组成的。麦克斯韦建造的大厦惊人地坚固，不久就成为一个普遍接受的理论。

麦克斯韦指出，当电荷运动时，例如电线中电子的振动，运动电荷将导致波浪般的扰动，非常类似于在池塘中摆动手指所引起的波浪。

60 光波是由电磁场组成的，和带电粒子、导线中电流和普通磁铁周围的场完全一样。当电荷和电流振动时，发出的波在真空中以光速传播。事实上，当你把一束光射向两条狭缝时，你可以发现由波的叠加所形成的清晰的干涉图样。

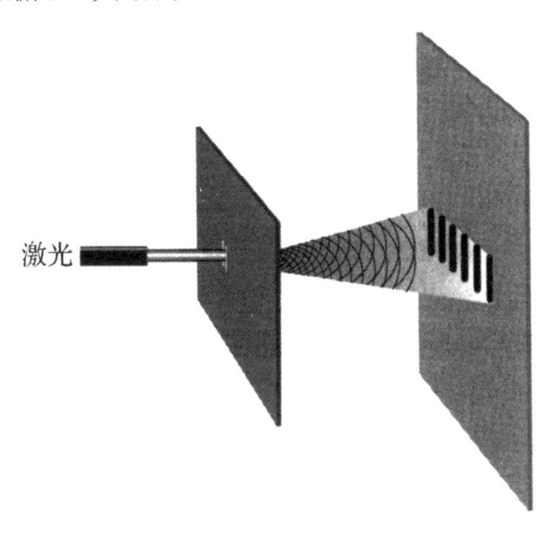

麦克斯韦的理论甚至可以说明光为什么是五颜六色的。波由波长所表征，波长是从一个波峰到相邻波峰的距离。这里有两列波，第一列波的波长要比第二列长。

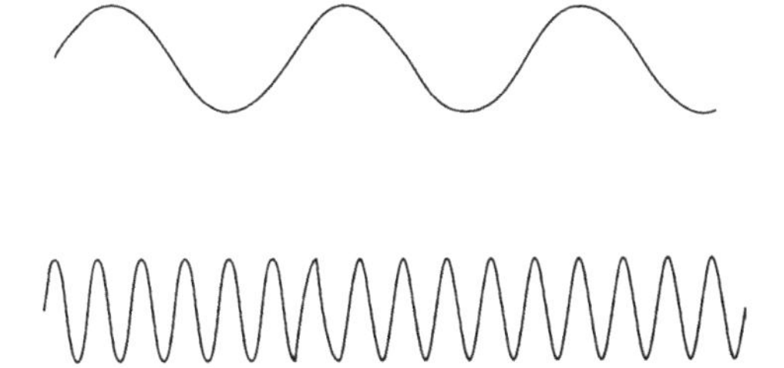

61 想象以光速运行的两列波恰好经过你的鼻子。当它们经过时，波周而复始地从最大值到最小值振荡，波长越短，波振荡得越快。每秒钟全振动（从最大值到最小值，再到最大值）的次数称为*频率*，显然短波的频率更高些。

当光到达你的眼睛时，不同频率的光对视网膜上的视网膜杆细胞和圆锥细胞影响方式不同。传往大脑的信号会显示成红色、橙色、黄色、绿色、蓝色或紫色，这依赖于频率（或波长）。相对于谱的蓝端或紫端来说，谱的红端由较长波长（或较低频率）的波组成：红光的波长大约是700纳米[1]，然而紫光的波长只是它的一半。由于光传播得如此之快，因此振动的频率是非常巨大的。蓝光1秒钟振动10^{15}次，红光的振动次数大约是该次数的一半。用物理术语来讲，蓝光的频率是10^{15}赫。

光的波长能大于700纳米或小于400纳米吗？当然可以，但那就不再是可见光，眼睛对这样的波长不再敏感。紫外线和X射线的波长比紫光短，所有射线中波长最短的是伽马射线。在长波段，我们有红外线、微波和无线电波。从伽马射线到无线电波的整个谱就是著名的电磁辐射。

因此，爱丽丝，你所问问题的答案是：光的确是由波组成的。

但是请你等一下，不要太着急。在1900～1905年间，一个很令人困扰的意外发现，推翻了物理学的基础，使这个问题陷入完全混乱的状态之中达20年之久（某些人可能会说现在依然混乱）。在马克

---

1. 纳米是十亿分之一米，或者是10^{-9}米。

斯·普朗克（Max Planck）工作的基础之上，爱因斯坦完全“推翻了主流的范式”。本书没有足够的时间和篇幅，来详述他发现的历史，但是到1905年为止，爱因斯坦确信光是由粒子组成的，他称之为量子。不久以后，它们被命名为光子。我们将一个有趣的故事缩写到仅叙述它的实质，当光极其微弱时，它的行为像粒子，每次发射一个，就像断断续续的子弹一样。我们回到那个实验，光经过双缝后，最终到达一块屏上面。减弱光源，将其想象成微小的一滴。波理论家希望得到一个非常微弱的、波形的图案，它是几乎不可见的，也可能是完全不可见的。但无论可见与否，我们所期望的形状应是波形的。

通常情况下爱因斯坦是对的，但这不是他所预言的结果。他的理论得到的是光点，而不是连续的图形。第一次闪光无规则地出现在屏上不可预料的某点。下一次闪光随机地出现在另一处，接着是又一次闪光。如果把这些闪光照下来，叠加在一起，在这些随机闪光中会出现一个类似于波动的图样。

那么光是粒子还是波呢？答案依赖于所进行的实验和你所问的问题。如果实验涉及的光很暗，以至于每次流出一个光子，光表现

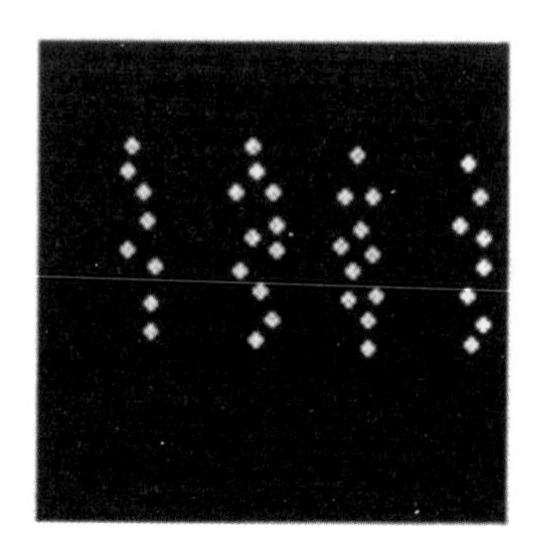

为无法预测的、随机的光子。但如果有足够多的光子，以至于它们可以形成一个图案，光的行为就像波。伟大的物理学家尼尔斯·玻尔（Niels Bohr）认为，光的波动理论和光的粒子理论是*互补的*，以此来描述这个令人混乱的状况。

63

爱因斯坦主张光子必须具有能量，对此有确切的证据。太阳光是由太阳发射的光子，它们使地球变得温暖。太阳能电池板将太阳光子的能量转化成电能，电能可以使发动机运转，可以提升重物。如果光具有能量，那么组成它的光子也必须如此。

很显然，单个光子只有一份很小的能量，但精确说来是多少呢？烧开一杯茶或发动一个100瓦的发动机需要多少光子呢？答案依赖于辐射光的波长。相对于波长较短的光子来说，波长较长的光子含有较少的能量。因此，为完成一定的工作，需要更多的长波光子。一个非常著名的公式给出了单个光子的能量和其频率之间的关系[1]，虽不及

---

1. 这个公式是马克斯·普朗克（Max Planck）在1900年引入的。然而，是爱因斯坦认识到光是由粒子组成的，并把这个公式应用到单个光子的能量。

$E=mc^2$著名，但也是非常出名：

$$E=hf$$

方程左边的E代表光子的能量，单位是焦耳。方程右边的f是频率。蓝光的频率是10^{15}赫。余下的那个量h是著名的普朗克常数[1]，是普朗克在1900年引入的。普朗克常数很小，但它是自然界中最重要的常数之一，统领着所有的量子现象。它和光速c、牛顿引力常数G并驾齐驱。

$$h=6.62\times10^{-34}$$

由于普朗克常数如此之小，因此单个光子的能量是很小的。为了计算一个蓝色光子的能量，用普朗克常数乘以它的频率10^{15}赫，可得到6×10^{-19}焦。这的确不是很多的能量，需要10^{39}个蓝光光子才能煮开你的茶，需要2倍这样数目的红光光子才能做到这点。相比之下，用目前有着最高能量的伽马射线来烧开同一杯茶，仅需要10^{18}个光子。

脱离所有这些公式和数字，我只想你记住一件事情：光线的波长越短，单个光子的能量越高。高的能量意味着短的波长，低的能量意味着长的波长。把它念几遍，然后写下来。现在再来说一遍：“高的能量意味着短的波长，低的能量意味着长的波长。”

1. 译者注：在我们熟悉的单位制下，普朗克常数$h=6.62\times10^{-29}$ 厘米^2·克·秒$^{-1}$。这里使用了焦耳（J）为单位，1焦=1米^2·千克·秒^2，所以$h=6.62\times10^{-34}$焦·秒 。

预测未来

爱因斯坦理直气壮地宣称："上帝不掷骰子。"[1] 尼尔斯·玻尔的回答很尖锐，玻尔责备他："爱因斯坦，不要想知道上帝如何工作。"这两位物理学家都极为接近美学家，似乎他们当中的任何一个，都无法想象坐在云端的神来掌管这天地。但玻尔和爱因斯坦正在争论某种全新的物理，这是爱因斯坦所无法接受的：量子力学奇异的新规则意味着不可预知性。爱因斯坦的思维反对此种想法，反对自然定律中有着随机的、无法控制的因素。光子的到达完全是一个无法预知的事件，这深深地与他的性格相抵触。相比之下，尽管玻尔也不喜欢这个想法，但他接受了它。他同时相信将来的物理学会重新改写量子力学，改写的部分包括爱因斯坦所害怕的不可预知性。

这并不是说玻尔擅长形象化思考量子现象，对此应付自如。他曾经说过："谁要不为量子理论感到震惊，那他一定没有理解它。"许多年之后，理查德·费曼说："我可以有把握地说，没有人懂量子力学。"他对此补充说道："自然界的行为越是奇异，越是无法用一个模型来描述它，甚至对最简单的现象也是如此。因此理论物理学已经放弃了这一点。"我认为费曼并不是说物理学家应该放弃解释量子现象，毕竟他在不断地解释它们。他想说的是，人类无法用标准的智力装备的形象化术语来解释量子现象。如同其他物理学家那样，费曼不得不诉诸抽象的数学。显然，阅读本书中没有方程的这一章，无法使你重新装备自己，不过耐心点儿，我想你会抓住要点的。

65

1. 给马克斯·普朗克的一封信，1926年12月12日。

爱因斯坦坚决相信自然定律是决定性的，而这正是物理学家应该摆脱的首要观点。决定论意味着，如果我们对现在了解得足够多，那么将来是可预测的，牛顿力学以及它的一切推论，都是有关预测未来的。皮埃尔·德·拉普拉斯（Pierre de Laplace）（就是提出暗星的那个拉普拉斯）坚信将来可以预测。他写道：

> 我们可以把宇宙现在的状态，视为过去的果以及未来的因。如果有一位智者，他能够在某一特定时刻，通晓一切可以主宰自然界运动的力，熟知这个自然界组分的位置，假如他也能够对这些数据进行分析，那么从宇宙里最大的物体到最小的原子的运动，都包含在一条简单的公式之中。对于这位智者来说，没有什么事物是不确定的，而未来只会像过去般呈现在他的面前。

拉普拉斯只是简单地展示了牛顿运动定律的推论。事实上，牛顿和拉普拉斯看待自然界的观点，是纯粹的*决定论*。为了预测未来，你仅需要知道宇宙中所有粒子在某一初始时刻的位置和速度即可。噢，对了，还有一点：你需要知道作用在每一个粒子上面的力。注意，仅知道某一时刻粒子的位置是不够的，知道了粒子的位置并不能告诉你它将欲往何处。但是，如果你知道它的速度[1]，包括它的大小和方向。你可以说出下一时刻它将在何处。物理学家用初始条件来指定某一时刻为预测系统将来的运动所需要了解的一切。

66

1. 速度这个术语不仅意味着物体运动得有多快，还包括运动的方向。因此，每小时60英里不是西北偏北方向上速度为每小时60英里的全部信息。

为了理解什么是决定论，我们来想象一个最为简单的可能世界，它是如此的简单，以至于仅存在两种状态。硬币是一个非常好的模型，它的两种状态分别是“字”面和“背”面。我们同样需要确定一条定律来支配事物从一个时刻到另一个时刻如何变化。这个定律有如下两种可能性：

这第一个样本是非常乏味的。所定的规则是：什么也没有发生。如果某一时刻硬币的字（H）朝上，那么接下来的时刻（即1纳秒之后）也是字朝上。同样的，如果某一时刻硬币的背（T）朝上，那么接下来的时刻也是背朝上。这个定律可以用一对简单的“公式”简述为：

$$H \to H \quad T \to T$$

世界的历史是HHHHH…，或者是TTTTT…，不断地进行着。

如果第一条规则是令人乏味的，接下来的这条规则稍微要好一些：无论某一时刻是什么状态，1纳秒之后转为相反的状态。这可以用下述方式象征性地表述为：

$$H \to T \quad T \to H$$

历史的行程为HTHTHTHT…，或者是THTHTHTH…。

这两条规则都是决定论的，意味着将来完全由初始点来决定。不管在哪种情况下，如果你知道了初始条件，就可以确切地预测任何一段时间之后将发生什么。

决定性的定律不是唯一的可能性，随机定律同样也是可能的。最简单的随机定律是：无论初始状态是什么，接下来的时刻字和背将随机出现。以背开始的一个可能的历史是TTTHHHTTHHTHHTT…，不过TTHTHHTHHHTT… 同样也是可能的。事实上，任何序列都是可能的。你可以认为世界没有定律，或者世界的定律是随机地更新初始条件。

67

定律不需要是纯粹决定性的或纯粹随机性的。这些都是极端的情况，一个定律主要是决定性的，仅仅有一点随机性是可能的。定律可能显示，状态以9/10的概率保持不变，以1/10的概率发生翻转。一个典型的历史如下：

HHHHHHHTTTTTTTTTTTTTHHHHHHHHHHHHHHTTTTT…

在这种情况下，赌徒可以很好地猜测最近的将来：下一个状态几乎和现在的状态相同。甚至他可能会更大胆一点儿，猜想接下来的两个状态都和现在一样。他正确的机会很大，只要他不将猜测拉得过长。如果他试图猜测更远的将来，他正确的概率不会大于1/2。这种不可预知性正是爱因斯坦反对的东西，因此他说上帝不掷骰子。

你可能会对其中某些方面感到困惑：真实掷硬币的序列更多地像完全的随机定律，而不是其中的一个决定性定律。随机性似乎是自然界中一个常见的特点。谁需要量子力学来使得世界不确定呢？在不考虑量子力学的情况下，普通硬币的无法预测性的原因，仅仅是太常见的疏忽，源于记录每一个相关的细节通常太困难。硬币并不是真实的孤立世界。肌肉移动手指抛硬币、屋子中的空气流、硬币和空气分子热振动的细节都与结果相关，不过在大多数情况下我们不需要处理这些信息。记住，拉普拉斯说道，了解了“使得自然运动的所有力，组成自然界的*所有*组分的位置”。然而仅一个分子的位置的微小错误可能会毁坏预测未来的能力。不过这种通常的随机性并不是困扰爱因斯坦的东西。关于上帝不掷骰子，爱因斯坦所指的是：自然界最深邃的定律，有着无法避免的随机性，即使我们知道了所有的细节，也无法克服它。

信息不朽

68

一个不允许随机性存在的原因是，在大多数情况下，过程一定不能违背*能量守恒*（见第7章）。这个定律说明，虽然能量有多种形式，可以从其中一种转化到另外一种，但能量的总量永不变化。能量守恒是自然界中最为精确地确立了的事实之一，破坏它的余地留得很少。随机地冲击物体会改变它的能量，使其突然加速或减速。

存在另外一个非常精妙的物理定律，它也许比能量守恒更为基本。有时我们称它为可逆性，但在这里我们就叫它*信息守恒*。信息守恒意味着，如果你精确地了解现在，那么你也能够了解任何时刻的将来，但这仅仅是它的一方面。我们同样可以说，如果你知道现在，那么你可以完全了解过去。它可以有两个走向。

在单个硬币的字与背的世界中，一个纯粹的决定论可以保证信息完全守恒。例如，如果定律是：

$$H \to T \quad T \to H$$

那么将来和过去都可以很好地预测。然而，甚至是微小的随机性都会破坏这个完美的可预知性。

我们再来给出另外一个例子，这次是一个假想的三面硬币（骰子是六面硬币），分别称这三个面为“字”“背”和“侧”，记为H、T和F。下面是一个完全的决定性定律：

$$H \to T \quad T \to F \quad F \to H$$

为了形象化这个定律，画一个图是有所帮助的。

有了这个定律，以H为初始状态的世界的历史会如下：

HTFHTFHTFHTFHTFHTFHTFHTF…

实验上存在验证信息守恒的方法吗？事实上，存在着很多种方法，只不过是某些可行，某些不可行而已。如果你能控制定律，随你的意愿去改变它，那么有一个简单的方法可以验证信息守恒。三面硬币的运作方式如下：以硬币的三种状态之一开始，保持某种特定长的

69

时间；假设每一纳秒，状态从H翻转到T，再到F，在三种可能性之间

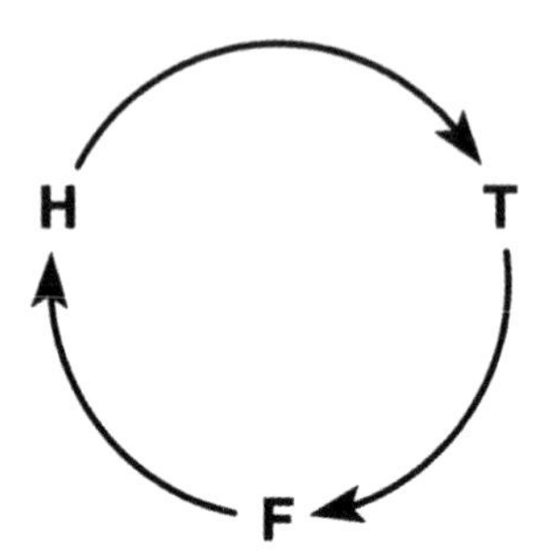

循环，在时间段结束时改变定律。新的定律与旧的定律相反，是逆时针而不是顺时针。

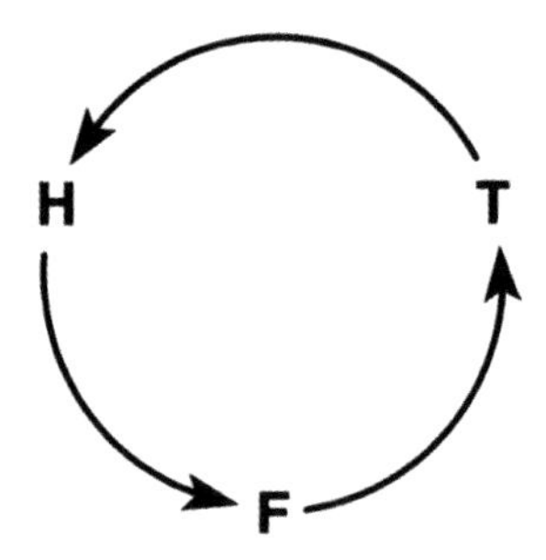

现在让系统逆向运转和前次同样长的时间。原来的历史会复原，硬币会回到初始点。不论你经过了多长时间，决定性定律总能保持良好的记忆，总能回到初始条件。为了检测信息守恒，你甚至不需要知道精确的定律，只要知道如何翻转它就行了。只要定律是决定性的，这个实验总是能行得通。但如果有随机性，实验就会失败，除非是一种非常微妙的随机性。

现在让我们回到爱因斯坦、玻尔、上帝和量子力学。爱因斯坦另一个更为著名的语录是“上帝是微妙的，但也没有心怀恶意”。我不知道是什么，促使他想到物理定律没有恶意。就我个人而言，尤其是随着年龄的增长，我偶尔会发现引力定律很有恶意。但是爱因斯坦关于微妙的说法是正确的。量子力学的定律非常微妙，以至于它们允许随机性、能量守恒和信息守恒共存。

70 考虑一个粒子：任何一种粒子都行，但光子是一个很好的选择。光子是由光源（例如激光）产生的，指向一个有着小孔的金属板。小孔后面是一个荧光屏，光子打在上面会闪光。

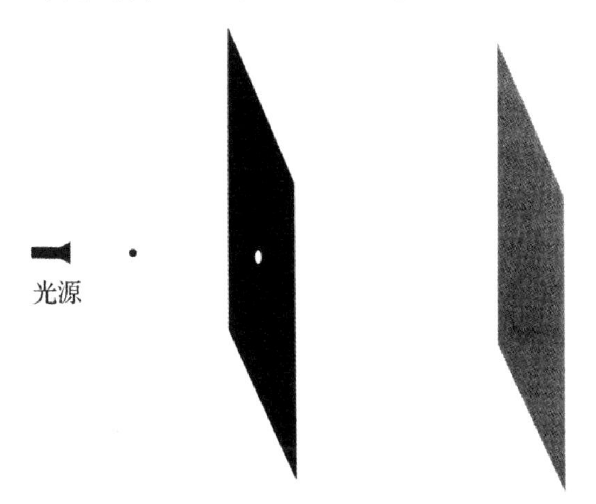

经过一段时间之后，光子可能会穿过小孔，也可能会错过它而从障碍物上弹开。如果它穿过了小孔，就会撞在屏上，但不一定位于小孔的正对面。光子走的不是一条直线，当经过小孔时，它可能会接收到随机的脉冲。因此，闪光的最终位置是无法预测的。

71 现在移开荧光屏，再次做实验。一小段时间之后，光子或者会撞击到金属板上弹开，或者会经过小孔，然后随机地打在屏上。如果无

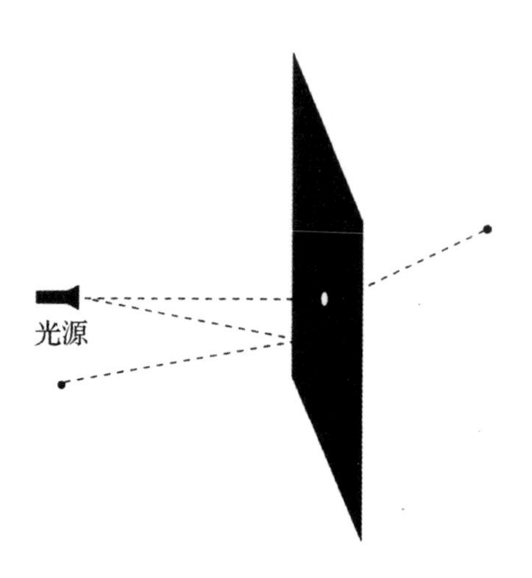

法探测到光子，那么我们就不可能知道它在哪里，往哪个方向运动。

但是，想象我们干预并反向地运用光子的运动定律。[1] 如果我们使光子反向运行的时间与上面相同，那么我们希望得到什么呢？一个很显然的预期是，随机性（随机的逆向运行依然是随机的）会破坏光子回到初始位置的可能性。第二部分实验的随机性会复合第一部分的随机性，使得光子的运动变得更加不可预测。

然而答案更为微妙。在我解释之前，让我们简略地回到三面硬币的实验。在那种情况下，我们也在一个方向运行一个定律，接着反过来运行它。我漏掉了实验中的一个细节：在我们反向运行定律之前是否有人看过硬币呢？如果有人看过了，会产生什么样的差异呢？只要观看硬币时不使它翻动而进入到新的状态，就不会有丝毫的不同。这

1. 你们当中的专业人士可能会想，干预并反向运行定律是否真的可能呢？在实际中，这通常是不可能的，但对某些特定的简单系统并不困难。无论是思想实验或者是数学练习，都完全是可行的。

似乎不像是一个有说服力的条件，于是当有人看硬币时，我也会看到这枚硬币跳入空中并翻动。但是，在微妙的量子力学世界，观看某种东西而不影响它是不可能的。

以光子为例，当我们反向运行光子时，它会重新出现在原始位置吗？量子力学的随机性会破坏信息守恒吗？答案是令人感到不可思议的：它依赖于我们在干涉时是否观看过光子。关于“观看光子”，我所指的是确定它在哪里和往哪个方向运动。如果我们确实观看了，最终结果（反向运动之后）将会是随机的，信息守恒会失效。但是，如果我们忽略光子的位置，丝毫不去管它的位置和运动方向，而仅仅将定律反向运行，那么经过规定的一段时间之后，光子会神奇般的重新出现在它的原始位置。换句话说，尽管量子力学有它的不可预知性，然而它依然遵守信息守恒。无论上帝是否心怀恶意，他确实是微妙的。

72

从数学上来讲，反向运行物理定律完全是可能的。但是，真正做起来怎么样呢？即使对于最简单的系统，我也非常怀疑有人能够反向运行。然而，无论我们在实际中能够做到与否，量子力学的数学可逆性（物理学家称之为*幺正性*），对它自身的一致性极为重要。没有它，量子逻辑将无法保持完备。

那么当结合引力与量子力学时，为什么霍金认为信息守恒被破坏了呢？我们将论点归结为一句警句：

> 落入黑洞的信息是丢失的信息。

换个说法来讲，定律永远是不可逆的，因为任何事物都无法从黑洞视界内重新返回。

如果霍金是正确的，那么自然定律将会增加某种随机性，物理学的整个基础崩溃了。我们以后再回到这个问题。

不确定原理

拉普拉斯认为，只要他对现在了解得足够多，他就可以预测未来。不幸的是，对于世界上所有的算命者来说，同时知道一个物体的位置和速度是不可能的。我所说的不可能，并不是非常困难或者是现今的技术无法胜任此任务。遵循物理定律的任何技术永远都无法胜任此事，不可能性的程度并不亚于提高技术来进行超光速旅行。为了同时测定粒子的位置和速度而设计的任何实验都会出现违背海森伯不确定原理的困难。

不确定原理是重要的分水岭，它将物理学分为量子之前的经典时代和奇异的后现代量子时代。经典物理包括量子力学之前的一切，包括牛顿的运动理论、麦克斯韦的光理论以及爱因斯坦的相对论理论。[73]经典物理是决定论性的，量子物理则充满了不确定性。

不确定原理是一个奇怪的、大胆创新的断言，是在埃尔温·薛定谔（Erwin Schrodinger）发现量子力学的数学基础之后不久，由26岁的沃纳·海森伯于1927年作出的。甚至在那个创新思想如雨后春笋般的时代，它依然以它的异常性而突出。海森伯没有提出精确测量物体位置的极限。我们可以无限精度地测量粒子在空间的坐标。他同样也没有提出精确测量物体速度的极限。他所主张的是，任何实验，无论其多么复杂精巧，都永远无法同时测量物体的位置和速度。仿佛爱因斯坦的上帝，规定了我们永远无法知道得足够多，并以此来预测未来。

不确定原理充满了模糊性，但它自身恰恰相反，没有任何模糊性。不确定性是一个精确的概念，它涉及概率测定、微积分和其他新奇的数学。但是，为了解释一个有名的表述，一幅图相当于1000个方程。我们先从概率分布开始。假如有非常多的粒子，比方说1万亿个粒子，我们研究它们在水平轴，也就是x轴上的位置。我们发现第一个粒子在x=1.325 7处，第二个粒子在x=0.913 4处，如此等等。关于所有粒子的位置，我们可以列出一个长的清单。不幸的是，需要像本书这样的书大约1000万册才行，在大多数情形下，我们并不对这个清单特别感兴趣。画一个统计图来表明x位置处粒子的多少将更有启发作用。该图的形状如下：

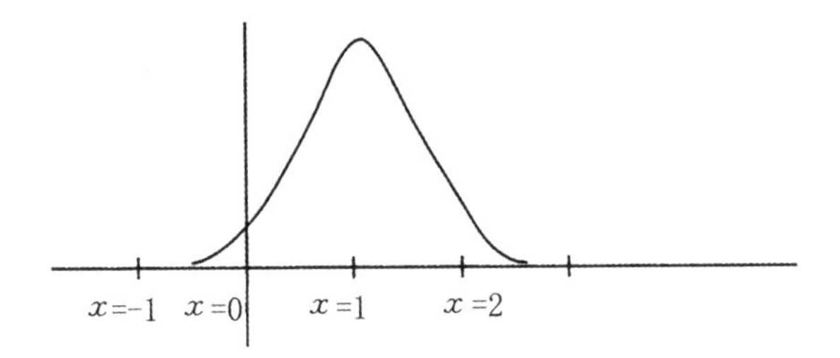

74 该图赋予我们的第一个印象是大多数粒子聚在x=1处附近。对于某种目的，这可能就足够了。目测一下此图，我们可能会精确很多。大约有90%的粒子在x=0和x=2之间。如果我们为在哪里发现一个特定的粒子而打赌，那么最好的猜测是在$x=1$处，而不确定度可以通过数学方法测量曲线的宽度得到，大约是2个单位。[1] 希腊字母（Δ）是表示不确定性的标准数学符号。在这个例子中，Δx代表粒子的x坐标的不确定度。

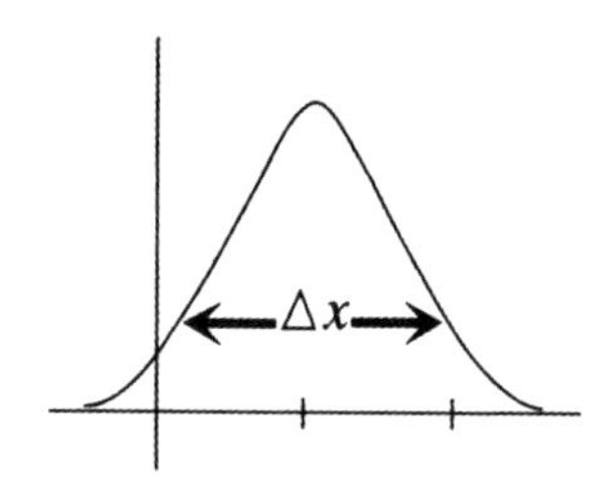

我们来做另一个思想实验。我们所测量的不是粒子的位置，而是它们的速度。如果粒子向右运动，记它的速度为正，向左运动则为负。这一次，水平轴代表速度v。

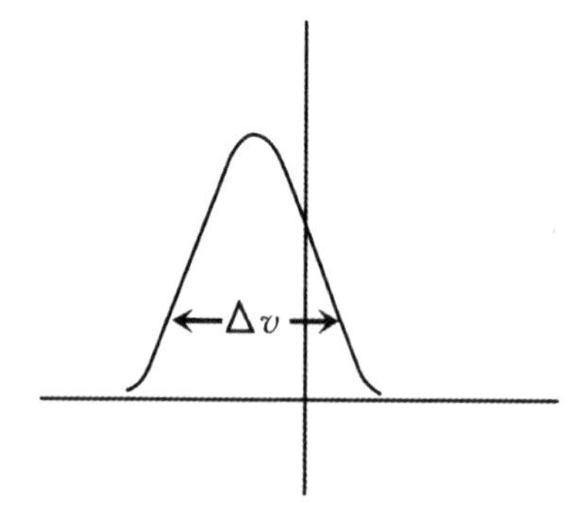

从图中，你可以看到大多数粒子在向左运动，因此你同时能很好

1. 当然，钟形曲线延伸到箭头之外，因此在外区域中仍有可能找到粒子。这数学上的不确定性告诉我们可能值的范围。

地了解速度的不确定值Δv。

75 粗略地讲，不确定原理告诉我们：任何试图缩小位置的不确定性的举动，都会不可避免地增大速度的不确定性。例如，我们有可能有目的地选择x一个狭小范围，比如说，x=0.9到x=1.1之间，去掉剩余部分。对这些精挑细选的粒子而言，不确定度只有0.2，比原来的Δx小了10倍。我们可能希望通过这种方式来推翻不确定原理，但这样做是行不通的。

结果证明，对上述同样的这些粒子，我们测量它们的速度，发现速度比原来的样本要发散得多。你可能想知道为什么会这样，但我想这仅是众多无法理解的量子事实之一，没有经典的解释，是费曼所提及的量子现象之一：“因此理论物理已经放弃（解释）它了。”

虽然无法理解，但它是一个实验事实，无论我们做什么来减小Δx，都无法避免地导致Δv增加。同样的，任何减小Δv的方式都会导致Δx的增加。我们越想固定粒子的位置，它的速度越是不确定，反之亦然。

这是简略的说法，但海森伯将他的不确定原理，更为精确地定量化了。不确定原理认为Δv、Δx和粒子质量的乘积总是大于普朗克常数h。

$$m\Delta v\Delta x>h$$

我们来看它是怎样运作的。假设我们非常仔细地调节粒子，让

Δx非常小。这使得Δv足够大，从而它们的乘积大于h。我们使Δx变得越小，Δv就必须越大。

为什么在日常生活中，我们无法注意到不确定原理呢？当你开车时，仔细观察速度计，你是否会体验到位置上的模糊性呢？或者当你查看地图想知道你在哪里时，速度计是否会疯狂地运转呢？当然不会，但这是什么缘故呢？不确定原理并不是有所偏爱，它适用于任何事物，包括你和你的小汽车，如同对电子一样。答案涉及出现在公式中的质量和微小的普朗克常数。对电子而言，极小的质量值相应于极小的h值，因此组合的Δv和Δx必须非常大。然而相对于普朗克常数来讲，[76]小汽车的质量非常大。于是Δv和Δx都可能非常小而不违背不确定原理。你现在可以赞赏为什么自然界不为我们的大脑准备不确定性了，因为没有必要。在日常生活中，我们从未遇到足够轻的物体，以至于不确定原理起作用。

这就是海森伯的不确定原理：一个最终不可逾越的障碍，保证了任何人不能因懂得够多而能预测未来。我们会在第15章中重新回到不确定原理的讨论。

零点运动和量子晃动

仅1厘米见方的一只盒子，里面充满了非电抗性的氮原子，将它加热到非常高的温度。由于热量的存在，使得粒子飞来飞去，不断地相互碰撞，再撞到盒壁上弹回，频繁的碰撞产生了盒壁上的压强。

按照通常的标准，原子运动得很快：平均速度大约是每秒1500米。接下来冷却气体。由于热量被移除了，能量渐渐枯竭，原子的运动慢下来了。如果我们继续移走热量，气体最终会被冷却到尽可能低的温度——绝对零度，或者大约是－273.16°[1]。由于原子丢失了它们的能量而静止下来，盒壁上的压强消失了。

至少在*假想中*，这是可以发生的。但是在推理中，人们忽略了不确定原理。

进一步考虑下述问题，我们如何知道目前情况下原子的位置呢？事实上，每个原子都被限制在盒内，而且盒子的尺寸只有1厘米。显然，位置的不确定度Δx小于1厘米。想象这一时刻，热量被移尽了，所有的原子都静止了。任何原子的速度为零，没有不确定度。换句话说，Δv为零，但这是不可能的。如果正确，那将意味着$m\Delta v\Delta x$同样为零，这显然小于普朗克常数。从另一个角度说，如果每个原子的速度为零，它们的位置将无限地不确定，但事实并不是这样，原子都在盒内。因此，甚至是在绝对零度的情况下，原子也不能完全地停止它们的运动；它们会继续从盒壁上弹开并施加压力。这是量子力学中无法预期的可能性之一。

77

当一个系统被抽走足够多的能量（温度为绝对零度情形），物理学家称它处于*基态*。基态中剩余的涨落运动，通常称为*零点运动*，不过物理学家布莱恩·格林（Brain Greene）为它杜撰了一个更具描述

1. 译者注：原文为华氏－459.67°F，两者的换算公式为$t_F=\left(\frac{9}{5}\cdot\frac{t}{C}+32\right)$°F。

力的口语名称，他称之为“量子晃动”。

粒子的位置并不是唯一晃动的东西。依据量子力学，任何可以晃动的事物都在晃动。另一个例子是真空中的电场和磁场。振动的电场和磁场存在于我们周围，以光波的形式充满空间，甚至在黑暗的屋子里，电磁场以红外波、微波和各种电波的形式振动。但是在科学允许的范围内，如果我们继续使屋子变暗，移去所有的光子会怎么样呢？电场和磁场继续做量子晃动。“一无所有”的空间是剧烈地振动着、振荡着和晃动着的环境，永远无法安静下来。

任何人在了解量子力学之前，他们都知道“热晃动”，它使得任何事物涨落。例如，加热气体引起分子的随机运动的增加。甚至当真空被加热时，它充满了晃动的电场和磁场。这和量子力学没有一点儿关系，在19世纪就为人所熟知了。

量子晃动和热晃动在某些方面彼此相似，其他方面则不同。热晃动是非常显著的，分子、电场和磁场的热晃动，反馈到你的神经末梢，使你感觉到温暖。同时它们也可以是非常有害的。例如，电磁场热晃动的能量，可以被转移到原子中的电子，如果温度足够高，电子可以从原子中发射出来，与此形成的能量可以使你燃烧，甚至化为气体。相比之下，虽然量子晃动是令人难以置信地充满活力，但是它们不引起任何痛苦，它们不会反馈到你的神经末梢，也不会破坏原子。这是为什么呢？因为需要足够的能量才能使原子离子化（把电子击出）或者激起你的神经末梢的反应，但是从基态中转移出的能量太小，因此这一切都是不可能的。量子晃动是当系统有着最低能量时所剩余的东西。虽然它惊人地剧烈，但是它丝毫没有热涨落的破坏效应，因为它们的能量是一种“不可用能”。

黑魔术

对我而言，量子力学最奇异的魔幻之处是干涉。我们回到本章开头处所描写的双缝实验。它有三个要素：光源、有着两条狭缝的平坦障碍物和一个光落在上面能闪光的荧光屏。

我们开始做这个实验，挡住左边的狭缝，结果得到的是屏上毫无特点的光点。如果减弱光的强度，我们发现光点实际上是由单个光子产生的闪光的集合。闪光是无法预测的，但当有很多闪光时，多个光点构成了一个图案。

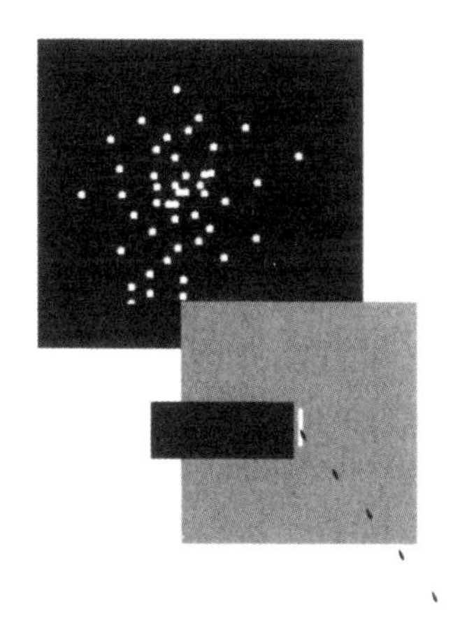

如果我们打开左边的狭缝，挡住右边的狭缝，屏上的图案除了向

左发生了微小的移动之外，几乎没有发生变化。 79

当我们同时打开两条狭缝时，令人吃惊的事情发生了。并不是仅将穿过左侧的光子和穿过右侧的光子加起来，而形成一个更强但仍然毫无特色的光斑，与此相反，我们的做法导致了一个新型的斑马条纹。

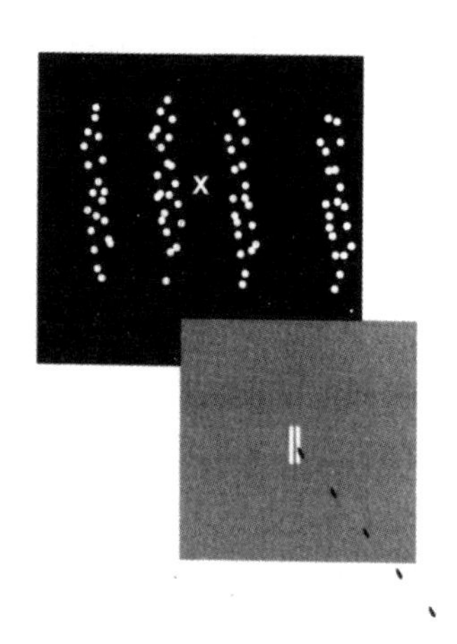

关于新图案的一个非常奇怪之处是，*即使在单缝时的闪光相同的区域*，也存在没有光子到达的暗条纹。选取中央暗条纹中的一点X。当每次只有一个狭缝打开时，光子轻易地通过它并到达X。然而当打开两个狭缝时，产生了光子流不能到达X处的反常效应。为什么打开两个狭缝反而降低了光子到达目的地的可能性呢？

想象一群喝醉酒的犯人，他们摇摇晃晃地走过一个有着两扇门的地牢到外面去。狱卒很细心，从不会打开一扇门，由于某些犯人喝醉了酒，可能会偶然地找到出路。但是两扇门都打开时，他会感到不安。因为当打开两扇门时，由于某种神秘的魔法，阻止醉汉逃出去。当然，这并不是对真实的犯人所发生的情形，但它是量子力学有时会预测的一类事情。

当光被看作粒子时，这个效应是异乎寻常的，然而将光看作波就很普通了。从两个缝发出的两列波在某些点相互加强，某些点相互抵消。在光的波动理论中，暗条纹是反相消所导致的，要不然称作是相消性干涉。现在仅有的问题是光有时候确实像粒子。

80

量子力学中的量子

电磁波是振动的一个例子。空间中每一点的电场和磁场以一定的频率振动，频率依赖于辐射的颜色[1]。自然界中还有许多其他的振动，下面是几个常见的例子。

- 钟摆。钟摆来回地摆动，它完成一个完整的摆动大约需要1秒钟。这样的摆动频率是1赫，或者说是每秒1周。
- 通过弹簧悬挂在天花板上的重物。如果弹簧较硬，

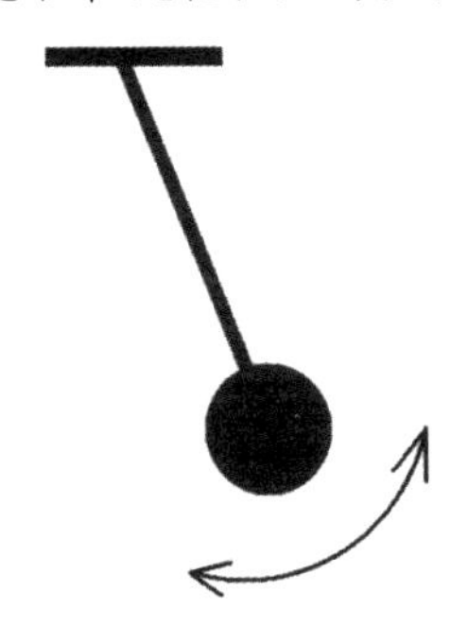

1. 译者注：这里仅指可见光波段的电磁波。

那么振动的频率可达好几个赫。

- 振动的音叉或者小提琴的弦，均可达到几百赫。
- 电路中的电流，可以达到更高的振动频率。

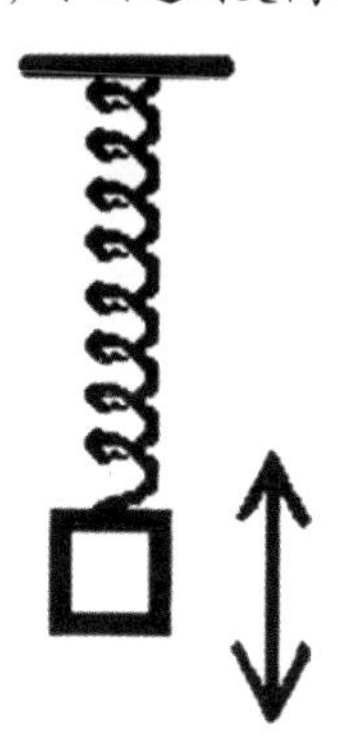

通常人们将振动的系统称为振子。振子具有能量，至少当它们振动时是这样。在经典物理学中，振子的能量可以取任意值。我在这里所指的是，你可以按照你的喜好以一个光滑的斜面方式取所期待的任何值。下图表示了能量随着你所想象的斜率而增大[1]：

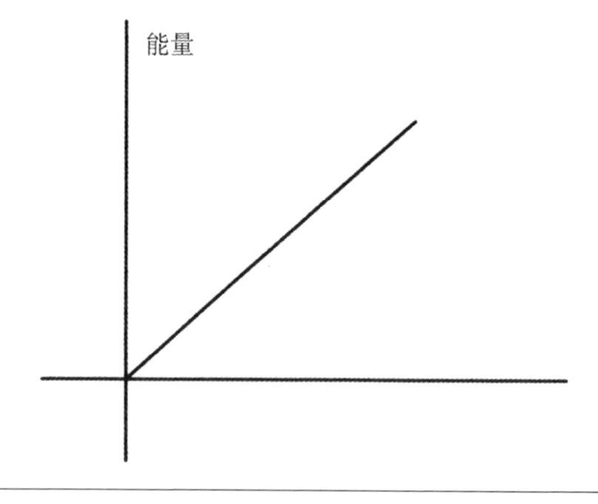

1. 译者注：这里接连两个图均只标明了纵坐标（能量），而未标明横坐标。事实上，横坐标应该是振子的某个物理参数。

82　然而事实证明，在量子力学中能量以不可分割的台阶形式增减而出现。当你试图逐渐增加振子的能量时，所得到的结果是一架楼梯而不是光滑的斜坡，能量只能以能量量子的倍数增加。

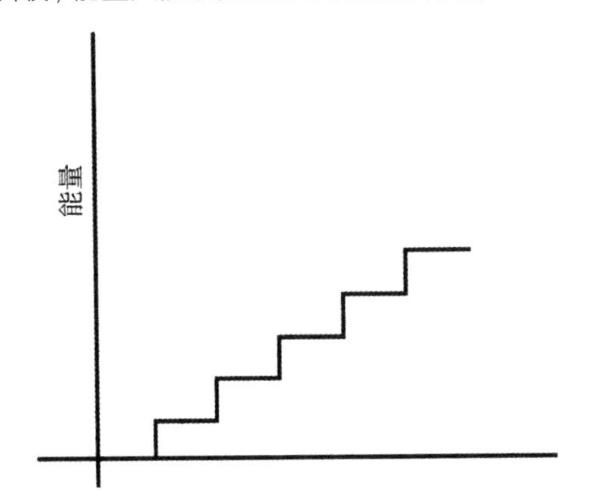

量子单位的大小是多少呢？这依赖于振子的频率。规则与普朗克和爱因斯坦发现的光量子规则完全相同：能量量子E等于振子的频率f乘以普朗克常数h。

$$E=hf$$

对普通振子而言，例如钟摆，频率不是非常大，台阶的高度（能量量子）非常小。在这种情况下，阶梯图形是由这样的微小台阶组成的，它像一个光滑的斜坡。这就是你永远无法在日常经验中注意到能量量子化的原因。但电磁波可以有非常大的频率，台阶可以非常高。事实上，正如你可能已经推测到的，增加一个台阶高度的电磁波的能量，等同于把一个光子加到光束中。

对于一个仅有经典装备的大脑而言，能量只能以不可分割的量子增加的事实，似乎不符合逻辑，但这确实是量子力学所蕴含的结果。

量子场论

拉普拉斯在18世纪关于世界的图景是冷冷清清的：粒子，只有粒子，在牛顿体制的方程所要求的轨道下，不可变更地运动着。我希望我可以报告，现今的物理学为实在提供了一个温和的、模糊的图景，但恐怕我难以做到，依然只有粒子，但它有了现代的变形。决定论铁一般的规则已经被量子随机性的任意规则所代替。

代替牛顿运动定律的新数学框架称为量子场论，在它的支配下，自然界中的所有基本粒子从一点移动到另一点，碰撞、分裂和重组。量子场论是由世界线组成的巨大网络，连接着不同的事件（时空点）。这个由点和线组成的巨大的蜘蛛网的数学无法用外行的语言，来轻易地解释，但是它的要点还算简单明了。

在经典物理中，粒子沿着确定的轨道从时空中的一点运动到另一

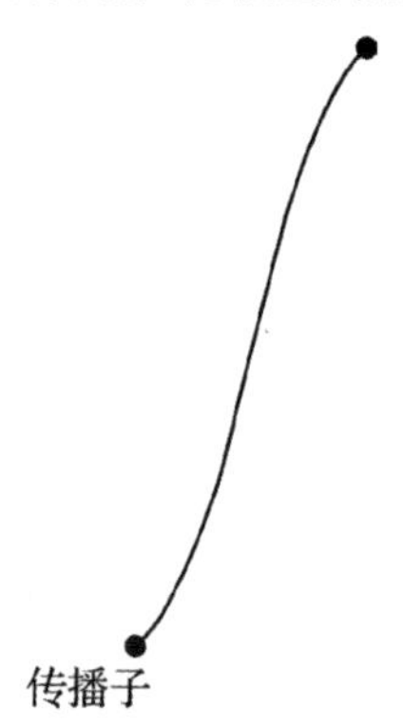

点。量子力学为它们的运动引入了不确定性。尽管粒子沿着不确定的轨道，我们仍可以认为粒子在时空点之间运动。这些模糊的轨道称为*传播子*。我们通常用时空事件之间的线来代表传播子，但这仅仅是因为我们无法画出真实的量子粒子的不确定性运动。

84　接下来要说的是相互作用，它告诉我们粒子相遇时会有什么样的行为。基本相互作用的过程称为*角点*。角点就像路中的分岔点，但接下来不是选择其中一条路或是另外一条，粒子分裂成两个粒子，每一个走一条分支。关于角点最著名的例子是由带电粒子发射光子。在没有任何警告的情形下，一个电子突然自发地分裂成一个电子和一个光子。[1]（在传统上，我们将光子的世界线画成波浪线或是虚线。）

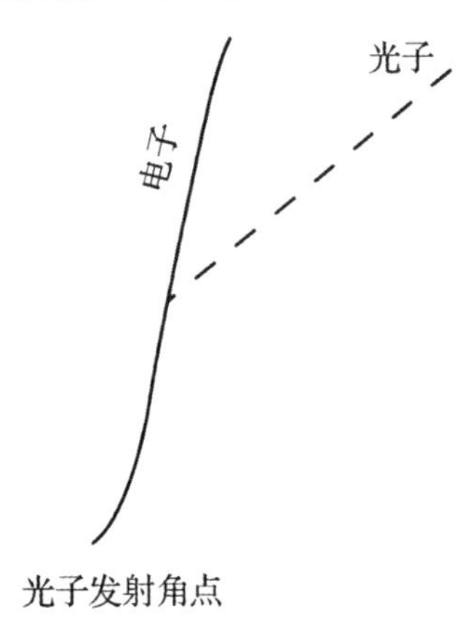

光子发射角点

这是产生光的基本过程：晃动的电子分裂出光子。

1. 我们直观上来想象，当某种东西分裂时，部分总是小于全体。这是从日常的经验中传承而来的想法。一个电子分裂成另外一个电子和一个附加的光子，表明了我们的直觉会产生多么大的误导。

存在包含其他粒子的多类角点。有一种粒子的名字叫胶子，它被发现存在于原子核之中。一个胶子有分裂成两个胶子的本领。

任何可以向前进行的事物同时也可以逆向反演，这意味着粒子可以聚合到一起。例如，两个胶子可以聚合到一起形成一个胶子。

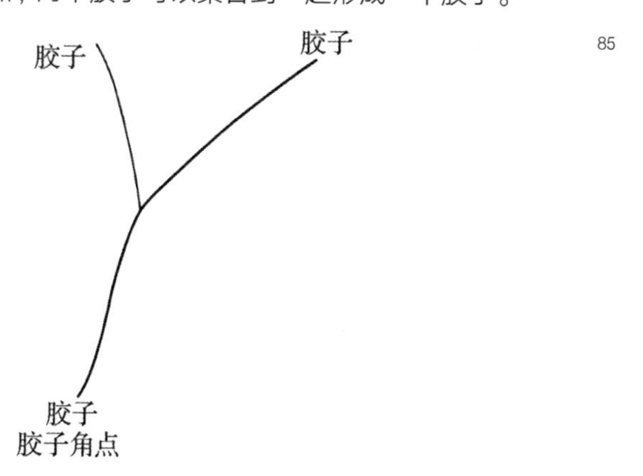

理查德·费曼告诉我们如何结合传播子和顶点，来形成更为复杂的过程。例如，有一个费曼图表明了光子从一个电子跃迁到另一个电子，描述了电子如何碰撞和散射。

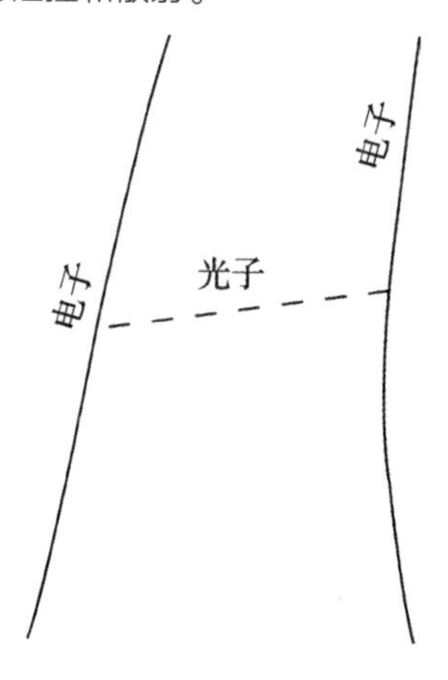

另一个图表明了胶子如何形成复杂的、有黏滞性的纤维材料，从而将原子中的夸克结合在一起。

给定初始点，包括一组粒子的位置和速度，牛顿力学试图回答有关预测未来这个古老的问题。量子场论用不同的方式提出了同样的问题：假定原来的一组粒子以某种确定的方式运动，那么不同结果的概率分别是多少呢？

86

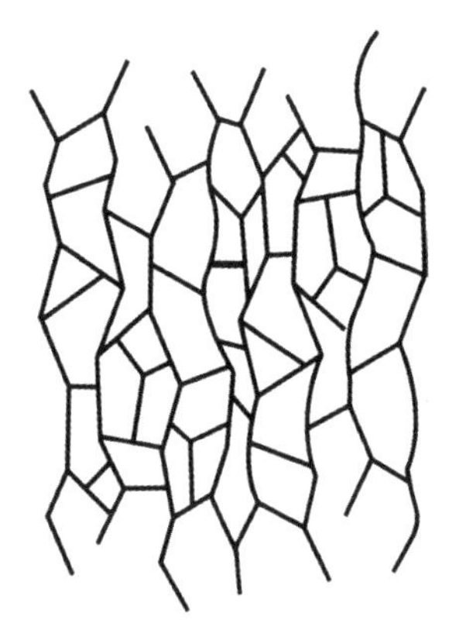

然而，简单地说自然界是随机性的（而不是决定性的），还不是答案的全部。尽管拉普拉斯不喜欢这个想法，但他还是认为世界有一点儿随机性。他可能是这样进行推理的：粒子的行为不是决定性的，恰恰相反的是，由过去（两个电子）到未来（两个电子加上一个光子）的每一个明确的路线的概率都为正值。[1] 接下来，依照概率论的通常规则，拉普拉斯将不同的概率相加，得到最终的总概率。对于用经典装备大脑的拉普拉斯来说，这种推理是一种完美的见识，不过它并不是

1. 在通常的概率理论中，概率总是正数，很难想象负概率意味着什么。试图理解下面的一句话：“如果我投掷硬币，得到字面的概率是 $-1/3$。”这显然是毫无意义的。

事物真实的运作方式。尽管有点儿怪，正确的方法应是：不要试图去干扰克它，仅仅接受它就可以了。

正确的规则是奇异的新“量子逻辑”中的一个结果，是在紧随海森伯和薛定谔之后，由伟大的英格兰物理学家保罗·狄拉克（Paul Dirac）发现的。费曼追随着狄拉克的引导，给出了计算相应费曼图概率幅的数学规则。而且，你可以将所有费曼图的概率幅加起来，但并不是得到最终的概率。事实上，概率幅不需要是正数，它们可以为正，也可为负，甚至还可以是复数。[1]

但是，概率幅不是概率。比如说，为了得到两个电子变为两个电子加上一个光子的总概率，你首先要将所有费曼图的概率幅加起来。接着，依照狄拉克抽象的量子逻辑，你得到了结果，然后将其平方！[2] 所得结果总是正的，它是这个特定输出的概率。 87

这是位于量子装备库核心的一个奇异规则。拉普拉斯曾经认为这是胡说八道，甚至爱因斯坦也认为它是没有意义的。但是，量子场论是一种了解万物的不可思议的武器装备，对包括基本粒子及其所组成的原子核、原子和分子在内的万物作出了惊人的精确的解释。正如我们在引言中所提到的，量子物理学家必须用新的逻辑规则来重新装备他们自己。[3]

---

1. 复数是含有虚数i的数，i是－1的平方根的抽象数学符号。
2. 译者注：这里为了通俗化，用了“将其平方”的说法。事实上，对于复概率幅应该“取其模”。
3. 事实上，我并不期望外行读者能完全地理解这条规则，或者明白它为什么如此奇异。然而无论如何，我希望量子场论运行的新规则能够给出某种趣味。

在结束本章之前，我想回到深深困扰爱因斯坦的那件事。我并不确切知道，但我猜测它不得不涉及概率陈述的终极意义。我感到困惑的是，对于这个世界它们真正说了些什么呢？就我所知的而言，它们没有提到非常明确的东西。我曾经写了下面这个非常短的故事，最初是包括在约翰·布罗克曼（John Brockman）的《我们所信仰但无法证明的事物》这本书中，它表明了这个观点。故事是“与反应迟钝的一个学生的谈话”，是有关一个物理学教授和不得要领的学生的讨论。当我写这个故事时，我把自己想象成学生，而不是教授。

学生：您好，教授。我发现了一个问题。我打算做一个有关随机性的实验，就是投掷硬币嘛，这东西应该能检验您所教的课程，但有点不对劲，失效了。

教授：噢，我很高兴你对此感兴趣。那你做了什么呢？

学生：我将这个硬币投掷了1000次。您记得吗，您告诉我们得到字面的概率是1/2。我想这意味着，如果我投掷1000次，那么应该得到500次字面。但结果并非如此，我得到了513次。这是怎么回事呢？

教授：是啊，这是由于你忘记了误差范围。如果你将硬币投掷一定次数，那么误差范围大约是投掷次数的平方根。投掷1000次的误差范围大约是30，因此你的结果在误差范围之内。

学生：哎呀，我现在懂了。每当我投掷1000次时，得到字面的次数总是位于470～530之间，每一次都是！噢，那么我现在可以依靠这个事实了。

教授：不，不！它仅仅意味着你很可能会得到470～530之间的某个数。

学生：您指的是我可以得到200次字面吗？或者是850次字面吗？甚至全部都是字面呢？

教授：可能性很小。

学生：可能问题在于我的投掷次数不是足够的多。我应该回去尝试1 000 000次吗？情况会好一些吗？

教授：很可能。

学生：噢，教授，赶快告诉我可以信赖的一些东西。您尽是用可能性来告诉我可能意味着什么。能否不用“可能”这个词来告诉我可能性究竟是什么意思。

教授：嗯。下述的讲法可能比较好：这意味着如果答案落在误差范围之外，我会感到吃惊。

学生：上帝呀！您指的是您教授给我们的所有有关统计力学、量子力学和数学概率论，所有这一切都意味着，如果它失效，您只是个人感到吃惊吗？

教授：噢，嗯……

如果我投掷100万次硬币，我可以确信我不会得到所有的字面。[89]我不是一个赌徒，但我如此肯定，以至于我可以用我的生命和灵魂来打赌。我全部豁出去了，以一年的薪水来打赌。我完全肯定概率论中的大数定律不会失效，使我抵御风险。所有科学都基于它。但是我无法证明它，也不是真正地知道它为什么有效。这可能是爱因斯坦为什么说“上帝不掷骰子”的原因，而且很可能是。

我时常听物理学家们声称爱因斯坦不懂量子力学，因此为朴实的经典理论耗费时间，我非常怀疑这是真的。他反对量子力学的论点是极其奥妙的，他的那篇论文是物理学中最深刻的、引用达到最高的论文之一。[1] 我猜想爱因斯坦所具有的某种不安，正是困扰那个反应迟钝的学生之处。难道对于真实性的终极理论，我们就没有比对实验结果的惊讶度更为具体的东西了吗？

我向你们展示了量子力学对仅有经典装备的大脑所产生的某些似非而是、几乎无逻辑的东西，不过我猜想你并不为此而完全满意。事实上，我希望你们不满意。一个实际的补救方法是沉浸在一本好的量子力学教材当中去几个月，并认真演算。只有非同寻常的怪才，或者是在一个极其特殊的家庭中长大的人，才能自然地具有新装备来理解量子力学。记住，连爱因斯坦最终也没能干扰克它。

1. 阿尔伯特·爱因斯坦、波多尔斯基和罗森，“量子力学描述的物理实在是完备的吗？”物理评论47卷1935年第777～780页。

第5章
更好的码尺

有一天在斯坦福大学的食堂里，我发现我教授的“医学预科”物理班的许多学生围在一张桌子上学习。我问道：“伙计们，你们正在学习什么呢？”他们的回答让我大吃一惊。原来他们正在背诵教科书封面上的常数表，背到最后一位小数点。[1] 这个表包括如下的常数，除此之外还有其他二十几个。

h（普朗克常数）$=6.626\,068\times10^{-34}$ 米^2·千克/秒

阿伏伽德罗常数 $=6.0\,221\,415\times10^{23}$

电子电荷 $=1.60\,217\,646\times10^{-19}$ 库仑

c（光速）$=299\,792\,458$ 米/秒

质子的直径 $=1.724\times10^{-15}$ 米

G（牛顿常数）$=6.6742\times10^{-11}$ 米^3·秒$^{-2}$·千克$^{-1}$

医学预科生在他们的其他科学课上，一直在训练记忆大量的材料。他们都是很好的物理学生，却常常试图用学习生理学的方法来学习物理学。事实是物理学的记忆任务是非常少的。我怀疑许多物理学家能

1. 所有的常数都是标准米制单位——米（m）、千克（kg）和秒（s）。

否粗略地说出这些常数值呢？

这引起了一个非常有趣的问题：为什么自然界的常数是这些棘手的数呢？为什么它们不能是像2或5甚至是1那样简单的数呢？为什么它们总是如此之小（普朗克常数、电子电荷）或是如此之大（阿伏伽德罗常数、光速）呢？

91　答案与物理学关系不大，但确与生物学密切相关。以阿伏伽德罗常数为例，它代表的是一定量气体中所含的分子个数。是多少气体呢？答案是19世纪早期的化学家可以轻易地用来工作的一定量气体；换句话来说，它可以被装在一个尺寸和人体大小相近的烧杯或其他容器中。阿伏伽德罗常数的真实数值和人体中分子数的关系要比它和物理学中深层次的原理的关系要密切得多。[1]

另外一个例子是质子的直径，为什么它是如此之小呢？答案再次与人体生理学有关。表中的数值都是用米给出的，然而1米是多少呢？米是英制码的公制版本，码大约是当一个人伸展开双臂时，从他的鼻子到指尖的距离，它很可能是测量布或绳子的有用单位。从质子直径之小，得到的教益是，需要很多质子才能形成人的胳膊。从基础物理的观点来看，这个数没有任何特别之处。

那么为什么我们不去改变单位，来使得这些数更容易记忆呢？实际上，我们已经这样做了。例如在天文学中，光年通常被用来作为距

1. 那么接下来，为什么人体中有如此多的分子呢？它再一次和智能生命的本性相关，而与基础物理无关。人们需要大量的分子才能制造一台复杂得足以进行思考化学问题的机器。

离的尺度（我讨厌听到光年被误用为时间的单位，就像有些人会说：“嘿，离我上次见到你已有几光年了”）。当以每秒光年为单位来表达光速时，它不是很大，事实上，它非常小，大约只是3×10^{-8}。如果我们将时间的单位从秒改为年，会怎么样呢？由于光需要精确的一年才能走完一光年，因此光速是每年1光年。

光速是物理学中最基本的量之一，因此采用光速等于1的单位是有意义的。但诸如质子半径之类并不是非常基本的东西。质子是由夸克和其他粒子组成的复杂物体[1]，那么为什么要给它们以优越的位置呢？从最深层和普适的物理定律来选择常数将会更有意义。如何决定这些定律是没有什么异议的。

92

· 宇宙中*任何*物体的最大速度是光速c。这个定律不仅是关于光的定律，而且是有关自然界中*一切事物*的定律。

· 宇宙中*任何*物体之间相互吸引，吸引力等于它们的质量与牛顿常数G的乘积。所有物体指的是一切物体，没有*任何*例外。

· 对宇宙中*任何*物体而言，质量及位置与速度的不确定度的乘积永远不小于普朗克常数h。[2]

这里用*楷体*的词是为了强调这些定律的所有特性。它们适用于*任*

1. 译者注：原文如此。按照夸克模型，质子p是由上夸克和下夸克组成，$p=$（uud）。
2. 译者注：海森伯的不确定原理是指位置与动量的不确定度乘积大于等于h，即$\Delta x\cdot\Delta p\geqslant h$。这里为了避免引入动量概念，所以采用质量乘以位置与速度的不确定度的叙述方式。

意和任何事物，即所有的事物。事实上，自然界中的这三条定律堪称是普适的，远超过诸如描述质子这样的某种特定粒子性质的核物理定律。这似乎是平庸的，但物理结构中最深刻的见解之一，产生于1900年，普朗克认识到长度、质量和能量的单位可以作特定选择，以使三个基本常数c、G、h都等于1。

基本的标尺是普朗克长度，它远比米小，甚至比质子的半径还要小。事实上，它大约是质子半径的万亿亿分之一（在米制单位中，它大约是10^{-35}）。即使质子被放大到太阳系的大小，普朗克长度也不会大过病毒的尺寸。普朗克因意识到这个无法想象的微小尺寸，必然在物理世界的任何终极理论中起到基本的作用，而获得了永久的声誉。他不知道物质的最小砖块究竟是什么，但他已猜到物质的最小砖块将是“普朗克尺寸”的。

为了使c、G和h等于1，普朗克要求时间的单位是难以想象的小，即10^{-42}秒，等于光穿过1个普朗克尺度所需要的时间。

最后，还存在一个普朗克质量。假定普朗克长度和普朗克时间是如此不可思议的小（相对于通常生命所取的单位而言），那么自然要求普朗克单位下的质量比任何普通物体的质量小得多。然而你错了，事实证明，就生物尺度而言，物理中质量的最基本单位不是非常小：普朗克质量大约是100万个细菌的质量，大约与肉眼能看到的最小物体，例如一粒尘埃相同。

93

普朗克长度、普朗克时间和普朗克质量这些单位有着非比寻常的意义：它们是最小黑洞的可能大小、半衰期和质量。我们会在以后的章节中再回到这些讨论。

$E=mc^2$

取一个壶，将它装满冰块并塞紧壶口，在厨房的天平上称出它的质量。接下来，把它放在火炉上加热，使冰融化为热水，重新称量它。如果你认真地执行此事，确保没有任何东西进入壶中或从中逃出，那么最终的质量将和原来的一样，至少在很高的精度上是这样。但是，如果你能够将测量精确到万亿分之一，就会注意到差异了：热水比冰要稍微重些。用不同的方式来说，加热使质量增加了万亿分之几千克。

这里发生了什么呢？我们知道，热量是能量的一种。但根据爱因斯坦的说法，能量是质量，因此在壶中的成分中加入热量就相当于增加质量。爱因斯坦著名的方程$E=mc^2$表明质量和能量是以不同的单位来表示同一种事物这个事实。从某种意义上来讲，就像将米转化为千米；用千米表示的距离是用英里表示的距离的1.6倍。在质量和能量的例子中，转化因子是光速的平方。

物理学家关于能量的标准单位是焦。点亮一个100瓦的电灯1秒钟需要的能量是100焦。1焦是质量为1千克的物体以1米/秒的速度运行时所具有的动能。日常生活中，一个人每天的食物，大约提供了1000万焦的能量。同时，质量的国际标准单位是千克，它比1夸脱水的质量少一点儿。[1]

94　$E=mc^2$告诉我们质量和能量可以相互转化的概念。如果让少许质量消失，那么它常常会以热的形式转化为能量，但并不是必然如此。想象1千克质量消失了，转化为热。为了知道产生了多少热量，用1千克乘以一个非常大的数c^2，结果是10^{17}焦，你可以依靠它生活300万年，或者你可以用它来制造一个非常大的原子武器。幸运的是，把质量转化为其他形式的能量是非常困难的，但正如曼哈顿计划[2]所证明的那样，这是可以做到的。

对一个物理学家而言，质量和能量这两个概念之间的联系过于密切，我们几乎不去区分它们。例如，电子的质量常常被作为电子伏特的特定数值，电子伏特对原子物理学家来说是非常有用的能量单位。

具备了这点儿知识，我们回到普朗克质量，即一粒尘埃的质量，我们同样也可以称之为普朗克能量。想象这一小块儿的质量通过某种新发现被转化为热能，大约和一箱汽油产生的能量相同。你可以用10个普朗克质量来开车穿越美国。

普朗克尺寸的物体是如此不可思议地小，永远无法直接观测它们，这个无法克服的困难是理论物理学家感到沮丧的根源。我们能对这些问题发问这个事实，就足以证明人类想象力的成功了。然而我们正是

---

1. 译者注：原文有误。夸脱是英美的干量或液量单位，等于2品脱。英制1夸脱=1.136 升，美制1夸脱=1.101升。原文误为“它比1夸脱水的质量多一点儿”。
2. 第二次世界大战期间，在美国新墨西哥州的洛斯阿拉莫斯开展了研制原子弹的计划。

在这些遥不可及的世界里，寻找解决黑洞佯谬的答案，因为普朗克尺寸的信息比特，犹如墙纸那样紧贴在黑洞的视界处。事实上，黑洞的视界是自然定律所允许的最为集中的信息形式。不久我们就会了解到，信息这个术语以及它的孪生概念熵，究竟意味着什么。接下来我们就处于一个有利的位置，来了解黑洞战争的一切。但是我首先想解释的是，为什么量子力学破坏了广义相对论最为可靠的结论之一：黑洞的永恒本性。

95

第 6 章
百老汇之约

我和理查德·费曼的第一次谈话是在曼哈顿上区的百老汇的西区咖啡馆中，那年是1972年，那时我32岁，是一个相对不知名的物理学家；费曼53岁，纵使他已不处于全盛时期，老狮王毕竟还是狮王，他依然是个很难对付的大人物。他到哥伦比亚大学做一个关于部分子的新理论的演讲。部分子是费曼关于诸如质子、中子和介子这样一些亚原子核粒子的假想组分（部分）所使用的术语，如今我们称它们为夸克和胶子了。

当时，纽约是高能物理的主要中心，焦点是哥伦比亚大学的物理系。哥伦比亚大学的物理有着光荣和著名的历史。拉比（I. I. Rabi）是美国物理学的一位先驱者，确立了哥伦比亚大学成为最有威望的物理机构之一，直到1972年，哥伦比亚的声望达到了顶峰。耶什华大学的贝尔弗科学研究生院的理论物理规划[1]，至少说来是不错的，我当时是那里的教授，但哥伦比亚毕竟是哥伦比亚，贝尔弗的地位远不及它那样崇高。

---

1. 译者注：耶什华大学（Yeshiva University）建于1886年，原名叶史瓦学院，是美国最古老、最具综合性的著名犹太人教育机构。

费曼的演讲如同预期的那样，引起了巨大的震动。他在物理学家的心灵和智慧当中占有一个极为特殊的位置。不仅因为他是有史以来最伟大的理论物理学家之一，而且因为他是所有人的英雄。他是演员、96 小丑、鼓手、坏男孩、攻击传统理念的人和智慧出众的人，他让一切看起来都很简单。其他人经过几个小时的艰难的数学计算来回答的一些问题，他用20秒就能说明为什么答案是显而易见的。

费曼自视极高，不过他仍有足够的兴趣来此地聚会。几年之后，我和他成为好朋友，不过在1972年，他是一个名人，而我是从第181街道北部的穷乡僻壤来的，一个不起眼的追星族。我乘坐地铁在演讲前2个小时到达了哥伦比亚，希望能和这位伟大的人物说几句话。

理论物理系在浦品楼的第19层[1]。我断定费曼会到那里溜达。我首先看见的人是李政道，他是哥伦比亚大学物理系的士林翘楚[2]。我问他费曼教授是否在附近，李政道友好地反问："你想做什么？"我回答道："是这样的，我想问他有关部分子的一个问题。"李政道又说道："他很忙。"就这样结束了交谈。

故事本来将要终结，我忽然心有灵犀一点通。当我走进洗手间时，马上发现费曼恰好站在小便池前面。我蹑手蹑脚地靠近他，嗫嚅着说："费曼教授，我可以问您一个问题吗？""好，不过得先让我解决完现在的事情，接着我们可以到他们给我准备的办公室里去，是有

1. 译者注：浦品（Michael Idvorsky Pupin，1858～1935），美国物理学家，发明长途电话加感线圈和X射线照片短曝光法，发现次级X射线辐射，其自传《从移民到发明家》获1924年普利策奖。
2. 译者注：原文为俏皮话mandarin，该词是双关语，既可理解为知识界名流之意，也可理解为中国清代官员，从而译成亦有双关语意思的士林翘楚。

关什么方面的问题呢？”那时那刻，我发现实际上我并没有关于部分子的问题，于是我编造了一个有关黑洞的问题。黑洞这个术语是由约翰·惠勒4年前杜撰的。惠勒曾经是费曼的论文指导老师，但费曼告诉我，关于黑洞他几乎一无所知。我从朋友大卫·芬克尔斯坦（David Finkelstein）那里了解到了一点儿极为有限的知识，他是黑洞物理学的先驱者之一。1958年戴夫写了一篇有影响力的论文，以此来说明黑洞视界是一去不复返之点。在我所了解的事情当中，黑洞有一个位于其中心的奇点和围绕着奇点的视界。戴夫同时还向我解释了，为什么没有东西能从视界之内逃出。我最终知道的事情是，虽然我不清楚我是如何了解它的，一旦黑洞形成，它无法分裂或消失，两个或两个以上的黑洞可以合并在一起，从而形成一个更大的黑洞，但永远没有东西能使一个黑洞分裂成两个或两个以上的黑洞。换句话说，一旦黑洞形成，那么将没有办法来摆脱它。

97

大约在此期间，年轻的史蒂芬·霍金对黑洞的经典理论发起了革命。他最重要的发现之一，是黑洞视界面积永不减少这个事实。霍金和他的合作者詹姆斯·巴丁（James Bardeen）、巴登·卡特（Barndon Carter）用广义相对论，得到了支配黑洞行为的一组定律。新定律与热力学定律（有关热的定律）异乎寻常的相似，尽管这个相似性被认为是一个巧合。有关面积永不减少的规则，是热力学第二定律的一个类比，它声称系统的熵永不减少。在费曼的演讲期间，我怀疑自己是否听说过这个工作，甚至是霍金这个名字，然而霍金关于黑洞动力学的定律最终对我的研究产生了重要的影响，长达20多年。

无论如何，我想向费曼提的问题是，量子力学是否会使黑洞通过分裂为小黑洞的方式来使其瓦解呢？我想这有点儿类似于将非常大的原子核分裂成其他小原子核。我匆忙地向费曼解释，为什么我认为它应该发生。

费曼说他从未考虑过此事，而且逐渐开始厌倦引力这个问题。量子力学对引力的效应，或者说引力对量子力学的效应太微弱，从来没有被观测到。他并不是认为这个问题，在本质上是没有意思的，而是认为没有某些可观测的效应来引导理论，因此猜测它的运作方式是毫无希望的。他说曾在几年前考虑过这个问题，不想再重新开始为此事而思索了。他猜测可能需要500年时间，量子引力才能被理解。费曼 98 说无论如何他需要放松一下，来准备一个小时之后的演讲。

演讲百分之百是费曼式的。他的风采充满了整个舞台，用布鲁克林的腔调和肢体语言，这些夸张的手段来演示每一点。听众被迷住了。他告诉我们如何用简单直观的方式来考虑量子场论中有难度的问题。几乎其他人都用另外一种旧的方法来分析他所处理的问题。旧方法很困难，但他发现了一个技巧，使得它们都变得非常简单，就是部分子的技巧。费曼挥舞着他的魔杖，所有的答案都跳出来了。令人感到啼笑皆非的是，这旧的方法是基于费曼图的。

对我而言，演讲最精彩的部分是当李政道打断费曼的演讲，问了一个问题，或者更像用问题的方式变相地做了一个陈述。费曼声称某种特定的图，它称为Z图，永远不会出现在他的新方法中，这简化了问题。李政道问道："是不是在某些用矢量和旋量描写的理论当中，Z图并不是给出零结果呢？但我想它大概可以被解决。"演讲厅如同墓地一样安静。费曼看着这位士林翘楚5秒钟，接着说："搞得定它。"然后继续做演讲。

演讲之后，费曼走到我旁边问道："嗨，你叫什么？"他说考虑了我的问题，想和我讨论。他问我是否知道我们随后可以见面的一个地方吗？就这样我们到西区咖啡馆见面了。

我们随后将回到咖啡馆，但我首先需要将有关引力和量子力学的一切都告诉你们。

我想讨论的问题是与量子力学对黑洞的效应有关的。广义相对论是引力的经典理论。当物理学家用经典的这个词时，并不是指来自于古希腊，它仅仅指理论没有包括量子力学效应而已。我们对量子理论如何影响引力场所知甚少，但所知道的这一点与在空间以引力波传播的微小的扰动有关。我所了解的这些扰动的量子理论的大多数是费曼做出的贡献。

99　我们在第4章中已了解到，上帝没有理睬爱因斯坦不玩骰子的要求。当然，问题的关键是，经典物理学中确定的东西，在量子物理学中变得不确定了。量子力学从不告诉我们将发生什么；它告诉我们这个或那个将要发生的概率。确切地说，一个放射性的原子什么时候会衰变是不可预测的，但量子力学可以告诉我们的是，它很可能会在接下来的10秒钟发生衰变。

诺贝尔物理学奖得主默里·盖尔曼（Murry Gell-Mann）从怀

特（T. H. White）的《从前和将来的国王》那里借来句格言："任何不被禁止的事情都是欲罢不能的。"然而在大多数情形下，经典物理学中有许多不可能发生的事件，在量子理论中是可能发生的。不是不可能，而仅是这些事件未必会发生。然而无论多么不太可能，如果你等足够长的时间，那么它们最终将会发生。因此，任何不被禁止的事情都是欲罢不能的。

典型的例子是一种被称为*隧道效应*的现象。想象一辆停在山顶的汽车。我们忽略所有不相关的东西，例如，摩擦力和空气阻力。我们同时假定司机不刹车，那么汽车将自由下滑。很显然，如果汽车停在最低点，它就不会突然开始运动。无论朝哪个方向运动都是上坡，而且如果汽车开始时处于静止状态，它将没有能量去上山。如果我们不久之后发现汽车越过山峰之后再往下滑，那么只有假定：或者我们推了它一程，或者它以某种其他方式获得了能量。在经典力学中，汽车自发地跃过山峰是不可能的。 100

但是记住，任何不被禁止的事情都是欲罢不能的。如果汽车是量子力学的（所有的汽车确实都是如此），那么没有什么能阻止它突然出现在山峰的另一侧。这种现象未必会发生，对于像汽车这般大而重的物体，是非常、非常不大可能，但并不是不可能。因此，如果有足够的时间，那么它将是欲罢不能的。如果等待足够长的时间，我们将会发现汽车从山峰的另一侧滑下。由于汽车就像穿过山峰中的一条隧道一样，因而这种现象称为隧道效应。

对于一个如同汽车般重的物体而言，它穿过的概率是如此之小，以至于（平均来讲）需要难以计数般长的时间才能使汽车自发地出现在山峰的另一侧。为写下一个足够大的数字来表示这个时间，需要一个很多位的数，即使每一位数字写成质子大小，并让它们紧紧地堆积在一起，也远超过整个宇宙的大小。然而，完全相同的效应可以允许一个α粒子（两个质子和两个中微子）穿过原子核，或者是电子穿过回路中的空隙。

在1972年的那天，我想，尽管经典黑洞有固定的形状，然而量子涨落可以使视界的形状发生微小的晃动。一般情形下，非旋转黑洞的形状是一个理想的球面，但量子涨落应该会使它变形，简要地说是球面将变平或变扁。进一步而言，涨落常常会是很大的，以至于黑洞变形成为一个由细颈来连接的一对较小的近似的球面，在细颈处发生分裂将会非常容易。重的原子核以此种方式来自发地分裂，那么为什么黑洞不可以呢？从经典意义上来讲，它不可能发生，就像小汽车不能自发地跃过山峰一样。然而真的是绝对禁止的吗？我找不到它应该这样的理由。我认为等待足够长的时间，黑洞最终会分裂为两个较小的黑洞。

我关于黑洞衰变的想法

现在回到西区咖啡馆。在咖啡馆里，我一边慢慢地啜饮着啤酒，一边等了费曼大约半个小时。我对此考虑得越多，它似乎越有意义。黑洞无法通过量子隧道效应来瓦解，首先它分裂成两部分，接着是四部分，八部分，最终分裂成大量的微观组分。按照量子力学的准则，黑洞的永恒存在是没有任何意义的。

费曼在一到两分钟前走进了咖啡馆，朝我坐着的地方走过来。我怀着见大人物的心情，因此又点了两杯啤酒。我还没来得及付账，他拿出钱包，将所需要支付的钱放在桌上。我不清楚他是否留下了小费。我啜饮着啤酒，但是我发现费曼的酒杯从未离开桌子。我开始重新审视我的论点，认为黑洞最终会分裂成微小的碎片。这些碎片会是什么呢？虽然没有明说，唯一合理的答案是诸如光子、电子和正电子这样的基本粒子。

费曼认可我的观点，认为没有什么能够阻止这种情况的发生，但他认为我的图景是错误的。我形象地认为黑洞首先会分裂成几乎等同的两部分。每一部分再分裂成两半，直到所有的部分都是微观尺度为止。

费曼关于黑洞衰变的想法

问题是，需要巨大的量子涨落才能使一个大黑洞分裂成两半。费曼感到存在一个更为合理的图景，即视界分为一块几乎等同于原来视界大小的部分，另一微观部分飞走了。当这种过程重复进行时，大黑洞会逐渐收缩，直到一无所有。这听起来是正确的，视界的微小部分脱离出去似乎比黑洞分裂为两个大的部分的可能性更大。

谈话大约持续了一个小时。我不记得我们说再见了没有，也不记得我们有没有定下计划，去追寻这个想法。我晋见了狮王，他没有让我失望。

102

如果我们对这个问题思考得更为深入一些，可能会意识到引力很可能会将这些微小的部分拉回视界，某些发射的部分可能会与落下的部分相碰撞。视界正上方是一个复杂的碰撞区域，由于反复碰撞，它可能会因此而升高温度。我们甚至可能认为视界正上方的区域是由沸腾的粒子形成的一个热环境。同时我们可能想到这加热的质量的行为如同任何热的物体一样，它会以热辐射的形式辐射热量。但我们没有这样做下去，费曼回到了他的部分子理论，我回到了是什么将夸克禁闭在质子内部的问题。

现在正是一个大好时机，我将确切地告诉你们信息是什么了。信息、熵和能量是三个不可分割的概念，这是下一章的主题。

103

第7章 能量与熵

能量

能量像一个模型拼盘。模型拼盘可以拼出人、动物、植物和岩石，能量也可以改变它的形式。动能、势能、化学能、电能、原子能和热能是能量可以呈现的许多形式当中的几种。它不断地从一种形式变到另一种形式，但有一样东西是不变的：能量是守恒的，能量所有形式的总和永不发生改变。

下面是有关能量形式改变的几个例子。

· 西西弗斯的能量偏低。[1] 因此，在他一次又一次将巨石推向山顶之前，他停下来吃一顿蜂蜜来使自己精神饱满。当巨石到达山顶时，这个囚徒眼睁睁地看着引力将石头拉回山底，只得再进行下一次。可怜的西西弗斯注定要永远将化学能（蜂蜜）转化成势能，接着再转化成动能。不过等一下，当巨石静止在山底时，动能又发生了什么变化呢？它转化为热量。一部分热量流进大气中和地下，西西

1. 译者注：在希腊神话中，西西弗斯（Sisyphus）是古希腊的一位暴君，死后堕入地狱，被罚推石上山，但巨石在接近山顶时又滚了下去，于是重新再推，如此循环不息。

弗斯也因此而受热。西西弗斯造成的能量转化的整个过程如下：

化学能→势能→动能→热能

104

· 尼亚加拉瀑布中的水流获得速度。[1] 流动的水饱含着动能，流向涡轮机口，使得转子旋转，电能产生了，通过电线流向电网。你可以画出这个过程中能量的转化形式吗？转化的整个过程如下：

势能→动能→电能

此外，某些能量被转化成无法利用的热能：从涡轮机中流出的水比流进的水温度高。

· 爱因斯坦宣称质量是能量。当爱因斯坦说$E=mc^2$时，他所指的是任何物体都有某种潜在的能量，如果它的质量以某种方式被改变，该能量可以被释放。例如，铀核最终会分裂成钍核和氦核。钍核与氦核的质量之和比最初的铀核的质量小一点儿。这微小的盈余质量会转化为钍核和氦核的动能，同时还产生一些光子。当原子静止下来，光子又被吸收时，盈余的能量便转变为热。

在能量的一切通常的形式当中，热量是最神秘的。什么是热量呢？它是类似于水一样的物质吗？或者它更像某种极为短暂的东西呢？在热的现代分子理论出现之前，早期物理学家和化学家认为它是一种行为像流体的物质。他们称它为*燃素*，想象它从热物体流到冷物体，使得热的物体变冷，冷的物体变热。事实上，我们现在仍然在说

1. 译者注：尼亚加拉瀑布在尼亚加拉河上，河中一小岛名山羊岛，分瀑布为两段，左段属于加拿大，右段属于美国。

热流这个词。

但热量并不是一种新的物质，它只是能量的一种形式。将你自身缩小到分子的尺寸，在浴缸中环顾热水。你可以看到分子随机地运动着，熙熙攘攘地碰撞着，混乱地舞动着。让水冷却一下，再环顾你的四周：分子的运动缓慢多了。将它冷却到冰点，分子被固定在冰的晶体之中。不过即使在冰中，分子继续振动。只有当所有的能量被排走时，它们才停止运动（忽略量子零点振动）。就在这时，当水在－273.16℃或者在绝对零度时，温度再也不能进一步降低了。每个分子都被牢牢地固定在合适的位置，处于一个完美的晶格之中，所有混乱的、无序的运动都停止了。从热量到其他形式的能量守恒有时称为热力学第一定律。

105

熵

将你的宝马车停在雨林中500年，是一个糟透的做法。当你再回来时，发现宝马车成了一堆铁锈。这就是熵的增加。如果你让这堆铁锈再呆上500年，你很确定铁锈不会还原，成为一辆能正常运转的宝马车。这就是热力学第二定律，简而言之：熵增加。每个人都谈论熵，包括诗人、哲学家和电脑怪才，但它真正是什么呢？为了回答这个问题，需要更好地考虑宝马车和一堆铁锈之间的差异。它们都是由大约10^{28}个原子组成的集合体，主要是铁原子（在铁锈的情况下，还要加上氧原子）。它们聚合到一起形成一个正常运转的汽车的可能性是多少呢？需要很多专门的知识才能说明它如何不可能。显然，你非常可能得到的是一堆铁锈，而不是崭新的汽车，也不会是原来的那堆铁锈。

如果你反复地将原子分开，再将它们放在一起，你最终也许会得到一辆汽车，但更多的可能是你将得到铁锈堆。为什么会这样呢？汽车或铁锈堆的特征差异在哪里呢？

如果你想象可以将原子集合在一起的所有可能的方式，那么大多数组装所得的更像铁锈堆，只有很小一部分像汽车。即使那样，如果你将车盖打开往里看，很可能又会发现一些铁锈，不过组装方式中的更小一部分，会形成一辆能正常运转的汽车。汽车的熵和一堆铁锈的熵，与我们能辨认出铁锈堆和汽车的数目有关。如果你将小汽车的原子打散后重新组合，你将更可能得到一堆铁锈，因为组合成铁锈的方式要比组合成小汽车的方式多得多。

这里还有另外一个例子。类人猿不停地敲击键盘，尽管砰砰直响，106 但几乎总是打出杂乱无章的符号。它能够打出一个语法正确的句子的情况是罕见的，例如类人猿偶然打出了“我想用分号来仲裁我的斜边”这样的句子。少之又少的情况是，它打出了像“克努特国王的下颌上有个疣”这样有意义的句子。[1] 更进一步地说，如果你把一个有意义的句子的字母混乱后重新组合，就像拼图游戏中的牌一样，结果几乎是混乱的。原因是什么呢？组合20或30个字母得到没有意义的句子的方式要比有意义的句子的方式多得多。英语字母表中有26个字母，但存在更为简洁的书写体系，它只利用两个符号，点和短划。严格地说，有3个符号，是点、短划和空格，但我们总可以用点和短划的某种特殊序列来代替空格，以使空格不再出现。无论如何，我们可

1. 译者注：克努特（Canute，995～1035），丹麦国王斯韦恩一世之子，曾任英格兰国王（1016～1035）和丹麦国王（1019～1035），1028年后兼任挪威国王，曾制定《克努特法典》。

以忽略空格，下面是描述克努特和他的疣的莫尔斯电码，[1]总共有65个符号。

-.-..-.--.-.-..--...--.....-.--.-.-...---.......-.-...-..-.-.-

由65个点或短划能组成多少不同的莫尔斯电码信息呢？你只要将2自身相乘65次，得到2^{65}，大约是千亿亿个不同的莫尔斯电码。

当信息用两个符号来编码时，这两个符号可以是点和短划、1和0，或者是其他一对，这些符号称为比特。因此，“克努特国王的下颌上有个疣”在莫尔斯电码下是一个65比特的信息。如果你想阅读本书的剩余部分，记住比特这个专业术语的定义是一个好主意，它的意思和你说的“我要拿一点儿咖啡到办公室”不同。比特是单个、不可分107的信息单位，就像莫尔斯电码中的点和短划。

为什么我们要如此费力，将信息缩减到用点和短划，或者是0和1来描述呢？为什么不用序列0 1 2 3 4 5 6 7 8 9或者直接使用字母表中的字母呢？理由很简单，这样将使得信息更容易阅读，而且只需要更小的空间。

问题的关键是字母表中的字母（或者是10个通常的数字）是人类构建的，我们早已学习认识它们，并存储在我们的记忆中。但每个字母或数字本身，已经有大量的信息了，例如，字母A和B，或者是数

1.译者注：莫尔斯电码通过点、短划和空格的不同排列来表示字母、数字和标点符号。最初于19世纪30年代由美国画家、发明家莫尔斯（S. F. B. Morse，1791～1872）发明用来拍发电报的电码。

字5和8之间，存在着错综复杂的差异。电报员和计算机科学家只依赖最简单的数学规则，他们更倾向于，事实上几乎被迫使用点和短划，或1和0的二进制码。事实上，为了给生存在遥远的恒星系上的非人类文明发送信息，卡尔·萨根（Carl Sagan）设计了一种采用二进制码的系统。[1]

我们回到克努特国王。这个65比特的信息有多少是有条理的句子呢？我真的不知道，可能有几十亿吧。但是无论有多少，它只有2^{65}当中难以想象的小的一部分。因此几乎确定的是，如果你取“克努特国王下颌上有个疣”中的65比特或是27个字母，搅乱它们的结果得到的将是乱语。不考虑空格，下面是我用斯克莱勃牌所得到的结果：[2]

HTKIDGENCUONNHTSRNISAWACHAI

假定你每次只把字母少许混乱一下。句子会逐渐丢失它的连贯性。“克努特国王有个疣下颌上”依然是可识别的。“克努特国王个有疣颌下上”同样也是。然而字母会逐渐变成一堆混乱的、没有意义的字母。有如此多的无意义的组合，以至于通向乱语的趋势是不可避免的。

现在我可以给出熵的定义了。熵是排列数目的测度，遵从某种特定的、可识别的判据。如果判据是存在65比特，那么排列的数目是2^{65}个。 108

1. 译者注：萨根（Carl Sagan，1934～ ），美国天文学家、科普作家，研究地球生命起源、行星大气、行星表面等，尤以探索地球外生命现象而闻名，著有《宇宙期的智能生命》《伊甸园之龙》等。
2. 译者注：斯克莱勃牌是一种拼字游戏的商标名。

不过在2^{65}比特的情况下，熵不是排列数，它恰好是65，也就是你将2相乘得到排列数的次数。数字2必须相乘起来得到给定数的数学术语称为它的对数。[1] 于是，65是2^{65}的对数。因此，熵是排列数的对数。

在2^{65}种可能性当中，实际上只有一小部分有意义的句子。我们猜想有10亿个，为了得到10亿这个数，你必须将大约30个因子2相乘在一起。换句话说，10亿大约是2^{30}，或者等价地说，30是10亿的对数。因此得出结论，有意义的句子的熵大约只是30，远小于65。无意义的符号的混乱排列，比表述连贯句子的熵大得多。当你弄乱字母时，熵增加，这实在没有什么奇怪的。

假设宝马公司极度地提高了质量控制，从生产线上生产的汽车彼此完全相同。换句话说，假设有且只有一种原子排列才被认为是真正的宝马，那么它的熵是多少呢？答案是零。当宝马从生产线出来时，任何细节都已经确定。不论何时你确定了一种排列，就完全没有了熵。

热力学第二定律规定熵增加，它仅是以一种方式说明：随着时间的增长，我们趋向于失去细节。想象我们将一小滴墨汁放到一壶热水中。一开始，我们精确地知道墨汁的位置在哪里。墨汁的可能组态数目不是太大。但当我们看到墨汁扩散到水中时，关于单个墨汁分子的

---

1. 严格地说，它是底数2的对数。关于对数还有其他的定义。例如，不是数字2，而是将数字10相乘起来得到一个给定的数，那将定义为底数10的对数。不用说，为得到一个给定的数，你需要的10要比2少。熵正式的物理定义是你需要相乘的数学数字e的数目。这个“指数”数字大约等于2.71 828 183。换句话说，熵是自然对数或底数e的对数，而比特的数目（例子中的65）是底数2的对数，自然对数比比特数目要少一个0.7的因子。因此对完美主义者而言，65比特信息的熵为0.7 × 65，大约等于45。在本书中，我们将忽略比特和熵的区别。

位置，我们开始知道得越来越少。我们所看到的是一个均匀的、浅灰色的一壶水，相应的排列数目已经变得非常大。我们可以耐心地等待，然而我们不会看到墨汁分子重新集聚到一起形成一滴墨汁。熵增加了，这就是热力学第二定律，事物趋向于令人乏味的均匀性。 109

这里还有另外一个例子，一个装满热水的浴缸。我们对缸中的水，了解了多少呢？假定它停在浴缸中的时间足够长，没有可观测的运动。我们可以测量缸中水的量（50加仑），也可以测量它的温度（40℃）。但是缸中充满了水分子，对于给定的条件，也就是50加仑（1加仑约4.55升）40℃的水，相对应的水分子的排列方式显然有很多。如果我们可以精确地测量每个原子，那么将可以知道得更多。

熵是不可观测的细节中所隐藏的信息的量度。因此，*熵是隐藏着的信息*。在大多数情形下，信息是隐藏的，因为它所涉及的东西太小而无法观测到，太多而无法跟踪。在洗澡水的情形中，细节便是浴缸中千千万万个水分子的位置和运动。

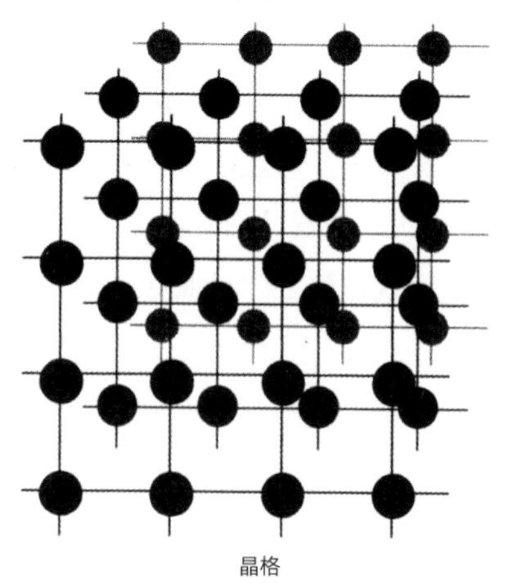

晶格

如果将水温降低，直至绝对零度，那么熵发生了什么变化呢？如果我们移去每一点能量，那么水分子会自动以一种独特的组合来排列，110 冰冻的格子将形成一个理想的冰晶体。如果你熟悉晶体的性质，即使分子太小而无法观测，那么你也可以预测每个分子的位置。一个理想的晶体就如同理想的宝马车一样，没有丝毫的熵。

你可以在图书馆中填塞多少个比特呢

使用语言的模棱两可，以及微小的差异常常被高度重视。事实上，如果语言极为精确，可以被编程为计算机，那么语言和文学必将处于一种尴尬状态，然而科学的精确性要求高度的语言精确度。信息这个词可以指更多的东西："我认为你的信息是错误的。""根据你的信息，火星有2颗卫星。""我获得了信息科学的硕士学位。""你可以在国会图书馆找到信息。"在这些句子当中，*信息*以某种特定的方式被使用着。只有在最后一个句子中，信息这个词的意义，才可用作下述发问："信息在哪里呢？"

我们来追寻定位这个概念。如果我告诉你，格兰特埋在格兰特墓中，[1] 大家都会毫不怀疑地认同我，给了你一条信息。但信息在哪里呢？它在你的头脑中吗？在我的头脑中吗？有确定的位置是不是过于抽象呢？它是分布在整个宇宙间，供我们每一个人使用吗？

这里有一个非常具体的回答：信息在记录上，以碳和其他分子组

---

1. 译者注：格兰特（Ulysses Simpson Grant,1822～1885），美国第18任总统，内战时任联邦军总司令，任总统期间，对南方实行宽大的重建政策，曾颁布《大赦法令》，赦免内战中叛乱的奴隶主。

成物质的文字形式存储。在这个意义上，信息是一种实在的东西，几乎如同物质一样。它是如此的具体，以至于我书中的信息和你书中的信息是不同的。在你的书中，写的是格兰特葬在格兰特纪念堂里。你可能猜测到我的书中，与你所说的是同一件事情，但你并不是确切地知道这一点。我的书中或许会写道：格兰特埋在吉萨金字塔中。[1] 事实上，任何一本书都不包括信息。格兰特被埋在格兰特纪念堂中的信息在格兰特纪念堂里。

111

就物理学家所使用的词语的意义来说，信息是由物质[2] 组成的，它无处不在。本书中的信息在一个长方体中，大约是10英寸乘以6英寸乘以1英寸，也就是10 × 6 × 1或者60立方英寸。[3] 本书的封面中隐藏有多少比特的信息呢？在每一行中，大约有70个字符的空间，字母、标点符号、标记和空格。每页有37行，共有350页，大约是100万个字符。

我的计算机键盘上大约有100个符号，包括大写字母、小写字母和标点符号。这意味着本书中所包含的不同信息的数目大约是100自身相乘100万次，也就是100的100万次方。这个数是非常大的，它大约等于将2相乘700万次。本书中包含了700万比特的信息。换句话说，如果用莫尔斯电码来写本书，那么大约需要700万个点和短划。

---

1. 译者注：吉萨金字塔是埃及第四王朝（约公元前2613～前2494）的3个金字塔，世界七大奇迹之一，建筑在尼罗河西岸吉萨附近高地上。这些金字塔内外均遭受破坏，最北面的是胡夫金字塔，人称大金字塔，现高157.1米，原高为163.9米。大金字塔南有狮身人面像，其面貌颇似海夫拉国王。
2. 当物理学家使用物质这个词语时，并不是仅指由原子组成的物体，像光子、中微子和引力子这些基本粒子同样被认为是物质。
3. 这些尺寸是基于我原来的一本书的硬皮的尺寸大小，是一个粗略的估计。

将它除以本书的体积，可得到每立方英寸大约有120 000比特的信息，这就是印刷记录本卷的信息密度。

我曾经从一本书上读到，亚历山大图书馆在它被埋入地下之前，包含万亿比特的信息。虽然这个图书馆不是官方的世界七大奇迹之一，但是它依然属于最伟大的古代奇迹之一。[1] 它建于托勒密二世期间，据说通过50万册羊皮卷的形式包括了所有已写的重要文件的复本。没有人知道谁把它烧毁了，但可以确信的是，许多无价的信息灰飞湮灭了。总共是多少信息呢？我猜测古代的一卷羊皮卷大约等于50张现代纸张。如果这些纸张与你所阅读的东西相仿，那么一个羊皮卷将有100万比特，乘以数十万卷。以此推算，托勒密的图书馆包含有半个万亿（1万亿 $=10^{12}$）比特的信息，与我在书中看到的极为相近。

这些信息的丢失是最大的不幸之一，古代学者不能在今天复生。但有件事更不幸，如果包括旮旮旯旯在内的每一个可允许的立方英寸都充满了像本书这样的书。我不知道这个巨大图书馆的精确大小，不过我们假设它为200英尺 × 100英尺 × 40英尺，或者是800 000立方英尺，这和现在的大尺寸的公共建筑的大小相同，这将是14亿立方英寸。[2] 具备了这些知识，我们就容易估计出可以在这个楼房中填塞多少比特。如果每立方英寸含120 000比特，那么总数是 1.7×10^{14} 比

---

1. 译者注：亚历山大图书馆位于埃及亚历山大城，自公元前3世纪起由埃及的托勒密王朝相继建立与管理的。馆中藏书基本上都是希腊文，唯一有记载的译文是从希伯来文译成希腊文的《旧约圣经》。亚历山大图书馆毁于3世纪末叶奥勒利安统治时期发生的内战。它的子图书馆则于391年毁于基督徒之手。亚历山大城，阿拉伯语称伊斯康德里亚，公元前332～前642年埃及都城，由亚历山大大帝在古城拉库提斯基础上扩建而成，不到100年，其规模超过迦太基，一度成为希腊文化的中心。
2. 译者注：1英尺 = 12英寸，1立方英尺 = 1728立方英寸。

特。多么巨大的信息量啊！

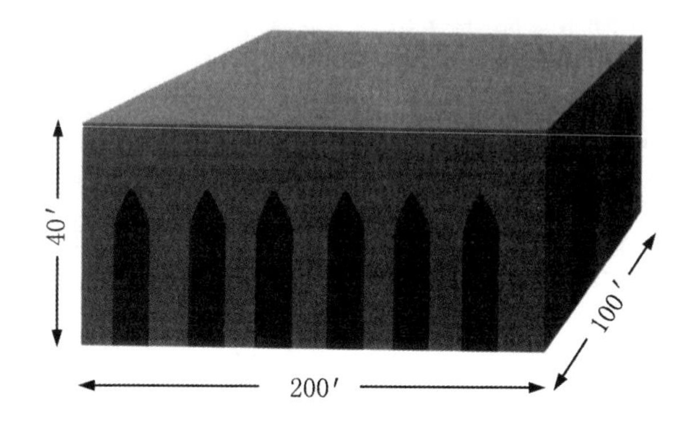

为何到了书本就打住了呢？如果每本书都缩小到它们自身体积的1/10，那么可以塞进10倍之多的信息。如将信息转移到微缩胶片，则可以允许更多的信息。

包含单个比特所需要的空间大小，存在基本的物理限制吗？数据的一个真实的比特的物理尺寸比原子、原子核和夸克大吗？我们可以不停地分裂空间，并将它装满无穷多的信息吗？或者说存在一个极限吗？这个极限不是来自于实际技术的限制，而是自然界深层次定律所要求的限制。 113

最小的比特

单个比特比原子小，比夸克小，甚至比中微子还要小，它可能就是宇宙中最基本的构成砖块。比特没有任何结构，它或者就在那里，或者不在那里。约翰·惠勒认为所有的物体都是由比特信息组成的，他用一句格言来表达这个观点："大千来自比特。"

惠勒想象比特具有最小可能的尺寸，即马克斯·普朗克在一个世纪前发现的基本量子距离，它是所有客体中最基本的。大多数物理学家的头脑中都有一幅图景，认为空间可以被分为微小的普朗克单元，就如同三维的棋盘一样。1比特的信息可以被形象化为一个非常简单的粒子，它被存储在每个单元中。每个单元可能包含一个粒子，也可能不包含。考虑单元的另一种方法是，它们组成了一个巨大的三维的连城游戏。[1]

根据惠勒的“大千来自比特”的哲学，世界在任一个给定的时刻的物理条件，可以用这样一种“信息”来表示。如果我们知道如何阅读密码，我们可以准确地知道，那片时空中所发生的事情。这就是我们通常称为一无所有的空间——真空，或者一块铁，或者原子核的内部吗？

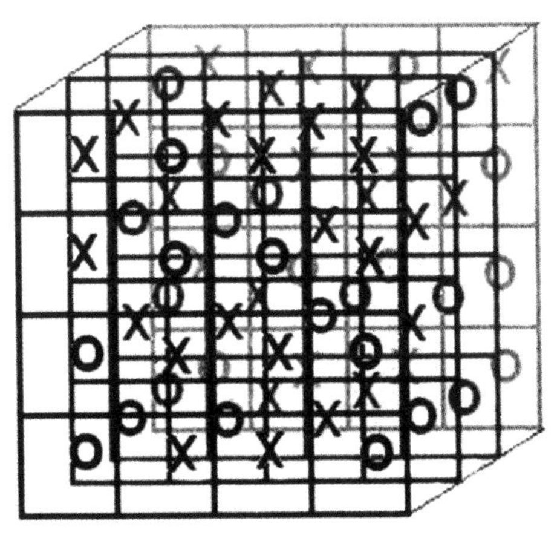

1. 译者注：连城游戏是两人轮流在一井字形方格内画“O”和“×”，以先列成一行者为胜。美国人以游戏中笔在石板上叩击声“tick-tack-toe”为名。这里指的是传统连城游戏的三维推广。

由于世界中的事物都将随时间而变化，星体的运动、粒子衰变、人的生与死，同时○和 × 所携带的信息必将随之而变化。在某一时刻，图案可能像上图一样，在另一时刻它可能会被重组。

在惠勒的信息世界中，物理定律包含比特的位形，如何时时刻刻更新变化。如果正确地构建这些规则，可以允许○和 × 中波沿着单元格子传播，用来表示光波。一个大而浓密的○块可能干扰它附近处 × 和○的分布，用这种方式可以表示一个重物的引力场。

现在我们回到亚历山大图书馆可以容纳多少信息的问题。我们需要做的是，将图书馆的体积，即14亿立方英寸分成普朗克单元，答案大约是10^{109}比特。

这远比世界中整个因特网、所有的书籍、硬盘和CD所能储存的信息要多，确实非常多。为了理解10^{109}比特是多少信息，我们想象需要多少通常的书籍才能储存它们。答案远远超过了我们可以充塞整个宇宙书籍所包含的信息。

“大千来自比特”的哲学描述了一个由普朗克尺寸的信息胞腔组成的世界，这是一个诱人的世界。它影响了很多不同层次的物理学家，理查德·费曼就是它的一个伟大簇拥者。他花费了大量的时间，来构建由填塞比特的空间所形成的简洁世界，然而这是错误的。正如同我们将要看到的，如果托勒密了解到他的图书馆永远无法容纳超过10^{74}

115

比特的信息，[1] 他将会失望的。[2]

我大致可以想象100万是多少：每立方米可以含有100万颗胶姆糖粒。但是10亿或者1万亿又将怎样呢？虽然1万亿比1亿大1000倍，不过形象化地来区分它们比较困难。像10^{74}和10^{109}这样的数字太大，实在难以理解它们，除了说10^{109}比10^{74}大，还能说什么呢。事实上，10^{74}是可以适合亚历山大图书馆的实际比特数，只是我们可以计算的10^{109}比特的太小的一部分。为什么有如此巨大的差异呢？这是随后章节中的一个故事，不过我在这里先给你一个提示。

国王和王子之间的恐惧和猜疑，是历史中一个常见的主题。尽管我并不知道托勒密是否已遇到这样的问题，不过我们可以想象一下，如果他得知敌人将秘密信息藏在图书馆中，会作出什么反应呢？他可能会想到需要通过一个严厉的法律，来禁止任何隐藏的信息。在亚历山大图书馆的情形下，托勒密所假想的法律，要求每一比特的信息从楼外面来看是可见的。为了符合这个法律的要求，信息必须写在图书馆的外壁上。图书管理员被禁止在内壁上隐藏任何信息。外壁上允许使用象形文字、罗马文字、希腊文字和阿拉伯文字。这真正是浪费空间啊！然而这是法律。在这样的前提下，托勒密期望在他的图书馆中所储存的最大比特数是多少呢？

---

1. 译者注：这里的托勒密并非活跃在公元2世纪，创立地心宇宙体系的天文学家兼数学家，而是泛指托勒密王朝的某个国王。托勒密一世追随亚历山大跨越波斯高原，因战功成为马其顿舰队司令，后创建托勒密王朝。托勒密十五世于公元前44～前30年在位，系凯撒与著名的埃及艳后克娄巴特拉七世之子，与其母共同执政，托勒密十五世后来被屋大维处死。
2. 正如所发生的一样，它大约是充满整个宇宙中的书籍中的比特数目。

为了找到答案，托勒密和他的随从们，认真地测量了大楼的外部尺寸，计算了外墙和天花板（我们忽略拱门和地板）的面积。他们得出（200 × 40）+（200 × 40）+（100 × 40）+（100 × 40）+（200 × 100），等于44 000平方英尺。注意到这里的单位是*平方*英尺，而不是*立方*英尺。 116

然而国王想用的是普朗克单位，而不是用平方英尺来测量面积。我帮你来算，他可以黏在墙上和天花板上的比特数目大约是10^{74}。

作为现代物理学中最惊人、最奇特的发现之一：在真实世界中不需要硬性颁布托勒密法律。自然界已经自然而然地提供了一个这样的定律，毋庸国王硬性颁布它。它是我们发现的最为深刻、最为深奥的自然定律之一：*可以存放在一定空间区域中的最大信息量，等于区域的面积，而不是区域的体积。*关于在空间中填塞信息的奇怪限制是第18章的主题。

熵和能量

热量是随机的混沌运动的能量，熵是隐藏着的微观信息的数量。现在考虑一壶水，将它降到最可能低的温度，即绝对零度，在此温度下每个分子都被固定在冰晶上，它们的位置丝毫没有模糊性。事实上，即使在没有显微镜的情况下，任何了解冰晶理论的人，都可以准确地说出每个原子的位置。没有任何隐藏的信息，能量、温度和熵都为零。

117　现在加一点儿热量来使冰升温。分子开始晃动，但只是轻微地摇晃。少量的信息丢失了；如果只有一点儿，那么我们丢失的细节也是一点儿。我们可能错误地将它与另外一些位形相混淆。因此，这点热量使熵增加了，当加入更多的能量时，情况将变得更为糟糕。晶体开始接近熔点，分子之间开始相对滑行。记录细节瞬间被禁止了，换句话说，当能量增加时，熵也增加了。

能量和熵不是同一种东西，能量有多种形式，但这些形式之一的热量，独有地与熵联结在一起了。

与热力学第二定律有关的更多东西

热力学第一定律是能量守恒定律：你既不能创造能量，也不能破坏它；你所能做的只是改变它的形式。第二定律更让人感到泄气：无知总是在增加。

设想一个场景，跳水者从跳板跃进一个游泳池中：

势能→动能→热量

他迅速地静止下来，原来的能量转化成水所增加的微小热能（热量）。伴随着这个微小的能量增加，熵也有一个微小的增加。

跳水者想重复表演，但他有点懒惰，不想再一次爬梯子到跳板。他知道能量永远不会消失，那么他为什么不等待着池水中的热量，转化为他的势能呢？能量守恒不会阻止他被弹到跳水板上，而池水却冷了一点儿：跳水的逆过程。不仅他会被弹到板上，而且池水的熵，也会减少，这意味着无知惊人地减少了。

不幸的是，我们这个浑身湿透的朋友，仅能完成了他的前半个热学过程。在后半个过程中，他会了解到我们都已经清楚的东西：*熵总是在增加，熵总是不会减少*。势能、动能、化学能和其他形式的能量的改变总是倾向于产生更多的热量，而不倾向于有序的、非混乱的能量形式。这就是第二定律：世界的熵总是在增加。

118

出于这个原因，一旦汽车刹车，汽车发出了刺耳声停了下来，然而进行刹车并不会使静止汽车运动。地面和空气随机的热量，不能转化成交通工具的更为有序的动能。它同样是海水的热量，不能被用来解决世界能源问题的原因。总之，有序的能量可以退化为热量，反之则不行。

热量、熵和信息这些实际且实用的概念，与黑洞以及物理学的基础有什么关系呢？答案是一切皆相关。在下一章中，我们将会看到黑洞是隐藏信息的基本储蓄器。事实上，它们是自然界中最为密集的信息储蓄器，这可能是黑洞最好的定义。接下来，让我们来看一下雅各比·贝肯斯坦（Jacob Bekenstein）和史蒂芬·霍金是如何意识到这个重要的事实的吧。

第 8 章
填塞信息

1972年，当我正在西区咖啡馆中和理查德·费曼交谈的时候，一个普林斯顿的研究生雅各比·贝肯斯坦对自己发问：热量、熵、信息与黑洞有什么关系呢？在那时，普林斯顿是世界引力物理的中心。这可能与爱因斯坦生活在那里二十几年有一定的关系，尽管在1972年时，他已经逝世17年了。鼓舞许多才华横溢的年轻物理学家，去学习引力并考虑黑洞问题的是普林斯顿的约翰·惠勒教授，他是现代物理学家中目光最为远大的思想家之一。在那个时期，被惠勒深深影响的许多著名物理学家之中有查尔斯·米什内尔（Charles Misner）、基普·索恩（Kip Thorne）、克劳迪奥·泰特尔鲍姆（Claudio Teitelboim）和雅各比·贝肯斯坦。惠勒早先是费曼的博士论文指导老师，是爱因斯坦的门徒。如同这位伟人本人一样，惠勒认为自然定律的关键在于引力理论。然而与爱因斯坦不同的是，曾经与尼尔斯·玻尔工作过的他，同时也是量子力学的信徒。因此，普林斯顿不仅是引力的中心，同时也是量子引力的中心。

那时，引力理论是理论物理学中的一个相对不出彩的领域，基本粒子物理学家在还原论竞赛中，正向更为精细的结构迈出巨大的一步。原子早已让位于原子核，原子核早已让位于夸克。已发现中微子所扮演的角色，它们是电子的伙伴，像粲夸克这样的新粒子先被假设存在，并在以后的一两年的实验中发现。原子核的放射性最终被掌握了，基本粒子的标准模型即将大功告成。基本粒子物理学家，包括我在内，认为自己有更重要的事情要做，而不值得在引力上面耗费时间。当然，还有诸如史蒂文·温伯格这样的例外，但大多数人认为这个课题意义不大。

回顾以往，这种对引力的蔑视，显然是一种鼠目寸光的观点。是什么原因使得物理学中强有力的领导者们，这些勇敢的先驱者们，对引力没有好奇心呢？答案是，他们认为引力根本不可能如同基本粒子之间的相互作用的方式一样有重要的意义。想象我们有一个开关，允许我们可以关掉原子核和电子之间的电力，因此只剩下引力来使电子在轨道上。当我们翻转开关时，原子会发生什么呢？原子会立即膨胀，因为将它们拉在一起的力减弱了。一个典型的原子会变到多大呢？它比整个可见宇宙大得多！

如果我们剩下电力，而关掉引力，将会发生什么呢？地球将会飞离太阳，但单个原子的改变太小，不会有差异。定量地来说，原子中两个电子之间的引力大约是电力的一百亿亿亿亿亿分之一。[1]

显然不能将基本粒子的世界，与爱因斯坦的引力理论相分离，但惠勒着手探索这个未知海洋时，思维环境正如上述。从表面上来看，惠勒像一个守旧的巨商，其实他是一位活生生的、不可思议的人物，

1. 译者注：原文为 a million billion billion billion billion。在英国 billion 表示万亿，在美国 billion 表示 10 亿。事实上，两个电子之间的电力与引力的相对强度为 1.47×10^{-42}。

他可以轻易地融入美国最保守社团的董事会议室中。事实上，惠勒的政治立场是保守的，冷战远未结束前，他是一个反共人士。然而，在1960 ~ 1970年的前所未有的校园激进主义期间，他也深受学生们的爱戴。克劳迪奥·泰特尔鲍姆现今是最出色的拉丁美洲物理学家，他也是惠勒的学生之一。[1] 泰特尔鲍姆是智利一个著名左翼政治家庭中的后裔，是惠勒的众多弟子之一，随后他出名了。他的家庭在政治上与萨尔瓦多·阿连德（Salvador Allende）联盟；泰特尔鲍姆曾无所畏惧、直言不讳地指责专制的皮诺切特王国。然而，尽管惠勒和泰特尔鲍姆的政见不同，他们却有着非比寻常的友谊，这种友谊是建立在彼此的爱和观点的相互尊重之上。 121

我第一次遇到惠勒是在1961年。那时我是纽约城市学院的一名本科生，有一些非正统的教学记录。我的导师之一哈里·苏达克（Harry Soodak）是一个犹太人、雪茄王、怪癖教授，也是一个左翼分子，和我一样来自工人阶级，他把我带到普林斯顿去见惠勒。尽管我还没有取得本科学位，他希望我能给惠勒留下印象，并收下我做研究生。那时，我是南布朗克斯的一名管道工，我母亲认为我应当穿着正式一些去赴会。对我母亲而言，这意味着我的社会等级和工作服装应当一致。在那些日子中，我在帕罗奥图的管道工服装，和我到斯坦福做演讲时所穿的大致一样。1961年，我的管道工服装与我的父亲以及他所有在南布朗克斯的伙伴们的管道工服装一样，是工装裤、防护上衣和蓝色的法兰绒外套，还有一双沉重的加掌圆头鞋。我同样惹人注目地戴了

---

1. 泰特尔鲍姆的生活中充满了戏剧性的事件。他最著名的一次奇遇大约发生在两年前，那时他发现了他的父亲是阿尔瓦罗·本斯特（Alvaro Bunster），是一个坚定的反法西斯家族中的族长。一个著名的智利新闻报纸的标题是："探索宇宙起源的著名智利物理学家发现了他自己的起源。"因此，泰特尔鲍姆将他的姓氏改为本斯特。

顶值班风帽，防止泥土和尘垢落到我的头上。

当哈里 · 苏达克选中我并驾车前往普林斯顿时，他才恍然大悟。雪茄从他嘴中掉了出来，他让我到楼上去换一根，还告诉我约翰 · 惠勒不是那种家伙。

当我走进这位伟大教授的办公室时，我刹那间明白苏达克的话了。只有一种方式来描述这个欢迎我的人，他像是一个共和党人。我究竟要在大学上层白人的安逸窝里做什么呢？

两个小时后，我完全被迷住了，惠勒热情地描述着他想象的东西：当通过一个巨大的、有力的望远镜观看时，发现空间和时间如何成为一个疯狂的、晃动的量子涨落泡沫世界。他告诉我，物理学中最深奥、最激动人心的问题就是统一爱因斯坦的两个伟大理论，即广义相对论和量子力学。他解释说，只有在普朗克距离上，基本粒子才会呈现出它们的真实本性，这将只与量子几何相关。对一个有抱负的年轻物理学家而言，这个古板的巨商的外貌转变成一个理想的思想家。我想不顾一切地追随他一起进行战斗。

122

惠勒真的像看起来那样保守吗？我并不是真正清楚，然而他绝不是一个过分正经的说教者。有一次惠勒同他的妻子安娜和我，在海滩上的瓦尔帕莱索咖啡馆里喝些饮料，他站起来去散步，说他想通过比基尼式游泳服，来判断谁是南美女孩。那时，他已是80多岁了。

无论如何，我永远不能真正地成为惠勒的男孩之一了，普林斯顿没有录取我。因此我去了康奈尔，那里的物理学相当乏味。许多年之后，我才感受到和1961年那次同样的震撼。

1967年左右，惠勒开始对卡尔·史瓦西在1917年所描述的引力坍缩物体非常感兴趣。那时，它们被称为黑星或暗星。然而这没有抓住此类物体的精髓所在，即它们是空间中的深洞，它们的引力是不可抗拒的事实。惠勒开始称它们为黑洞，起初这个名字一度被美国一流的物理学杂志《物理评论》所排斥。从今天看来，原因是有趣的：黑洞这个术语被认为是诲淫的！[1] 然而惠勒通过编辑部来进行反抗，它们就这样被称为了黑洞。[2]

有趣的是，惠勒的另一个杜撰谚语是“黑洞无毛发”。我不知道《物理评论》是否又一次恼火了，但是这个术语遇到困难了。惠勒不打算激怒刊物的编辑，相反，关于黑洞视界的性质，他提出了一个严肃的问题。他所说的“毛发”是指可观测的特点，可能是凸起或者其他的不规则性。惠勒指出，黑洞的视界如同最光滑的光团一样光滑和无特点；事实上它比光团更为光滑。当通过恒星的坍缩而形成黑洞时，视界很快就成为一个极为规则、无特征的球面。除了它们的质量和旋转速度，任何黑洞都和其他黑洞完全相同，或者黑洞就应该是这样的。

雅各比·贝肯斯坦是一个身材矮小、安静的以色列人，不过他温和的学者风度的外观遮盖了他智力上的胆识。1972年他是在黑洞方

---

1. 译者注：黑洞在英语中原来有黑牢的意思，而在法语中却有很不雅的意思，所以起初为《物理评论》所排斥。
2. 我第一次是从杰出的相对论学家沃纳·伊斯雷尔（Werner Israel）那里听到这个故事的。

面感兴趣的惠勒的研究生之一，他对将来可能通过望远镜看到的天体并不感兴趣。贝肯斯坦的激情所在是物理学的基础——基本原理，他意识到黑洞具有某种深奥的地方，会指示出自然定律。他尤其对黑洞如何符合量子力学和热力学感兴趣，后者曾深深地吸引住爱因斯坦。事实上，贝肯斯坦做物理的风格和爱因斯坦非常相似：他们都是思想实验的大师，用很少的数学，进行许多关于物理原理的深入思考，并将它们应用于想象的（但可能的）物理情形。他们两个都能得出影响深远的结论，深刻地影响着未来的物理学。

这里简单地解释一下贝肯斯坦的问题。想象你自身绕着黑洞运动，你拥有一个装满热气体的容器，它具有大量的熵，接着你把容器抛向黑洞。依照标准的思维方式，容器会简单地消失在视界之后。实际上，熵最终会从可见宇宙中消失。根据流行的观点，无特点的、无毛发的视界不可能隐藏任何信息。那么世界的熵减少了，这与热力学第二定律相矛盾（它指明熵永不减少）。第二定律这样如此深刻的原理，违背它是这么容易的吗？爱因斯坦将会为此而感到惊栗。

贝肯斯坦推测，第二定律如此深深地植根于物理规则中，它不会轻易地被违反。他反而作出了一个极端的新建议：黑洞自身必须具有熵。他认为，当你计及整个宇宙中所有的熵时，像恒星、星际气体、行星大气以及浴缸中的热水所丢失的信息时，你必须使每个黑洞包含一定量的熵。而且黑洞越大，它的熵越大。有了这个想法，贝肯斯坦就可以拯救第二定律了，爱因斯坦会毫无疑问地支持他。

124　下面是贝肯斯坦思考的路径。熵总是与能量联系在一起。熵与某种东西的排列有关，而这些东西在任何情形下都具有能量，即使纸张上的墨汁也是由大量的原子组成的，根据爱因斯坦的说法，它们都有能量，因为质量是能量的一种形式。人们可以说，熵计及了能量比特所有可能的排列方式。

在贝肯斯坦的想象中，将一个容器的热气体投入黑洞时，它增加了黑洞的能量。反过来，这意味着黑洞的质量和尺寸的增加。正如贝肯斯坦所猜想的那样，如果黑洞具有熵，并随着它质量的增加而增加，那么就有了拯救第二定律的机会。黑洞的熵将增加，并足以弥补失去的熵。

按照史蒂芬·霍金的说法，黑洞的熵是如此惊人，以至于他最初忽略它，认为它是谬论。[1] 在解释贝肯斯坦是如何猜想到黑洞熵的公式之前，我先说明为什么它是如此惊人。

熵计及了排列的方法，然而是什么东西的排列呢？如果黑洞与可以想象的光头一样毫无特征，那么还有什么可以计算的呢？按照这个逻辑，黑洞的熵应该为零。约翰·惠勒宣称“黑洞无毛发”，这似乎直接与雅各比·贝肯斯坦的理论相矛盾。

如何调和师生之间的矛盾观点呢？我举出一个例子来帮助你了解。一张印在纸上的各种灰色调图案实际上是由微小的黑白点所组成，假设我们有100万个黑点和100万个白点可以用来使用。一个可能的

1. 你可以在他的著作《时间简史》中阅读到他最初所持的怀疑主义立场。

图案是将一张纸分为两半，或者垂直分或者水平分。我们可以使一半为黑，一半为白，这样做的方法只有4种。不过只有几种排列能使我们看到黑白分明、轮廓清晰的图形。典型的黑白分明图形意味着低的熵。

125

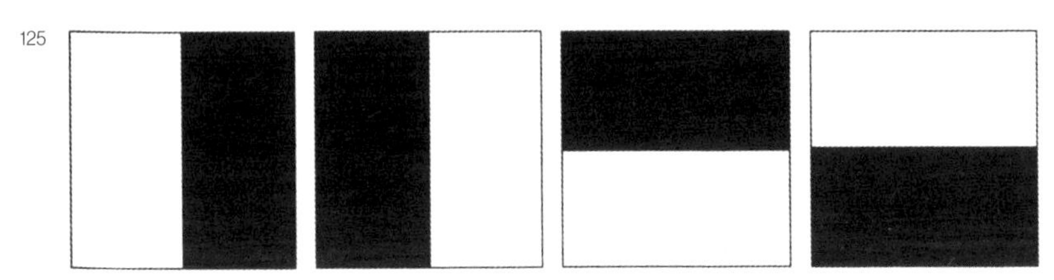

但是，现在让我们去看另外一个极端，在同一个正方形中随机地分配等同数目的黑像素和白像素。我们所看到的是几乎均匀的灰色。如果像素真的很小，所看到的灰色会极为均匀。我们有无穷多的方法来重组黑点和白点，倘若如果没有放大镜，我们就不会注意到它们的差别。在这种情形下，我们看到了高熵常常与均匀的、“无毛的”表面联系在一起。

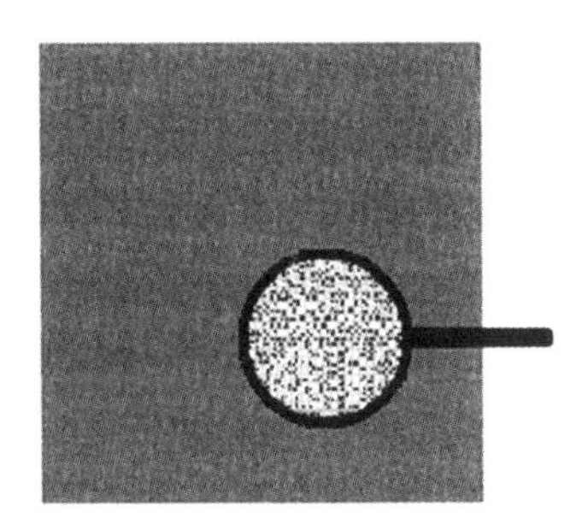

表面均匀性和高熵的组合暗示了某种重要的东西。它意味着，无论什么系统，必须由非常多的微观物体组成，所谓的微观物体应该满足两个条件：（a）太小而看不到；（b）可以用许多不同方式重组，而不改变系统的基本特征。

贝肯斯坦如何计算黑洞的熵

贝肯斯坦注意到黑洞必须有熵，换句话说，尽管它们表面光滑，然而它们拥有隐藏的信息，这是那些简单而深刻的观测之一，它一下子改变了物理学前进的方向。当我着手写这本通俗读物时，我得到了一个重要的忠告，只能保留一个方程：$E=mc^2$。人们告知我，增加 126 任何一个方程，就会少卖出10 000册书。坦率地说，这违背我的经验。人们喜欢被挑战，只不过是不喜爱繁复。经过大量的自我反省后，我打算冒险。贝肯斯坦的论点是如此出奇地简明、优美，使我感觉到如果不在本书中包括它，那将是一种可悲且弱智化的选材方式。然而，我将花费许多心血来解释结果，因此对于尽量少用数学的读者，尽可放心地跳过这几个简单的方程，而不会失去精华。

贝肯斯坦没有直接讨论，一个已知尺寸的黑洞，可以隐藏多少比特的信息。相反，他考虑的是，如果单个比特信息掉入黑洞中，它的尺寸将如何变化。这类似于提出这样的问题，在浴缸中加入一滴水，水位会上升多少。甚至可以问得更好，如果将单个原子加入，水位会上升多少呢？

这引发了另一个问题：如何加入单个比特呢？贝肯斯坦显然不能将印在一张纸上的单个点添加进去。因为点是由大量数目的原子组成的，纸也是一样，点中的信息远比单个比特大得多。最好的策略是添加一个基本粒子。

例如，假定一个光子掉进黑洞之中，连一个光子所携带的信息都超过单个比特。特别地，需要大量的信息才能准确地知道光子进入视界中的位置。贝肯斯坦为此而巧妙地运用了海森伯的不确定性概念。他认为，只要光子不进入黑洞，那么它的位置应该尽可能是不确定的。这样一个在黑洞某处的"不确定的光子"的存在，将会仅仅输运单个比特信息。

我们回忆一下第4章，分辨光束能力的方法莫过于探查它的波长。在如今这一特殊情形下，贝肯斯坦不想在视界处来分辨一个点，他想让它尽可能地模糊。技巧就是利用一个长波光子，它延展到整个视界。换句话说，如果视界是史瓦西半径R_s，那么光子大致应该有如此相同的波长。至于更长波长的光子并非更好的选择，因为它们会从黑洞上反弹，而不会被捕获。

127　贝肯斯坦认为，将额外的比特加入到黑洞中会让它有微小的增长，这类似于在气球上增加一个橡皮分子会增大它的尺寸一样。但是计算增长需要一些中间步骤，我首先概要地说明它们。

1.首先，我们需要知道当加入单个比特信息时，黑洞的能量增加多少。当然，这个数目等于携带单个比特信息的光子的能量。因此，确定光子能量是第一步。

2.接下来，我们需要确定当额外的单个比特加入到黑洞中时，黑洞质量的变化。为了完成此事，我们回忆爱因斯坦最著名的方程：

$$E=mc^2$$

不过我们倒过来使用它，即用增加的能量来计算质量的变化。

3.一旦质量的改变为已知，我们就可以利用拉普拉斯和史瓦西计算出来的同一个公式来计算史瓦西半径的改变（见第2章）。

$$R_s=2MG/c^2$$

4.最后，我们必须确定视界面积的增加。为此，我们需要利用球面的面积公式

$$\text{视界面积}=4\pi R_s^2$$

我们从单个比特的光子的能量开始。正如我早先所说明的，光子应该有足够长的波长，以至于它在黑洞内部位置是不确定的。这就意味着波长应为R_s，根据爱因斯坦的理论，波长为R_s的光子的能量由下式给出：[1]

$$E=hc/R_s$$

在这个公式中，h是普朗克常数，c是光速。结论是，落入黑洞中的单个比特的信息会使黑洞的能量增加hc/R_s。

接下来的一步是计算黑洞质量的改变。为了将能量转化为质量，

1. 波长为R_s的光子的频率是c/R_s。利用爱因斯坦普朗克公式$E=hf$，则有光子能量是hc/R_s。

你需要除以 c^2，这意味着黑洞质量的增加量为 $h/R_s c$。

$$质量的改变=h/R_s c$$

我们插入一些数，来看单个比特信息会使具有太阳质量的黑洞的质量增加多少。[1]

普朗克常数 h	6.6×10^{-34}
黑洞的史瓦西半径	3000米（=2英里）
光速 c	3×10^8
牛顿常数 G	6.7×10^{-11}

因此，将单个比特信息加入到一个具有太阳质量的黑洞中，会使它的质量有一个极小的变化：

$$质量的增加=10^{-45}千克$$

上式表明，增加量惊人地小却“不是空门”。[2]

我们进入到第三步，利用质量和半径之间的关系来计算 R_s 的改变。用代数符号来表示，答案如下：

---

1. 译者注：鉴于本书作为一本大众读物，所以常常不写出自然常数的单位。事实上，h=6.6261 × 10^{-27} 厘米^2 · 克 · 秒$^{-1}$，c=2.9979 × 10^{-10} 厘米 · 秒$^{-1}$，G=6.6720 × 10^{-8}厘米^3 · 克$^{-1}$ · 秒$^{-2}$，以及太阳的质量 M=1.989 × 10^{33}克。从上述数据很容易算出 R_s=2953米。

2. 译者注：原文为“That ain't nothing”，其中ain't 意为粗话的is not，原为教育程度不高的人所用之语。作者诙谐地运用了这句粗话，诚然与他青年时代的“管道工”情结有关。

$$R_s\text{的增加}=2hG/(R_s c^3)$$

对具有太阳质量的黑洞而言，R_s大约是3000米。如果我们代入所有数值，将会发现半径增长为10^{-72}米。这不仅远小于原子的尺寸，而且远小于普朗克长度（10^{-35}米）。你可能会对这个如此小的改变而感到惊讶，为什么我们要费事计算它呢？然而我们一旦忽略它，就会发生错误。

最后一步是计算出视界面积的改变量。视界面积的增加大约是10^{-70}平方米。这非常小，但又一次“不是空门”。它不仅不是一个空门，而且是某种非常特殊的事物：10^{-70}平方米恰好等于1平方普朗克单位。

129

这是一个意外吗？如果我们尝试用具有地球质量的黑洞（越橘般大小的黑洞），或者比太阳重10倍质量的黑洞，会发生什么呢？或者用数值，或者用方程，尝试计算它。无论黑洞原来的尺寸大小是什么，我们总能得到下面的规则：

加入1比特信息所导致的任何黑洞的视界面积的增加为1普朗克面积单位或者为1平方普朗克单位。

无论如何，藏身于量子力学和广义相对论原理中的不可分割的比特信息与普朗克尺寸的面积之间有着神秘的联系。

当我在物理课上向斯坦福医学预科班的学生讲述上面内容时，房间后面的某个人发出了一声长而低沉的口哨声，接着说："酷呜儿。"[1] 它的确酷，然而它同时也深刻，很可能是解决量子引力难题的关键。

现在我们想象一点一点地构建黑洞，正如你可能一个原子一个原子地填充浴缸一样。每次你增加单个比特的信息，视界面积增加一个普朗克单位。当黑洞形成时，视界面积等于隐藏在黑洞之中信息的总比特数。这是贝肯斯坦的伟大功绩，总结在下面这条格言中：

> 以比特来衡量的黑洞熵，正比于以普朗克单位衡量的视界面积。

130 或者，更为简洁地说：

> 信息等于面积。

仿佛视界差不多是被不可压缩的信息密密地覆盖着，几乎与桌布被硬币覆盖的方式相同。将另外一个硬币加入到这一堆硬币之中，会使面积增加一个硬币的面积。比特与硬币，这是同一个原理。

这个图景的唯一问题是，视界上没有硬币。如果有，那么当爱丽丝落入黑洞时，会发现它们。[2] 根据广义相对论，对自由下落的爱丽丝而言，视界是不可见的一去不复返点。她遇到像铺满硬币的桌布之类

1. 译者注：原文是"Cooool"，可见中西学生的教学方式的差异。
2. 译者注：参见本书第4章开始的有关段落。《爱丽丝梦游仙境》是英国数学家、逻辑学家 C·L·道奇森（1832～1898）所著的儿童读物，他以笔名卡罗尔发表。该书是适合儿童纯真情趣的逻辑和数学心智的完美创造物。

的东西的可能性，与爱因斯坦的等效原理直接冲突。

由比特材料密密地堆积在一起的视界，与仅作为一去不复返点的视界表面不一致，这是黑洞战争的宣战原因。

自贝肯斯坦的发现之后，物理学家感到困惑的另一点是：为什么熵正比于视界面积，而不是黑洞内部的体积呢？似乎有很多内部的空间被浪费了。事实上，黑洞看起来像托勒密的图书馆。我们会在第18章中再回到这些问题的讨论，在那里我们将会看到整个世界是一幅全息图。

131

虽然贝肯斯坦有了正确的想法，即黑洞的熵正比于面积，然而他的论证不是非常的精确，这一点他本人也十分清楚。他没有说熵等于以普朗克单位衡量的面积，因为他的计算中存在许多的不确定性，他只能说黑洞的熵大约等于（或正比于）面积。在物理学中，大约是一个难以捉摸的词。它是2倍的面积还是1/4的面积呢？虽然贝肯斯坦的论证是卓越的，但是它不够强到能用来精确地确定比例因子。

在下一章中，我们将看到贝肯斯坦的关于黑洞熵的发现如何引导史蒂芬·霍金得到他的最伟大的洞见：黑洞不仅像贝肯斯坦所推断的那样具有熵，它们同时也具有温度，并非是物理学家所认为的无限冷的、无生机的物体。黑洞由于它的内部温度而闪光，然而这个温度导致了它们最终的灭亡。

第9章 黑 光

132

大都市中冬天的风是最冷酷无情的，它在两座平行的大楼之间的夹道中咆哮，在楼角处旋转着，无情地吹打着不幸的行人。1974年非常恶劣的一天，我在曼哈顿北部结冰的街道上长跑，我的长发中悬挂着几个由汗水形成的冰柱。15英里之后，我筋疲力尽了，但距离我温暖的办公室依然还有2英里。我没带钱包，甚至没有必需的20美分去乘地铁回去。不过吉人自有天相，当我走到达克曼街道附近的马路旁时，一辆汽车在我身边停了下来，奥格·彼得森（Aage Petersen）把他的头贴在车窗上。彼得森是丹麦人中可爱的小精灵，在来到美国之前，他曾经是尼尔斯·玻尔的助手。他热爱量子力学，浑身上下充斥着玻尔哲学的气息。

彼得森在汽车中问我是否正在去贝尔弗学校演讲的路上，丹尼斯·西雅玛（Dennis Sciama）将在那里演讲。我说不是。事实上，我对西雅玛和他的演讲一无所知。相反，我正在考虑到大学自助餐厅喝一碗热汤。彼得森说曾经在英格兰见过西雅玛，他毕业于剑桥，是一个十分幽默的英格兰人[1]，可以联想到许多好笑话。彼得森认为演讲与

---

1. 译者注：原文如此。事实上，西雅玛并非英格兰人，而是埃及犹太人，他出生于曼彻斯特。

黑洞有点关系，是西雅玛的学生所做的某些工作，令整个剑桥为之震惊。我向彼得森许诺我会露面。

133　耶什华大学的自助餐厅不是配我胃口的地方。食物并不糟糕，汤是清净的（我不在意），热的（这很重要），不过学生之间的谈话激怒了我：它总是关于法律的，[1] 不是联邦法、州法或城市法，也不是科学法，而使年轻的耶什华大学的本科生感到愉悦的是，犹太法律中一些吹毛求疵的细节："如果百事可乐是由建立在正规养猪场附近的工厂生产的，那么它是清净的吗？""在工厂建立之前是何种胶合板覆盖的？"诸如此类的东西。但是热汤和寒冷的天气鼓励我磨蹭时间来偷听邻桌学生的谈话，这次谈话的主题是我十分关注的卫生纸！激烈的犹太法典辩论是，有关卫生纸在安息日期间是否可能被装进滚轴，或者你必须直接使用没有装进滚轴上的纸。对于拉比·阿基瓦（Rabbi Akiva）的著作的许多段落，其中一个派系推测伟大人物坚持严格地服从某个特定的法律，禁止重新装进滚轴。另一个派系认为举世无双的拉姆巴姆（Rambam）[2] 在《困惑中的引导》中说得非常清楚，某些特定的任务被这些犹太法令免除，逻辑分析偏爱装进卫生纸是这些任务之一的观点。半小时过后，争论依然激烈。几个新的拉比们以额外的独创性的、几乎数学的观点加入进来，终于使我对这个争论厌倦了。

你可能会想，这和本书的主题，也就是黑洞有什么关系呢？至关重要的是，我在自助餐厅虚度的光阴让我错过了丹尼斯·西雅玛前40

1. 译者注：英语law既对应于汉语的法律，也对应于汉语的定律。
2."Rambam"是拉比·摩西·本·迈蒙（Rabbi Moses Ben Maimon）的别名，他在非犹太人世界中以迈蒙尼德（Maimonides）更为出名。

分钟的精彩演讲。

西雅玛是剑桥大学的天文学和宇宙学教授，剑桥是“最聪明、最杰出”的人在有关引力的深奥难题上检验他们的智力的三个地方之一（与普林斯顿和莫斯科并列）[1]。正如在普林斯顿一样，年轻的智利学生由一个具有超凡魅力的又能鼓舞人心的领袖来引导。西雅玛的男孩是一群才华横溢的年轻物理学家，包括布兰登·卡特（Brandon Carter），他构建了宇宙学中的人择原理；马丁·里斯（Martin Rees）先生是大不列颠的皇家天文学家，他现在担任着埃德蒙·哈雷（Edmond Halley）先生的讲座教授（哈雷以彗星而出名）；菲利普·坎德拉斯（Philip Candelas）如今是牛津大学的劳斯·鲍尔（Rouse Ball）数学教授；大卫·多伊奇（David Deutsch）是量子计算的发明者之一；约翰·巴罗（John Barrow）是剑桥大学一名卓越的天文学家；乔治·埃利斯（George Ellis）是一名众所周知的宇宙学家。噢，对了，还有史蒂芬·霍金，他现在坐在剑桥大学过去属于艾萨克·牛顿的位子上。事实上，在1974年寒冷的那天，西雅玛所报告的正是霍金的工作，不过那时史蒂芬·霍金的名字还没有在我心中占有位置。

134

当我到达西雅玛演讲的地方时，演讲的2/3已经过去了。我刹那间感到很遗憾，后悔没有早一点到。一方面，我不希望再次穿上我的跑步装备，到寒冷的雨夹雪中去。另一方面，天已经黑了，到西雅玛演讲结束时无疑会更冷。不过我不仅仅是因为害怕霜冻，而是希望西雅玛的演讲刚刚开始。正如彼得森所说，西雅玛是一个令人感到愉悦

---

1. 莫斯科伟大的引力中心，是由传奇性的俄罗斯天体物理学家和宇宙学家伊尔库茨克由·泽利多维奇（Yakov B. Zeldovich）所引导的。

的演讲者。笑话确实是杰出的，然而更重要的是，我被黑板上的一个方程给吸引住了。通常情况下，在理论物理演讲结束的时候，黑板上充满了数学符号，但西雅玛很少用方程。当我到达时，黑板上的内容大约如图。在5分钟之内，我已破译了这些符号所代表的含义。事实上，它们都是物理学中常见量的标准符号。虽然我可以断定，它要么非常深刻，要么非常愚蠢。但是我不清楚来龙去脉，这个公式描述的究竟是什么呢？它仅含有自然界中最基本的常数：统领着引力的牛顿常数G位于分母上，它出现在这个位置可真奇怪；光速c表明涉及了狭义相对论；普朗克常数h暗示着量子力学；接下来还有玻尔兹曼常数k。最后那个常数离它该出现的场所实在太远，它究竟在那里做什么呢？玻尔兹曼常数和热量以及熵的微观起源有关，那么热量和熵在量子引力的公式中起什么作用呢？

135

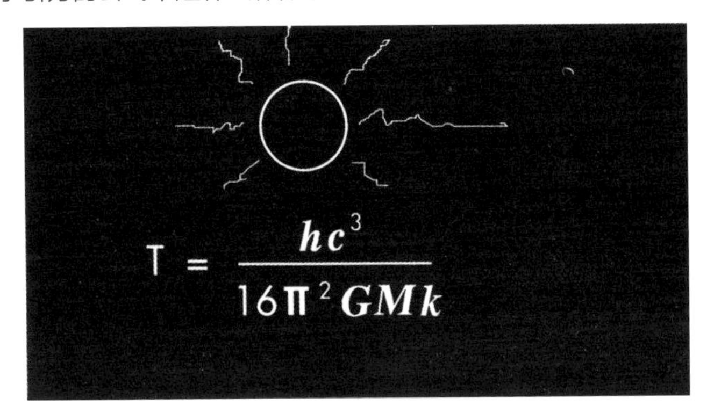

数字16和π^2又是什么呢？它们是数学数字，出现在所有种类的方程之中，不会给出暗示。字母M常常被人用来表示质量，西雅玛的话加强了我对它的意义的印象。几分钟之后，我断定它是黑洞的质量。

很好，黑洞、引力和相对论，这是有意思的，不过再加入量子力学就显得很奇怪。黑洞非常重，和它们的前身（恒星）一样重。然而量子力学却是为小物体：原子、电子和光子准备的。为什么要引入量子力学来讨论像恒星一样重的东西呢？

最令人迷惑的是，方程左边代表温度T，是什么的温度呢？

西雅玛演讲的最后15分钟或20分钟，已足够使我将这些片段连接在一起。西雅玛的一个学生发现了某种非常奇怪的东西：量子力学赋予黑洞以热力学性质，即热量以及伴随着它的温度。黑板上的方程就是黑洞温度的公式。

我想，一颗已耗尽燃料的没有丝毫活力的恒星，居然有一个不同于绝对零度的温度，这是多么奇怪呀！是什么使得西雅玛有如此疯狂的想法呢？

研究这个迷人的公式时，我发现了一个有趣的关系：黑洞的温度反比于它自身的质量。质量越大，温度就越低。如同恒星一样大的一个巨大的天体黑洞，会有微小的温度，比地球上任何实验室中的任何物体都要冷。但真正使我从椅子上跳起来的惊喜是，如果那些微小黑洞存在，那么它们就非常热，比我们想象的任何物体都要热。

136

然而西雅玛给出了一个更大的惊喜：黑洞蒸发。当时的物理学家认为，黑洞如同钻石一样是永恒的。黑洞一旦形成，物理科学中就没有任何机制可以破坏它或消灭它。在空间中，由死亡的恒星形成的黑空区域，将永远持续无限冷、无限安静的状态。

但是，西雅玛告诉我们，就像太阳光下的水滴一样，黑洞会一点一点地蒸发，并且最终会消失。作为他的解释，电磁热辐射搬走了黑洞的质量。

为了说明为什么西雅玛和他的学生会这样思考，我需要给你们补充一些关于热和热辐射的东西。我将回到黑洞，不过现在先离开一下。

热量和温度

热量和温度是物理学中最为人所熟知的概念。我们都有一个内在的温度计和自动调温箱，进化为我们提供了与冷暖密切相关的感觉。

温暖是热量，寒冷是缺乏热量。然而这种称为热量的东西确切的是什么呢？当浴缸中的水变冷时，热水不热的浴缸将缺损了什么呢？如果你通过一个显微镜来观测微小的尘斑或者悬浮在热水中的花粉粒，你会发现微粒就像喝醉酒的水手一样摇摇晃晃。水越热，微粒表现得越激烈。阿尔伯特·爱因斯坦[1] 在1905年首先解释了这个布朗运动，它是快速、有力的分子频繁碰撞微粒的结果。如同其他材料一样，水是由到处运动的分子组成的，它们自身之间、与容器壁，以及与其他外来的杂质之间相互碰撞着。当运动是随机混沌时，我们就称它为热量。对通常物体而言，当你以热量的形式开始增加能量时，将导致分子随机动能的增加。

1. 爱因斯坦在1905年开始了物理学的两大革命，并完成了第三个，新的两个革命当然是狭义相对论和光量子理论。同一年中，爱因斯坦在它有关布朗运动的论文中给出了物质中分子理论的确切证据。物理学家像詹姆斯·克拉克·麦克斯韦和玻尔兹曼早就猜想热量是物质中假设的分子的随机运动，但爱因斯坦首先提供了明确的证据。

当然，温度与热量相关。当做矩齿形运动的分子撞击到你的皮肤上时，它们会刺激你的神经末梢，让你体验到了温度的感觉。单个分子的能量越大，你的神经末梢受到的影响就越强，你就感到越热。你的皮肤仅是许多类型的温度计之一，它可以感觉、记录分子的混沌运动。

因此，粗略地说来，一个物体的温度是它单个分子能量的量度。当物体冷却时，能量被排走了，分子缓慢下来。最终，当越来越多的能量被消除时，分子达到了最可能低的能量状态。如果我们忽略量子力学，此时分子运动完全静止下来。在这种情况下，没有更多的能量被排走，物体处在绝对零度。温度不能比它降得更低了。

黑洞是黑体

大多数物体至少反射一点儿光。朱漆是红色的原因在于它反射红光，更为精确地说，它反射了一定波长的组合，我们的眼睛和大脑认为它是红色的。类似的，蓝漆反射我们认为是蓝色的组合。雪是白色的，因为冰晶表面等同地反射所有的可见光。（雪和镜子般的冰片仅有一个区别，这个区别是雪颗粒状的结构朝各个方向散射光，将镜面反射的像打碎为成千上万个微小的部分。）然而某些表面几乎一点也不反射光。任何落入一个黑铁锅的乌黑表面的光被表层吸收，使外层温度升高，最终使铁自身的温度升高。这些就是我们大脑认为黑的东西。物理学家关于一个完全吸收光的物体的术语是*黑体*。[138]直到西雅玛在纽约（在我的大学里）做演讲时，物理学家一直认为黑洞是黑体。拉普拉斯和米歇尔早在18世纪就想到了这一点，爱因斯坦的史瓦西解则证明了它，当光落入黑洞视界时，它完全被吸收。黑洞视界是所有黑色中最黑的。

然而霍金的发现之前，人们不知道黑洞有温度。如果你在那之前问一个物理学家："黑洞的温度是多少？"最初的回答很可能是"黑洞没有温度"。你可能会回答："胡说八道，任何物体都应该有温度。"这个想法可能会激起答案："是呀，如果黑洞没有热量，那么它一定在绝对零度，也就是最可能低的温度。"事实上，霍金之前的所有物理学家都宣称，黑洞实际上就是黑体，不过是绝对零度的黑体。

现在，说黑体一点都不发出光是不正确的。取一个黑铁锅，将它加热到几百度，它会发出红光，接着是黄光，最终它将有一个明亮的、青白色的外观。

好奇的是，根据物理学家的定义，太阳是一个黑体。你想有多奇怪，太阳远不是你所想象的那样黑。事实上，太阳的表面辐射大量的光，但它*一点也不反射光*。对于物理学家而言，这样就形成了一个黑体。

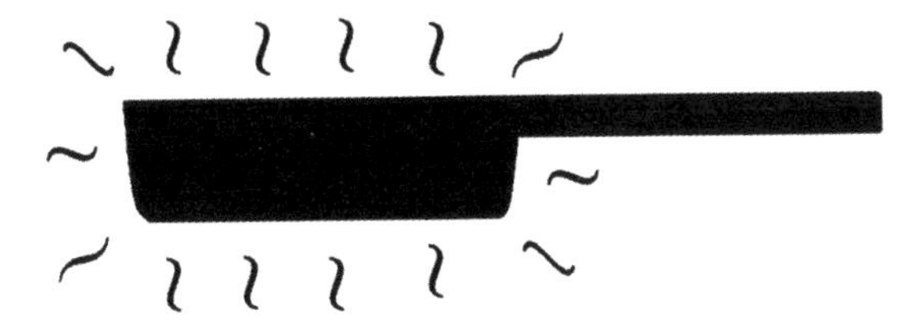

让热铁锅降温，它将发出看不见的红外辐射。甚至一个极冷的物体，只要它们不处于绝对零度，也会辐射出某种电磁波。

139

但是，由黑洞发射出的辐射，绝不能混同于反射光，它是由原子的振动或碰撞所产生的，而且与反射光不同的是，它的颜色依赖于辐射体的温度。西雅玛的解释是怪异的（那时看似有点疯狂）。他说黑洞是黑体，但它们*不是*处于绝对零度。每个黑洞都具有温度，这依赖于它们的质量。有关它的公式就在黑板上。

他以某种最令人吃惊的方式告诉我们另外一件事情。由于黑洞具有热量和温度，因此它必须辐射电磁波，即光子，与一个热的黑铁锅的方式相同。这意味着损失能量，依据爱因斯坦的$E=mc^2$，能量和质量实际上是同样的东西。如果一个黑洞丢失了能量，那么它同样也丢失了质量。

这将我们带到了西雅玛的故事中的最精彩部分。黑洞的尺寸，即它的视界半径，直接正比于他的质量。如果黑洞的质量减少，那么它的尺寸也会减小。因此当黑洞辐射能量时，它将会收缩，直到它的尺寸不大于一个基本粒子为止，那时它已经一去不复返了。用西雅玛的说法，黑洞就像夏天的池水一样蒸发完了。

演讲自始至终，或者说至少我目睹的那一部分，西雅玛想使每个人都明白，他不是这些观点的首创，他总是说“霍金说这个”和“霍金说那个”。然而尽管西雅玛这样说，我在演讲结束时的感觉是，这个不知名的史蒂芬·霍金仅是一个幸运的学生，他恰好在合适的时间和合适的地点赶上了西雅玛的研究项目。有名的物理学家在演讲中慷慨地提到一个杰出学生的名字是一个传统。无论观点是多么鲜明的，还是多么狂热的，我自然而然地认为它们来源于较为资深的物理学家。

那天晚上我被这个假设深深地纠正了。彼得森连同从贝尔弗来的几位物理学工作者和我，陪西雅玛到小意大利城中一家很好的意大利餐馆去吃饭。用晚餐的过程中，西雅玛告诉了我们有关他这个非凡的学生的一切。

事实上，霍金早已不是学生。当西雅玛谈及"他的学生霍金"时，140 就像一个诺贝尔奖得主的父亲谈及他的"宝贝"一样。到1974年为止，霍金成了广义相对论界中的一颗新星。他和罗杰·彭罗斯（Roger Penrose）对这个学科作出了重大的贡献。是我个人的无知，让我认为霍金只是这位大方的论文指导老师的学生。

在享用意大利食物、品尝美酒时，我听到了这个前途无量的年轻天才的惊人的、比小说还离奇的传说，他是在被诊断出有神经疾病后才开始发展起来的。霍金是一个聪明但有些自负的研究生，他感染了卢伽雷氏症。[1] 疾病的进展很快，他在我们吃晚饭的那个时候，就已经完全瘫痪了。虽然霍金无法写方程，也几乎不能与别人交流，他陷入了痛苦的绝境之中，但他同时迸发了这些大放异彩的新思想。预后诊断更为残忍，卢伽雷氏症是残忍的杀手，人人都说霍金几年之后就会死。与此同时，他正在进行疯狂的、愉快的（西雅玛的话）物理革命。

1. 译者注：卢伽雷氏症即肌萎缩性脊髓侧索硬化症。因美国著名棒球运动员卢伽雷（Lou Gehrig）患此症在1941年病故，而得此名。

那时听起来，西雅玛描述霍金在面对逆境时的勇气似乎有些夸张。但是在认识霍金近25年之后，我可以说这些话确实是恰如其分。

对我来说，霍金和西雅玛都是未知人物，而且我不清楚蒸发的黑洞是否是一个夸张的故事，一个疯狂的、不成熟的推测，还是名副其实的物理革命。可能当我在听有关卫生纸的犹太法律的时候，我错过了论证的某些重要部分。更有可能的是，西雅玛只是报告了霍金的结论，而没有提供任何专业基础的支撑。毕竟，西雅玛并不是霍金所使用的量子场论中的高等方法方面的专家。正如我早先已说过的，他是几乎不用方程的一个人。

事后看来，我没有将西雅玛的演讲，与两年前我和费曼在西区咖啡馆的简短谈话联系起来，这才是令人感到奇怪的。费曼和我也推测黑洞最终可能会如何分解。但是经过许多个月后，我终于将它们联系在一起了。

霍金的论证

141

出于个人的原因，霍金最初不相信雅各比·贝肯斯坦这个不出名的普林斯顿学生所得到的奇怪结论。黑洞怎么会有熵呢？关于隐藏的微观结构的无知，与熵联系在一起，正如前文所述，我们无法知道浴缸中温水的每个水分子的精确位置这一事实，与熵相联系。爱因斯坦的引力理论和史瓦西的黑洞解与微观实体之间毫无联系。此外，我们似乎已知道有关黑洞的一切。爱因斯坦的史瓦西解是唯一的精确解。对于给定的质量和角动量值，有且只有一个黑洞解，这就是惠勒所指的“黑洞无毛发”。依照通常的逻辑，一个独一无二的位形（回忆第7章中完美的宝马车）应该没有熵，贝肯斯坦的熵对霍金来说毫无意义，直到他找到自己的方法来考虑它为止。

对于霍金来说，关键是温度，而不是熵。系统存在熵并不意味着它自动地具有温度。[1] 能量作为第三个量，同样会出现在等式中。能量、熵和温度的联系可追溯到19世纪早期热力学[2]。你可将德国人尼古拉·莱昂纳尔·萨迪·卡诺（Nicolas Leonard Sadi Carnot）称为蒸汽工程师，它研究的热机就是处理能量、熵和温度三者关系的。他对一个非常实际的问题感兴趣：给定的一定量的蒸汽，如何利用它所含的能量，来做最大效率的有用功呢？怎么样才更划算呢？在这种情形下，有用功可能是加速一个火车头，这要求将热能转化为它的动能。

热能是指分子随机运动的杂乱无章的、混沌的能量。相比之下，火车头的动能是大量分子同时步调一致地运动。因此问题是，如何将给定量的混沌能量转化为有序的能量。问题是那时没有人真正明白，无序的能量和有序的能量准确的含义。卡诺首次将熵定义为无序的量度。

142

我是机械工程学的一名本科生时，我第一次接触到熵。我和其他同学对热的分子理论一无所知，而且我可以打赌，我们的教授也不清

1. 想象以多种方式排列而不交换能量的系统，从逻辑上来讲是可能的，但是在真实世界中，永远不存在这样的可能性。
2. 热力学是研究热量的理论。

楚。机械设计专业的101课程是《为机械工程者准备的热力学》，它是如此的令人迷惑，以至于到现在为止尽管我是那个班最好的学生，我都无法理解它。最为糟糕的就是熵的概念。如果给某种东西加热，热量的改变除以温度就是熵。每个人都记了下来，但是没有人能理解它是什么，它对我来说是无法理解的。就像“香肠数目的改变除以洋葱化称为勿三勿四[1] 一样令我费解。

问题的一部分是我无法真正地理解温度。根据我的教授所讲，温度是用温度计测量所得的东西。我可能会问：“是的，但它究竟是什么呢？”我可以相当肯定，他的回答是：“我已经告诉你了，它是你用温度计所量出来的东西。”

用温度来定义熵是本末倒置的。虽然我们能内在地感知温度，但是能量和熵这样抽象的概念是更为基本的。教授首先应该解释说，熵是隐藏信息的量度，它以比特为单位。接着他可以（正确地）继续说：

温度是当你增加一个比特熵时，一个系统的能量增加。[2]

当你加入一个比特熵时，能量改变吗？这正是贝肯斯坦关于黑洞的理解。很显然，贝肯斯坦计算出了黑洞的温度，只是没有意识到。 143

---

1. 译者注：这是一句搞笑的句子，既体现了作者独有的理论家式的诙谐，也表露了他的“管道工”情结。“勿三勿四”的原文为“floggel-weiss”，英语中也没有这个词，floogel疑为fool（奶油拌果子泥）的变体，weiss来源于德语的小牛肉香肠（weisswurst）。句子中的“洋葱化”是作者杜撰的一个英文词“onionization”，动机很可能来源于量子场论中的常用术语正则化（regularization）和重正化（renormalization）。”
2. 严格说来，是温度（从绝对零度算起）乘以玻尔兹曼常数。这个常数不是别的，它仅是一个转化因子，为了给温度选择合适的单位，物理学家通常令它为1。

霍金立刻看出贝肯斯坦所错过的东西，然而黑洞具有温度这个观点，显得是如此的荒谬，以至于霍金的第一反应，是将荒唐的一切，将熵与温度都打发走。可能他有如此反应的部分原因在于黑洞蒸发也显得非常荒谬。我不太清楚是什么促使霍金重新思考它，但他确实这样做了。利用他娴熟的量子场论的数学技巧，以自己的方式证明了黑洞辐射出能量。

*量子场论*这个术语反映了随着爱因斯坦发现光子以来的混乱状态。[1] 一方面，麦克斯韦令人信服地证明了光是电磁场的波状扰动。与其他人一样，他认为空间是某种可以振动的东西，几乎类似于一碗果冻。这种假想的果冻称为发光以太，如同果冻一样，当它被振动所干扰时（在果冻的情形下，用一个振动的音叉来接触它就可以了），波从扰动中传播出来。麦克斯韦想象振动的电荷，干扰了以太，并发射出光波。爱因斯坦的光子造成了长达20多年的混乱，直到保罗·狄拉克将量子力学中强大的数学技巧应用到电磁场的波动振动，才终止了这场混乱。

对霍金来说，量子场论最重要的推论是电磁场“量子晃动”的观点（见第4章），即使没有振动的电荷来干扰它。在一无所有的空间中，电磁场会晃动，以*真空涨落*的形式振动。为什么我们感受不到真空的涨落呢？并不是因为它们非常微弱。事实上，小区域空间中的振动是非常剧烈的。然而，由于真空比其他东西所具有的能量低，因此无法将真空涨落的能量转移到我们的身体中。

---

1. 译者注：按牛津辞典，当量子场不作物理专用名词解释时，quantum为“所需或所欲之量额”，field为“广阔的区域”。

自然界中还存在另外一种非常显著的晃动，热晃动。一壶冷水和一壶热水的区别在哪里呢？你会说，温度。不过这只是用另一种方式 144 说，热水热，冷水冷。真正的区别在于热水中有更多的能量和熵，热水中充满了混乱的、随机运动的分子，这太过于复杂而无法记录。这种运动和量子力学毫无联系，而且也不微弱。将你的手伸入水壶中，你会轻易地感受到热涨落。

由于水分子太小，我们无法看到单个分子的热晃动，但是直接探测到晃动的效应并不难。正如我早先所提到的，悬浮在一杯热水中的花粉粒会做随机的、跳跃的布朗运动，这是由于水中的热量使得水分子随机地撞击花粒，与量子力学毫无联系。当你将手指放入杯中时，同样随机的撞击运动，会刺激你皮肤上的神经末梢，使你感受到水的温暖。你的皮肤和神经从周围热量中吸收了一部分热量。

甚至在没有水、空气或其他物质时，热敏感神经可以被黑体辐射的热振动刺激。在这种情形下，神经通过吸收光子的形式来从周围吸收热量。但是只有当温度高于绝度零度时，这才可能发生。在绝对零度，电场和磁场的量子晃动更为微弱，没有同样明显的效应。

热和量子这两种晃动非常不同，在通常情况下，它们不相互混淆在一起。量子涨落是真空中不可分的一部分，无法将它消除，但热涨落是由于过剩能量而产生的。为什么我们感受不到量子涨落，它们与热涨落的区别究竟在哪里？尽管在一本书中，试图避免复杂的数学而使用任何类比或图像不免会产生它的逻辑缺陷，但这一切仍处于“可解释的边缘”。然而如果你想把握黑洞战争中什么是存亡攸关之处，

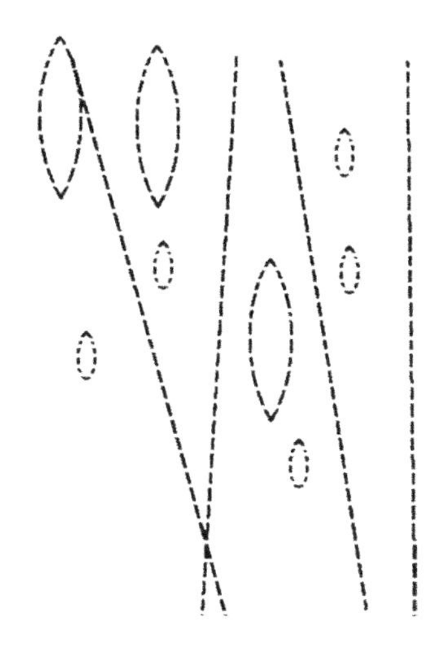

某些解释必定是需要的。只要记住费曼关于解释量子现象的告诫即可。（见第4章的“预测未来”一节）

量子场论以定量化的方式解释了两种涨落。热涨落产生于实光子的出现，它们撞击我们的皮肤并向它转移能量。量子涨落是由于虚光子对所引起的，虚光子对产生之后迅速被真空吸收回去。下面是有关实光子和虚光子对时空的费曼图，垂直的轴为时间，水平的为空间。145 实光子的世界线是没有尽头的虚线，它们的存在表明热和热晃动。但是如果空间处在绝对零度，那么就不存在实光子，仅存在虚光子的微观圈，它们迅速地闪现又不复存在。虚光子对是真空的一部分，也就是我们通常所认为的一无所有的空间，即使在绝对零度也是如此。

在通常情形下，两种晃动之间不会有任何混淆之处。然而黑洞的视界非同寻常，在靠近视界处，两种涨落以任何人都无法预期的方式混合在一起。为了明白它是如何发生的，想象爱丽丝在一个绝对零度的环境（即完美的真空）中自由地落向黑洞。她被虚光子对所包围，却无法看到它们，因为在她身旁没有实光子。

现在考虑徘徊在视界之外的鲍勃。对他而言，事情更加混乱。爱丽丝没有注意到的某些虚光子对，可能一部分处于视界内部，一部分处于视界外部，但是视界后面的粒子和鲍勃不相干。鲍勃看到单个光子，无法认出它属于哪一个虚光子对。信不信由你，这样的一个光子陷于视界外部，而与它成对的伙伴在视界之后，它恰好就如同一个真实的热光子一样，影响到鲍勃和他的皮肤。在靠近视界处，热和量子的分离依赖于观测者：爱丽丝探测到的（或没有探测到的）是量子晃动，鲍勃探测到的是热能。对黑洞而言，热晃动和量子晃动是一个事物的两面。当我们在第20章中了解爱丽丝的飞机时，会回到这一点。

146

霍金利用量子场论的数学计算出，对黑洞的真空涨落的干扰，将导致光子的发射，黑洞的视界就仿佛是一个热的黑体一样，这些光子称为霍金辐射。最有趣的是，如果贝肯斯坦曾作出此类论点的话，那么黑洞辐射的温度，大约就像贝肯斯坦的观点所给出的那样。事实上，霍金比贝肯斯坦走得更远，他的方法是如此的精确，以至于他可以计算出黑洞的精确温度和熵。贝肯斯坦宣称，在普朗克单位下，只有熵正比于视界面积。霍金不再需要使用“正比于”这样的模糊术语，根据他的计算，在普朗克单位下黑洞的熵，精确地等于视界面积的1/4。

霍金所导出的黑洞的温度公式，正是西雅玛在黑板上所写的公式：

$$T = \frac{1}{16\pi^2} \times \frac{c^3 h}{GMk}$$

注意，在霍金的公式中，黑洞的质量出现在分母上。这意味着质量越大，黑洞越冷；相反，质量越小，黑洞越热。

我们对一个黑洞来具体应用这个公式。下面是常数的值。[1]

$$c=3\times10^{8}$$

$$G=6.7\times10^{-11}$$

$$h=7\times10^{-34}$$

$$k=1.4\times10^{-23}$$

我们以一个质量为太阳5倍的恒星为例，它最终坍缩而形成一个黑洞。它的质量用千克表示为：

$$M=10^{31}$$

147 如果将这些数值代入霍金的公式中，我们发现这个黑洞的温度是10^{-8}开。这是一个非常小的温度，大约只比绝对温度高亿分之一度[2]。自然界中没有如此低的温度，恒星之间，甚至是星系之间的空间也比这个温度要高很多。

---

1. 这些数字均以米、秒、千克和开尔文度为单位。在开尔文尺度中，除了温度是从绝对零度算起，而不是从水的冰点温度算起外，测量单位与摄氏尺度相同。通常的室温是300开尔文度。
2. 译者注：原文误为万亿分之一度。

星系中心甚至存在温度更低的黑洞。它是比恒星重10亿倍、大10亿倍的黑洞，同样也要冷10亿倍。但是，我们同样可以仔细分析小得多的黑洞。假定某种大灾难事件侵袭地球。地球的质量大约是恒星质量的百万分之一。最终所形成的黑洞具有了不起的温度，大约为0.01开，这比恒星形成的黑洞的温度高，但依然是令人畏惧地冷，比液氢温度还低，远比固态的氧温度低。我们依样画葫芦地讨论月球质量般的黑洞，可得其温度为1开。

现在来考虑当黑洞发射霍金辐射和蒸发时，究竟发生了什么。由于质量减少使黑洞收缩了，因此导致温度上升了。黑洞迟早会变热。当它的质量为顽石那样大小时，它的温度会上升到100亿亿度。当它的质量为普朗克尺度时，温度会上升到10^{32}度。宇宙中可能存在此种情况的地方和时间，只是在大爆炸开始时期。

霍金的计算表明，黑洞是如何蒸发的，这是才华横溢的杰作。我相信，当它的影响被充分地理解时，物理学家会认识到它是伟大科学革命的起源。准确地了解这个革命将如何进行到底，尚言之过早，但它会触及深层次的东西：空间和时间的本性、基本粒子的意义和宇宙的神秘起源。物理学家们不断地问，霍金能否位于有史以来最伟大的物理学家之列，以及他在等级中的级别。为了回应这些怀疑霍金是伟人的人，我建议他们回过头去阅读他在1975年的论文《由黑洞引起的粒子产生》。

然而无论他有多么伟大，至少在一种情况下，史蒂芬·霍金失去了他的比特的踪迹，这是引起黑洞战争的原因。

黑洞战争

2

奇袭篇

151

第 10 章 寻寻觅觅

按照我的说法，这是不可能的，因此我必须在某些方面声明它是错误的。

——夏洛克·福尔摩斯

根据几篇报载文章，伊拉克战争比第二次世界大战持续的时间还要长。记者们真正所指的是美国卷入第二次世界大战的时间。这个战争开始于1939年，直到1945年才结束。美国人忘记了，当珍珠港被袭击时，战争已经开始3年了。

当我说黑洞战争开始于1981年沃纳·埃哈德家的顶楼时，我可能同样犯了以自我为中心的错误。霍金实际上发起的攻击始于1976年，不过没有作战双方不能称其为战争。虽然进攻在很大程度上被忽略了，但它是对物理学中最令人信服的原理之一的进攻：对于信息永不丢失的定律的一次正面攻击，或者用简略的形式来说，对信息守恒的攻击。由于它对接下来所讨论的问题都至关重要，我们再次复习一下信息守恒定律。

信息是永恒的

信息被破坏是什么意思呢？在经典物理学中，答案是简单的。如果将来丢失了过去的记录，那么信息就被破坏了。令人吃惊的是，即使在决定性定律下，这也可以发生。为了说明这一点，我们回到第4章中所玩的三面硬币。硬币的三面分别被称为字、背和侧，用H、T和F来分别表示它们。在那一章中，我用如下的图来描述两个决定性定律：

152

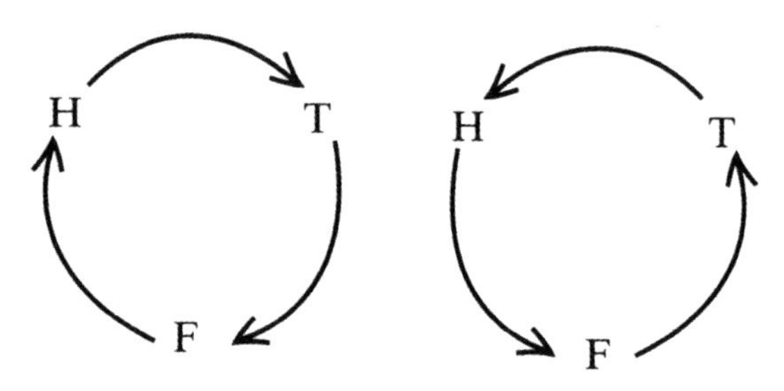

这两个定律都有决定论的性质，无论硬币在哪一个状态下，完全肯定地说出下一个状态和前一个状态是可能的。将它们与另一个图所表示的定律相比较：

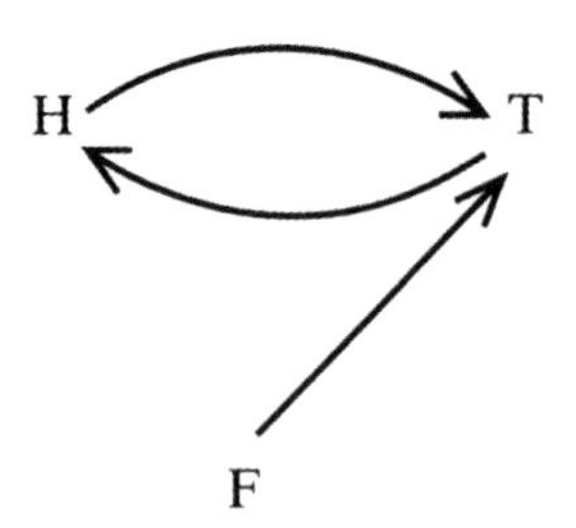

或者用公式

$$H \to T \quad T \to H \quad F \to T$$

用文字来说：如果在某一时刻硬币是字面，那么下一时刻它就是背面；如果它是背面，那么它将变为字面；而且如果是侧面，那么接下来将是背面。规则是完全决定论性的，无论你在哪里开始，将来永远是定律所呈现的那样。例如，我们假定从 F 开始，随后的历史是完全确定的：FTHTHTHTHT…如果我们从 H 开始，那么历史将是 HTHTHTHTHT…而且如果我们以 T 开始，将是 THTHTHTHTHT…

153

关于这个定律，存在某种古怪之处，但准确地说，古怪在什么地方呢？如同其他决定性的定律一样，将来完全是可以预测的。然而当我们试图确定过去时，事情就弄糟了。假定我们发现硬币处于H状态，我们可以确定前一个状态是T。但我们来进行下一步。有两种状态可以导致T，即H和F，这引发了一个问题：我们从H还是F到达了T呢？我们无法得知，这就是所指的信息丢失，但这在经典物理学中永远不会发生。牛顿定律和麦克斯韦的所基于的数学规则是非常清楚的：每一个状态之后是一个唯一的状态，它前面也是一个唯一的状态。

信息可以丢失的其他方式，是定律中存在一定的随机性。在这种情形下，显然不可能确定将来或过去。

正如我早先解释的，量子力学有它的随机成分，但信息永不丢失有深层次的意义，在第4章中关于光子的讨论，已解释了这一点，不过我们再来做一次，这次用电子撞击一个静止的靶，例如一个重原子核。电子从左侧来，在水平方向上运动。

它与原子核碰撞，然后朝某个不可预测的方向离开。一个好的量子理论家，可以计算出它朝某个特定方向离开的概率，但是他无法预测确定的方向。

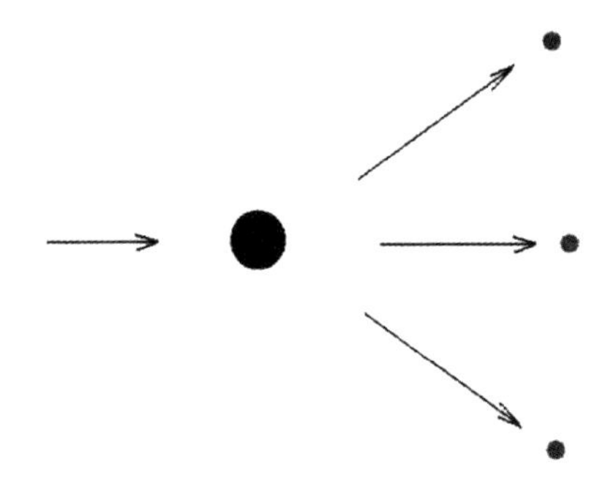

154

关于初始运动的信息是否被保留，我们有两种方法来检验。它们都涉及在反演定律下，使电子做倒过来的运动。

在第一种情形下，在反演定律之前恰好有一个观测者来检查电子在哪里。他可以用许多方式来完成此事，大都用光子来作为探测器。在第二种情形下，观测者不去费事检查；他仅将定律反过来使用即可，而不用任何方式去干涉电子。这两个实验的结果完全不同。在第一种情形下，自电子反向运动之后，它的最终位置是随机的，朝一个不确定的方向运动。在第二种情形下，当没有任何检测时，电子最终总是沿着水平的反方向。实验开始后，当观测者第一次观看电子时，除反向外，发现它和原来的运动完全相同。似乎只有当我们积极地干涉电子时，信息才会丢失。在量子力学中，只要我们不干涉系统，它们所携带的信息是不可破坏的，正如在经典物理学中一样。

霍金攻击

1981年那天，在圣弗朗西斯科，要寻找两个比赫拉德·特霍夫特和我的表情更为愠怒的人，是十分困难的。在富兰克林街道沃纳·埃哈德顶楼中，我们内心最深处的信仰，遭到了直接的攻击，战争正式开始了。霍金是一个勇敢的人，一个富有冒险精神的人，是一个拥有所有重型武器的破坏者，天使与恶魔般的微笑表明他知道战争正式开始了。

攻击绝不是针对个人的。闪电战的目的在于物理学的支柱：信息不灭。信息在被认出之前总是混乱的，但是霍金宣称落入黑洞之中的信息永久地消失在外部世界中。他在黑板上画了一个图来证明它。

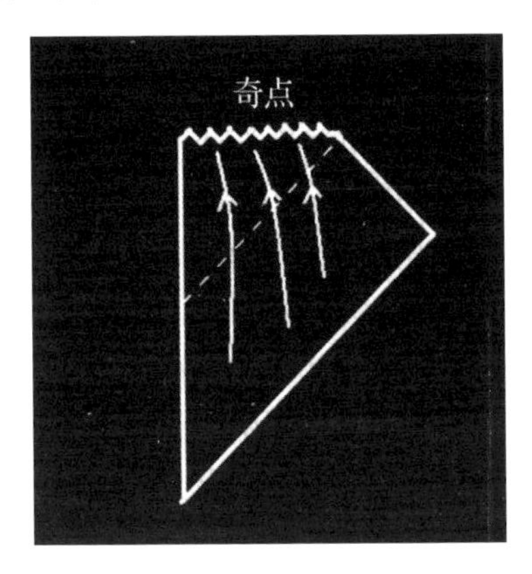

才华横溢的罗杰·彭罗斯在自学时空几何过程中，他创造了一种在一块黑板上或一张纸上，来形象化表示整个时空的方法。即使时空是无限的，彭罗斯也会通过一种巧妙的数学方法，将它扭曲、挤压到一个有限的区域。沃纳·埃哈德公寓的黑板上所画的彭罗斯图表明，

155

信息比特掉入黑洞视界之中。视界用一条对角虚线来表示，一旦有一个比特信息越过此线，如果不超过光速它就无法逃逸。这个图表明任何这样的比特注定会撞到奇点。

彭罗斯图对理论物理学家而言是不可缺少的工具，但需要经过一些训练才能理解它，下面是一个我们较为熟悉的图，它表示同一个黑洞。

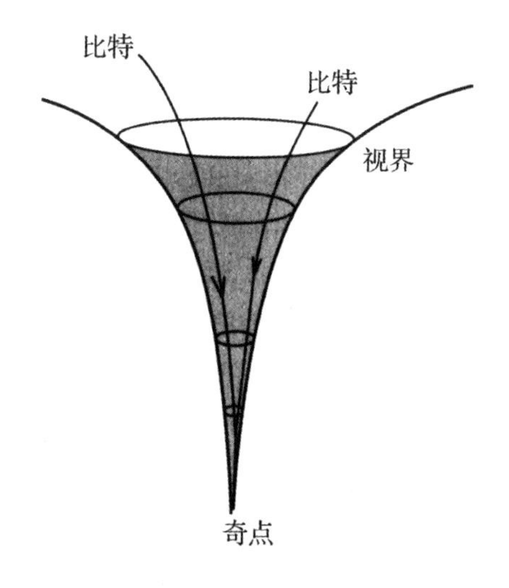

霍金的观点是非常简单的。落入黑洞的比特信息，就像第2章中提到的无意间经过一去不复返点的蝌蚪所隐喻的那样，一旦这个比特经过视界，它将永远不会返回外部世界。 156

并不是信息可能丢失在视界之后，这个事实深深地打扰了特霍夫特和我。落入黑洞中的信息，莫过于将它紧紧地锁在一个密封的地下室中。然而某种更为危险的东西是这里的游戏，在地下室中隐藏信息的可能性几乎是警告的起因，但是如果门被关上了，那么地下室就在你眼睛前面蒸发光？这正是霍金预言黑洞所发生的情况。

到1981年，我已经找到黑洞蒸发与1972年我与理查德·费曼在西区咖啡馆中的谈话之间的联系。黑洞最终会分解为基本粒子的观点，一点儿也不使我感到困扰。但是霍金宣称的观点让我感到怀疑：当黑洞蒸发时，被捕获的信息从我们的宇宙中消失了。信息并不是“持球跑进”[1]，它被不可逆地、永久地封闭了。

霍金在量子力学的坟墓上兴奋地舞动着，而特霍夫特和我则陷入了完全的混乱之中。对我们而言，这样的观点将物理学的所有定律都置身于危险之中。似乎广义相对论和量子力学规则的结合，会导致火车失事。

157

1. 译者注：原文为scramble，是scrabble与ramp的缩写词，为美式足球的术语，指枢纽前卫在传球掩护被攻破后的持球跑进。该词惟妙惟肖地描述了前卫（蒸发）应持球（信息）跑进。请读者也务必记住“持球跑进”这个词，书中将反复出现。

我不知道特霍夫特在沃纳·埃哈德顶楼中见到霍金之前，是否曾经听说过霍金极端的观点，但我是第一次听说。即便如此，那时这个观点并不新奇。几年前，霍金曾在一篇发表的论文中阐述了他的论点，仔细地完成了他的作业。他已经考虑了，我可以想得到的摆脱他的“信息佯谬”所有方法，并阐述了他的对策。我们在这里讨论一下其中的4个。

对策1：黑洞实际上并不蒸发

对大多数物理学家而言，黑洞蒸发的结论会让他们大吃一惊。但是，关于黑洞蒸发的论证，虽然是专业的，却极为令人信服。通过研究视界邻近处的量子涨落，霍金和比尔·温鲁（Bill Unruh）证明了黑洞具有温度，并且与任何其他热的物体一样，必须进行热辐射（黑体辐射）。偶尔，某篇物理论文会宣称黑洞不蒸发，但这些论文迅速地消失在边缘观点的巨大的废品旧货栈之中。

对策2：黑洞留下了残余物

虽然黑洞蒸发似乎是可靠的，然而当蒸发时，它们变得比原来热了，小了。在某一时刻，蒸发的黑洞会变得如此之热，以至于它们会发射有着很高能量的粒子。在最终的迸发中，发射粒子的能量，远超过任何我们所知道的粒子。我们对这最后的关头所知甚少。当到达普朗克质量（一粒灰尘的质量）时，黑洞可能会停止蒸发。在这个时刻，黑洞的半径是普朗克长度，没有人能够确定接下来将要发生什么。存在黑洞停止蒸发的逻辑可能性，留下的剩余物是一个微型的信息地下室，所有被捕获的信息都在其中。根据这种想法，任何曾经落入黑洞的信息，都会留在这个紧紧密封的微不足道的小箱子中。微小的普朗克尺寸的剩余物，有一个非常奇怪的性质：它是一个极其微小的粒子，其中可以隐藏任意多的信息。

158　虽然这个剩余物的观点，是信息毁灭的一个著名的替代物（事实上，它比正确的观点还有名），但是它对我丝毫没有吸引力。它似乎勉强能避免这个问题，然而这不仅是一个口味的问题。可以隐藏在无穷量的信息之中的粒子有着无穷的熵。这个有着无穷熵的粒子的存在是热力学的一个灾难：由于热涨落而产生的灾难，热涨落会吸尽任何系统的热量。照我的观点来看，剩余物这个想法没有被认真地对待。

对策3：婴儿宇宙诞生了

我偶尔会收到这样的电子邮件信息，它们总是这样开始："我不是一个科学家，我对物理和数学了解得不多，但我认为我找到了你和霍津斯（有时是"霍金斯"，有时是"哈斯金斯"）正在研究的问题的答案。"这些信息中所建议的答案几乎总是婴儿宇宙。在黑洞内部深处的某处，空间的一小片分离了，与我们的时空相分离，形成一个微小的、自给自足的宇宙。（我总是将此形象地考虑作为氦气球的远离，并消失。）作者继续论证，所有曾落入黑洞之中的信息都被这个婴儿宇宙给捕获了。这解决了一个问题：熵不会被破坏，它仅仅是飘浮在超空间，或总空间，或元空间，或者婴儿宇宙所去的任何地方。最终，在黑洞蒸发之后，空间的裂缝愈合了，处于分离状态，被搁置的信息变得完全不可观测。

特别是在我们设想婴儿能够长大的情形下，婴儿宇宙可能不是完全可笑的。我们的宇宙正在膨胀，可能每个婴儿宇宙同样也在膨胀，最终长大成为拥有星系、恒星、行星、狗、猫、人和它自己的黑洞的宇宙。可能我们自身的宇宙就是以这种方式起源的。但是，作为关于信息丢失问题的一种解决方法，则意味着它回避了问题的实质。物理是有关观测和实验的学科。如果婴儿宇宙带走了不可观测的信息，那么我们世界的结果将和信息丢失完全一样，信息被破坏的所有不幸结果仍未改变。[1]

对策4：考虑浴缸选择

159

浴缸选择是反对霍金观点之中最不出名的论证。黑洞专家和广义相对论学家忽略它的存在，认为它没有抓住事物的本质。然而，它可能是唯一对我有意义的。想象一滴滴的墨汁落入盛有水的浴缸当中，它携带着信号传达的信息，即滴滴停停，停停滴滴。

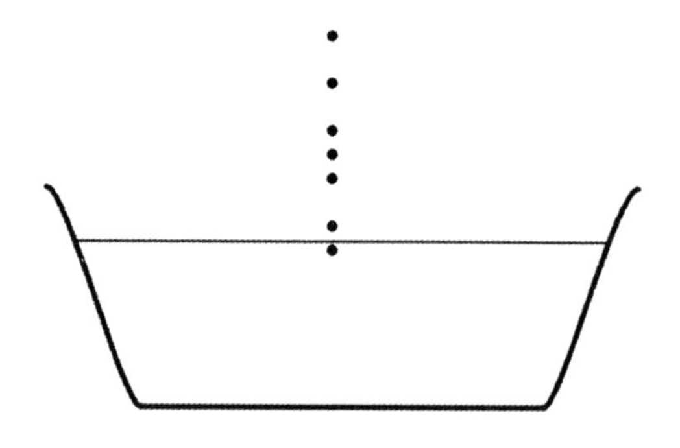

1. 在第1章中，我简单地提到了这些最不幸的结果之一：信息的丢失意味着熵的增加，接着导致了热量的产生。正如班克斯（Banks）、佩斯金（Peskin）和我所说明的，量子涨落会转变为热涨落，这几乎瞬间会将整个世界加热到不可企及的高温。

不久之后，边界清楚的墨滴开始溶解，信息变得越来越难读，水中出现墨的云霭。

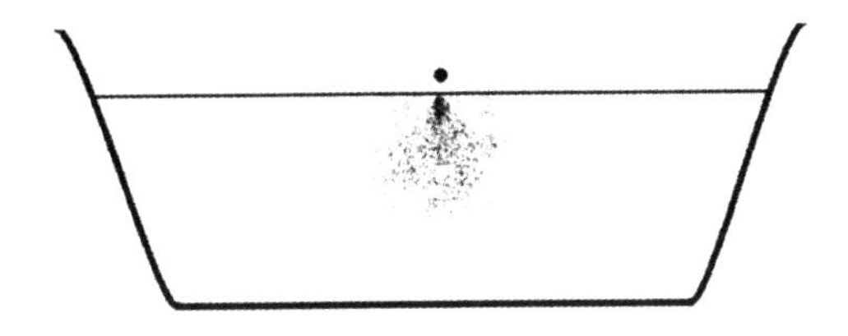

几个小时之后，所剩下的是一缸均匀的、浅灰色的水。

160

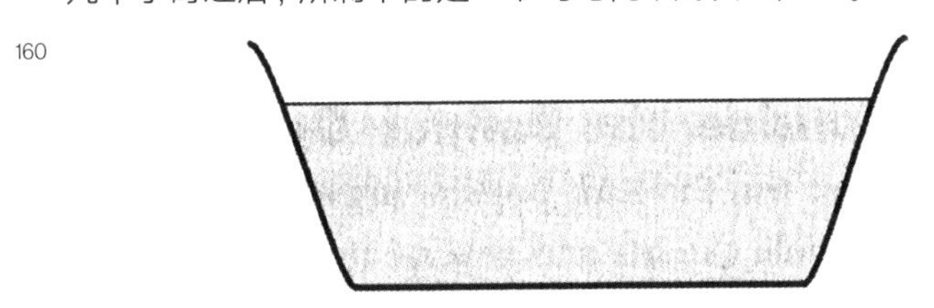

虽然从实践的观点来看，信号的信息毋庸置疑地被分子"持球跑进"了，不过量子力学的原理确保它仍然在巨大数目的混沌运动的分子之中。但是不久液体开始从浴缸中蒸发，一个接着一个分子逃逸到真空中去，墨汁连同水都离开了，浴缸中干干净净的，什么也没有剩下。信息丢失了，然而它被破坏了吗？虽然尚未找到任何重新发现它

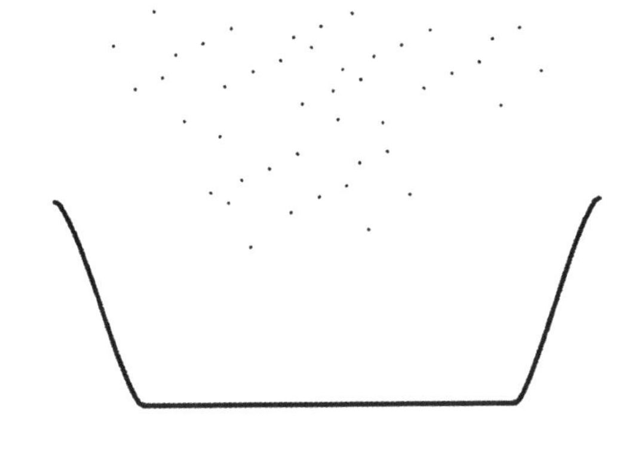

的实际方案，但它是被“持球跑进”的，而不是被清除了。显然发生了下面的事情：它被蒸发的产物给带走了，而蒸汽分子云则逃逸到空间中去了。

我们现在回到黑洞，当黑洞蒸发时，原先落入黑洞之中的信息出了什么状况呢？如果黑洞是像浴缸一样的东西，那么答案是相同的：每一个比特的信息都会转换到光子和其他基本粒子，它们带走了黑洞的能量。换句话说，信息被存储在组成霍金辐射的多个粒子中。特霍夫特和我很确定这是正确的，然而实际上，所有熟悉黑洞的其他人都不相信我们。

这里有另外一种方法来理解霍金的信息佯谬。我们不是让黑洞消失，相反的是，我们以合适的速率不停地往其中加入新的东西，例如计算机、书籍和压缩盘，以此来防止它收缩。换句话说，我们给黑洞重新提供了无穷无尽的信息流来防止它变小。按照霍金的说法，即使黑洞不增大（当它被喂养时，它会蒸发），信息也会被吞掉，这似乎没有尽头。

161

这一切都让我想起了我儿童时代最喜欢的马戏表演。我喜欢小丑远胜过其他演员，而且在所有的小丑表演中，最吸引我的是小丑的汽车戏法。我不清楚他们是如何做的，不过非常多的小丑能挤到一辆非常小的汽车中。但是，如果无穷多的小丑只是不停地爬进汽车中，而没有一个爬出来，会怎么样呢？这不会永无止境地进行下去，对吗？任何汽车的小丑容量都是有限的，一旦容量达到饱和，某些东西，可能是小丑，也可能是香肠，必须开始掉出来。

信息像小丑一样，黑洞就像装着小丑的汽车。一个给定尺寸的黑洞的比特容量有它的最大限度，现在你会想到这个极限就是黑洞的熵。如果黑洞和其他物体一样，那么一旦超过它的负载容量，或者黑洞必须变大，或者信息必须从中渗出。但是，如果视界确实是一去不复返点，那么它如何能渗出来呢？

是不是霍金太过愚昧，以至于他没有看到霍金辐射包含有隐藏的信息呢？当然不是。尽管霍金很年轻，但关于黑洞的知识，他至少不比其他人知道得少，至少远比我多。他非常深入地思考了选择浴缸的可能，并有强有力的理由去舍弃它。

史瓦西黑洞的几何学，直到20世纪70年代中期才完全被理解。熟悉这个学科的任何人都会看到视界是一去不复返点。正如同在排水孔类比中一样，爱因斯坦的理论预言，任何不小心穿过视界的人都不会注意到任何特殊之处，视界是一个数学曲面，它不含有任何物理实在。

在相对论学家的心灵深处，被反复灌输的两个重要事实如下：

· 视界处不存在阻止任何物体进入黑洞内部的障碍。

· 任何事物，包括光子在内的任何类型的信号都不能从视界后面返回。如能返回，信号必须超过光速，而根据爱因斯坦的理论，这是不可能的。

为了将这一点说清楚，我们回到第2章中那个无穷大的湖，以及 162 它中心处危险的排水孔。想象在此湖下游漂浮的一个比特信息。只要它没有穿过一去不复返点，就可以被找回。但是，一去不复返点处没有任何警告，这个比特会漂过那一点。一旦它这样做了，如果不超过速度的极限，那么它就无法返回，这个比特就永远地丢失了。

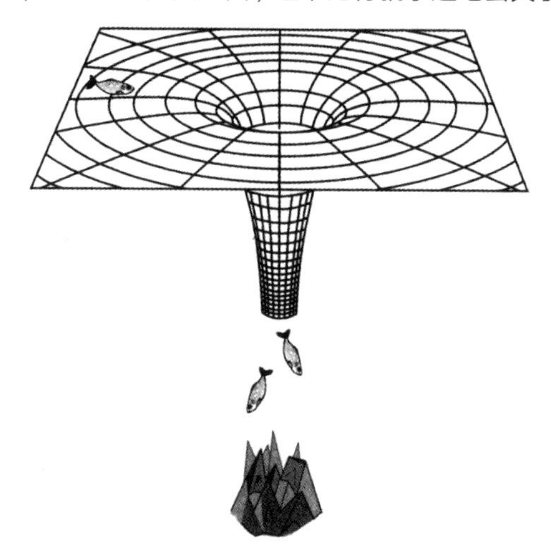

在广义相对论中，关于黑洞视界的数学形式是极为清晰的。它们只是没有标记的一去不复返点，对下落的物体不形成障碍。

这是已经深深根植于所有理论物理学家观念中的逻辑。正是出于这个原因，霍金确定信息不仅会穿过视界，而且会在外部世界中永久地丢失。因此，当霍金发现黑洞蒸发时，他推断信息不会通过辐射逃离出去。

我怀着不愉快的心情离开了沃纳·埃哈德家。圣弗朗西斯科的天气很冷，而我所穿的只是一件薄夹克。我不记得把车停在了何处。我对我的同事极为恼怒，在离开之前，我试图和他们讨论霍金的观点，对他们缺乏好奇和关心的表情感到惊讶。这群人主要包括基本粒子物理学家，他们对引力没有太大的兴趣。罗马被烧毁了，匈奴人在门口了，然而没有人注意到。

163

当我开车回家时，汽车的挡风玻璃上结了霜，101路线上的交通非常拥堵，车反复地停顿下来。我还是不能将霍金的观点，从我的头脑中摆脱出来。失控的交通加上霜，我草草地在汽车的挡风玻璃上画下了几个图形，还有一两个方程，但是我找不到任何出路。或者信息丢失了，物理学的基本规则需要完全地重建；或者爱因斯坦的引力理论在黑洞视界附近处存在某种基本的错误。

特霍夫特是如何看待这些事情的呢？他对霍金的观点的抵抗是非常明确的，我认为他立场鲜明。我会在下一章中解释特霍夫特的观点，但首先我将解释S矩阵的含义，这是他最强有力的武器。

第 11 章 荷兰的抵抗运动[1]

164

让我们着眼于长远的历史，不是我们自己的历史，而是另一个太阳系的历史，居于中心处的恒星比太阳重10倍。它并非一直都是太阳系；刚开始时，它是一团巨大的气体云，主要成分是氢原子和氦原子，但同样还有元素周期表中其他一些元素。另外，还存在某些自由电子和自由离子。换句话说，开始时它是一团极为弥散的粒子云。

接下来，引力开始起作用。这团粒子云在它自身的重量下，开始靠近，它收缩了，而且由于这个缘故，引力势能转变成动能。粒子开始以极大的速度运动，然而它们之间的空间距离开始减小。当粒子云收缩时，它同时变热，最终加热到足以自燃，形成恒星。在这个过程中，并不是所有的气体都被恒星所捕获，依旧有一些留在轨道上，凝聚成行星、小行星、彗星和其他残余物。

恒星里的氢耗尽大约需要50亿年，之后它成为红巨星，这个阶段很短暂，可能只有几十万年。最终，在一次剧烈的内爆炸中，它死亡了，形成了黑洞。

1.译者注：原文为Resistance，特指第二次世界大战期间反对德国法西斯的抵抗运动。

接下来，黑洞缓慢地，非常缓慢地辐射它的质量。霍金蒸发侵蚀了它，它的能量以光子和其他粒子的形式被散发出去。经过一段极为165漫长的时间，大约在10^{68}年之后，黑洞在最后一次高能粒子的突发中消失了。在那时刻，行星早已被分解为基本粒子了。

由粒子演化过来，又演化成粒子而去，这是大尺度的历史观。基本粒子的所有碰撞，包括发生在实验室中的碰撞，都以相同的方式开始和结束：粒子接近，粒子退远，在此期间发生了某些事情。那么，即使恒星被暂时地卷入黑洞之中，它长远的历史方式又是什么样的呢，与基本粒子的任何碰撞有根本的不同吗？赫拉德·特霍夫特的观点是：没有不同，而且是解释霍金辐射错误所在的关键。

粒子（原子，以及基本粒子）的碰撞被用一种称为S矩阵的数学方法来描述，这里的S是英文中散射的首个字母。S矩阵是关于碰撞的所有可能输入和输出的一个巨大的表，还有某些可以被加工成概率的量。它不是某本厚书上面的一个表，而是一种数学上的抽象说法。

考虑下述一个问题，一个电子和一个质子沿着水平轴彼此接近对方，它们的速度分别为光速的20%和4%。那么，它们碰撞并最终出现一个电子、一个质子和四个附加的光子的概率是多少呢？S矩阵是关于这样的概率的一个数学表，严格地说是描述了量子碰撞史的概率幅。与我的观点相同的是，特霍夫特也深深地相信恒星的整个演化史，即气体云→太阳系→红巨星→黑洞→霍金辐射，可以用一个S矩阵来描述。

S矩阵最重要的性质之一是它的*可逆性*。为了帮助你理解这个术语的意义，我给出一个非常极端的例子，它是涉及两个“粒子”碰撞的一个思想实验。这些粒子当中一个有些不寻常，它是由大量的钚原子组成，而不是由基本粒子组成。事实上，这个高度危险的粒子是核武器，它有一个非常精巧的扳机，以至于一个电子可以将其引爆。

碰撞中的另外一个粒子是电子。最初进入S矩阵表中的是“炸弹和电子”。那么出来的是什么呢？是大量的碎片，是突然喷发的热原子、中子、光子和中微子气体。当然，真实的S矩阵是极为复杂的。[166] 我们必须详细地列出碎片，连同它们的速度和方向，并给每一个最终的输出分配一个概率幅。一个极其简化的S矩阵版本大致如下图：[1]

输出

		电子、质子和4个光子	****	碎片	更碎的碎片
输入	电子和质子	.002+.321i			
	*				
	*		概率振幅		
	*				
	*				
	*				
	电子和炸弹			.012+.002i	.143

1. 真实的S矩阵有无穷多数目的输入和输出，每一个空格都有一个复数的输入值。

现在我们转向可逆性。S矩阵具有一个称为“有逆”的性质。存在逆是描述信息永远不会丢失这个定律的数学方法。S矩阵的逆，是取消由S矩阵所引起的改变的一个操作。换句话说，它与我早先描述的翻转定律完全相同。S矩阵的逆，使所有从输出到输入的事情都倒过来。你同样可以认为它倒转了所有最终粒子的运动，接着系统倒转过来了，很像倒着放电影。如果你在碰撞之后应用逆（使事情反向），那么碎片会聚集在一起，重新组装成原来的炸弹，包括它所有的高精度电路和精密的机械装置。噢，对了，同样还有原来的电子，现在它正飞离炸弹。换句话说，S矩阵不仅从过去预言了将来，而且允许你通过将来重建过去。S矩阵是一个法则，它确保信息永远不会丢失。

167

然而这个实验是非常困难的。只要一个错误，例如一个干扰的光子，就会破坏这个法则。特别是，在逆转完成之前，你不可以观看，哪怕是其中一个粒子，否则会干涉实验过程。如果你这样做了，那么你得到的不是原来的炸弹，反而是更为随机的碎片。

赫拉德·特霍夫特在S矩阵的旗帜下来进行黑洞战争。他的观点是直接的：一个黑洞的形成以及它随后的蒸发，只是一个非常复杂的粒子碰撞而已，它与实验室中一个电子和一个质子的碰撞的方式没有任何根本的不同。事实上，如果你以惊人的比例去增大碰撞电子和质子的能量，那么碰撞就会产生一个黑洞。气体云的坍缩仅仅是形成黑洞的一种方式。倘若有一个足够大的加速器，仅有两个粒子的碰撞就能产生一个黑洞，不过接着它就蒸发了。

对史蒂芬·霍金而言，S矩阵意味着信息守恒这个事实表明了它关于黑洞历史的描述一定是错误的。他的观点是，气体云，无论它是否是由氢气、氦气或笑气组成，它将落向排水孔，并经过一去不复返点，然后当黑洞蒸发时，它就消失了。原来的气体是否是成团还是均匀，以及它精确地包含有多少粒子，诸如此类的细节都将会永远消失。将最终的粒子逆转，并使所有一切都反向运转，并不能重建原来的输入。按照霍金的观点，最终辐射的反向结果只是无差别的霍金辐射。

如果霍金是正确的，那么整个的三部曲，即粒子→黑洞→霍金辐射，将不能用S矩阵的通常数学来描述。因此霍金发明了一个新的概念来取代它。新的法规有一个额外的随机自由度，它将彻底破坏原来的信息。为了取代S矩阵，霍金发明了“非S矩阵”，他称之为＄矩阵，之后它便以美元矩阵而闻名于世。

如同S矩阵一样，美元矩阵是联系进来的东西和出去的东西的规则。但是，它不是保持初始点本身固有的差异，反而使这些明显的差异变成模糊一片。在黑洞的情形下，无论什么进去，诸如爱丽丝、棒球，还是隔了三天的陈比萨饼，当逆转时，出来的是完全相同的东西。将你的电脑连同它所有文件都扔入黑洞之中，出来的是毫无特性的霍金辐射。如果你逆转这个行动，那么S矩阵将会吐出电脑，然而＄矩阵会渐次发出无特性的霍金辐射。按照霍金的说法，过去所有的记忆都丢失在转瞬即逝的黑洞的中心。 168

这是一个令人沮丧的僵局：特霍夫特说S矩阵，霍金说＄矩阵。霍金的论证清晰而且有说服力，然而特霍夫特对量子力学定律的信仰也是不可动摇的。

可能正如某些人所说的，我和特霍夫特抵抗霍金的观点的原因在于我们是粒子物理学家，而不是相对论学家。几乎粒子物理学的所有方法论都围绕着那个原理：粒子间的碰撞由一个可逆的S矩阵来支配。但是，我不认为是粒子物理学的沙文主义[1]，掩盖了我们反对抛弃这些规则的动机。一旦打开了“信息丢失”之门，不仅仅是黑洞物理学，甚至整个物理学的地狱之门就被打开了。霍金的挑战引发了一包理论炸药。

假如真的是这样，可能现在是做出下述解释的一个大好时机：为什么物理学家相信炸弹爆炸是可逆的。在实验室里来试验肯定是不可能的。但是，假定我们能够俘获所有向外的原子和光子，并使它们反向。如果可以无限精度地完成此事，那么物理定律会导致一个重建的炸弹。然而任何微小的错误，可能是一个光子的丢失，或者甚至是一个光子方向上的错误，结果将是灾难性的。极小的错误可以通过这种方式放大。如果成吉思汗父亲的另一个精子替代原来的精子受孕，那么历史可能会为此而改写。在台球游戏中，台球最初堆在一起的方式或第一次被击方向的极小改变，在经过几次碰撞之后将会放大，导致完全不同的结果。爆炸的炸弹，或高能粒子对的碰撞也是如此：在逆转运动中的微小错误，结果都不会像原来的炸弹或粒子。

169

那么，我们如何确定碎片的完美逆转将会重组原来的炸弹呢？因为我们知道原子物理学中的基本数学定律是可逆的。在极为类似于炸弹的环境下，这些定律以惊人的精度被证实了。炸弹只不过是原子的

1. 译者注：原指极端的、不合理的、过分的爱国主义。如今的含义也囊括其他领域，主要指盲目热爱自己所处的团体，并经常对其他团体怀有恶意与仇恨。

集合体而已。当炸弹被引爆后，追踪10^{27}个原子太过于复杂，但是我们关于原子定律的知识是非常确定的。

但是，当爆炸的炸弹被蒸发的黑洞取代时，是什么来代替原子，又是什么来代替原子物理学的定律呢？虽然特霍夫特关于黑洞视界的本质有许多卓越的洞见，不过关于此问题他也没有明确的答案。噢，他知道取代原子的是组成视界的熵的微观物体。然而它们是什么呢，支配它们运动、组合、分离和重组的精确定律又是什么呢？特霍夫特不清楚。霍金和绝大多数相对论学家简单地忽略了这些微观的基础，他们宣称："热力学第二定律告诉我们物理过程是不可逆的。"

事实上，这不是第二定律正确的表述。第二定律只是说，逆转物理过程是极为困难的，最小的失误也会让你前功尽弃。此外，你必须要知道精确的细节，即微观结构，否则你就会失败。

在这些早年的论战中，我的观点是，正确的是S矩阵，而不是＄矩阵。然而，仅仅说S而非＄，是无法令人信服的。最要紧的事情是发现黑洞熵的神秘的微观起源。首要的是，我们有必要理解霍金论点的错误所在。

170

第 12 章 意义何在

从来没有人利用霍金辐射来治疗癌症，或者来制造一个更好的蒸汽机。对于存储信息或吞噬敌人的导弹来说，黑洞永远不会是有用的。甚至更糟的是，与基本粒子物理学和星系天文学这两个可能永远没有任何实际应用的学科不同，黑洞蒸发的量子理论甚至可能永远无法导致任何直接的观测或实验。那么，为什么还有人为此而花费自己的时间呢？

在我告诉你原因之前，首先请允许我来解释，为什么霍金辐射不可能被观测到。假定将来我们可以离一个黑洞足够近，来详详细细地观测它。尽管那样，我们依然没有机会来观测到它的蒸发，原因非常简单：不存在正在蒸发的黑洞。恰恰相反的是，它们都是在吸收能量而增长，即使最孤立的黑洞也被热量所环绕。虽然星系空间中最空荡的区域是寒冷的，但是仍然要比具有恒星质量的黑洞温暖得多。空间被大爆炸之后剩余的黑体辐射（光子）所充满。宇宙中最寒冷的区域的温度为3开，而最温暖的黑洞温度只是它的亿分之一。

热量（即热能）总是从高温物体流到低温物体，永远不会是其他方式，因此温度较高的空间区域的辐射会流向温度较低的黑洞。如果空间的温度是绝对零度，那么黑洞会蒸发和收缩；相反的是，现实中的黑洞总是在不断地吸收能量而增长。

空间曾比现在要热得多，而且由于宇宙的膨胀，将来它会更寒冷。最终，在几十亿年之后，它会降到比具有恒星质量的黑洞还要低的温度。一旦如此，黑洞就会开始蒸发。（尽管我们是乐观主义者，但是到了那个时候，黑洞周围还有人类在观测它吗？只有天知道！）此外，蒸发依然将是非常缓慢的，至少需要10^{60}年才能探测到黑洞的质量或尺寸的改变，因此探测到黑洞的收缩是不可能的。最终，即使我们能完全支配世界上所有的时间，[1] 观测霍金辐射中的信息是否被“持球跑进”，依然毫无希望。 171

如果破译霍金辐射中的信息是如此彻底无望，而且没有任何实际的理由来这样做，那么为什么这个问题吸引了如此众多的物理学家呢？在某种意义上，答案是非常自私的：我们这样做的目的，是为了满足我们自己关于宇宙的运作方式，以及物理定律如何组成一个共同体的好奇心。

事实是，物理学大多是按照这个范式前进的。有时，实际问题导致了深刻的科学进步。萨迪·卡诺是一位蒸汽机工程师，当他试图构造一个更好的蒸汽机时，他使物理学发生了革命。但是，通常情况下，是纯粹的好奇心导致了物理学中伟大的范式改变。好奇心就像心痒一

---

1. 译者注：自我们的宇宙诞生以来，大约已经历了137亿年。按照某些暗能量理论的预言，在大约200多亿年之后，宇宙将会处于大劈裂（Big Rip）状态，那时不可能有智慧生命存在。无论如何，远在这个时刻之前，我们的太阳系就会经历第11章所述的演化过程，人类已不可能在地球上生存。

样，需要常常挠它。而且对物理学家而言，没有什么比佯谬更让人心痒，它反映了我们所了解的众多事情之间的不相容性。不清楚某种东西的运作方式是很糟的，然而发现事情之间的矛盾所在，特别是当基本原理之间不相容时，更是无法忍受的。值得回顾如下几个冲突，看看它们如何使物理学获得更大发展。

古希腊哲学家留下了一个似非而是的传说。关于两个完全分离的世界中的现象：天空的和陆地的，支配着它们的两个不相容的理论相 172 冲突。天空的是指天体，我们称之为天文学。天上的世界是一个好的、干净的和更为理想的世界，有一个理想的、永恒的和精确的时钟。事实上，按照亚里士多德（Aristotle）的说法，天有45个同心晶体球面，每个天体在其中的一个面上运行。

相比之下，支配陆地上的现象的定律被认为是堕落的，没有什么物体会在肮脏的地表上简单地运动。除非一匹马一直拉着一辆沉重的车，它会摇摇晃晃地行进，否则它将慢慢地停下来了。物体总是落向地面，并停在那里。这些支配着四个元素基本的定律是：火升、气旋、水流和土沉。

希腊人只是表面上不喜欢完全不同的两组定律。但是，伽利略（Galileo）发现这种一分为二的方法是无法忍受的，到牛顿时达到了爆发的程度。伽利略的一个简单的思想实验，推翻了存在两组分离的定律的观点。他想象自己站在山顶上扔石块，首先较用力，石块落地处离他的脚几码远；接着更为用力，石块行走了1000英里后才落地；接下来继续更用力，石块行走了地球的整个周长。他意识到，石块会以一个圆形的轨道围绕着地球运动。这引起了一个新的佯谬：如果陆地上的石块能够变为天体，那么支配地上现象的定律，怎么会与支配天上现象的定律截然不同呢？

牛顿是在伽利略去世那一年出生的，他解决了这个难题。他意识到，诸如月球绕地球、地球绕太阳，与苹果从树上下落，这一切运动是由相同的引力定律所支配的。他的运动定律和引力定律是第一种综合的物理定律，它们具有普适性。牛顿知道它们对未来的航空工程师有多么重要吗？他是否关心过此事还真值得怀疑。驱使他的是好奇心，而不是实用性。

接下来的一个非常伟大的心痒，引起路德维希·玻尔兹曼（Ludwig Boltzmann）如此费力地挠它。又是一次原理间的冲突：要求熵永远增加的单向定律，怎么能与牛顿可逆的运动定律共存呢？如果这个世界是由遵守牛顿定律的粒子组成，正如拉普拉斯所相信的那样，那么使它逆向运转应该是可能的。最终，玻尔兹曼解决了这个问题，他首先意识到熵是*隐藏的微观信息*，接着意识到熵并不*总是*增加的。有时，一个不可能的事件发生了。你洗一副随机的纸牌，它呈现完美的编号顺序：红心、方块、梅花、黑桃，这全凭运气。然而熵减少事件是非常罕见的例外。玻尔兹曼说，*熵几乎总是增加*，以此解决了这个佯谬。如今，玻尔兹曼统计版本的熵，是实用信息科学的基石，但是对他而言，熵的难题只是一种令人敬畏的心痒，需要挠它。

有趣的是，在伽利略和玻尔兹曼的例子中，冲突没有被惊人的新实验发现所揭示。在每种情形下，关键都是正确的思想实验。伽利略的扔石头实验和玻尔兹曼的时间反演实验永远不需要去实现，仅思考它们就足够了。然而，最伟大的思想实验大师是阿尔伯特·爱因斯坦。

在20世纪初，两个深刻而烦恼的矛盾折磨着物理学。首要的矛盾是牛顿物理学的原理与麦克斯韦的光理论的原理之间的冲突。我们将相对性原理与爱因斯坦紧密联系在一起，但实际上它可以追溯到牛顿，甚至到牛顿之前的伽利略。它是关于在不同参考系中，观测物理定律的简单陈述。举例来说明它，想象一个马戏表演者，例如一个杂耍球的演员，他乘火车要去下一个城镇。在火车上时，他感到需要练习一下杂耍。由于他从来没有在运动的火车上尝试过，他想："每一次我将球扔向空中，并将它收回时，需要考虑补偿火车的运动吗？让我来试一下，火车在向西运动，因此无论我何时接住球，我最好往东一点儿。"他用一个球来尝试，将它向上抛出后，如果他的手向东抓，球会扑通一声落在地板上。他再一次尝试，这一次减少了向东所做的补偿，又是扑通一声。

现在碰巧的是，火车的质量很高。铁轨是如此的光滑，悬挂的装置是如此的理想，以至于相对乘客而言，火车的运动是无法觉察的。杂耍表演者笑了，自言自语地说："我明白了。在我没有注意到它的时候，火车缓慢下来，然后停止了。直到它再一次开始运动，我可以用通常的方式来练习。我只要回到原来的杂耍定律即可。"这完全说得通。

174

想象一下他向窗外看时的吃惊表情，他发现一个个村庄以每小时90英里的速度向后掠过。他陷入了深深的困惑之中，杂耍表演者让他的小丑朋友（碰巧是处于淡季的哈佛大学的物理学教授）来澄清一下。下面是小丑所说的："根据牛顿力学的原理，只要参考系之间以匀速运动，那么运动定律在所有的参考系中都是相同的，因此，在地面静止参考系中的杂耍定律与做平稳运动的火车上的参考系中的杂耍定律是完全相同的。在列车上，你不可能用任何实验方法来探测到它的运动。只要你朝窗外看一下，就可以判断出火车在相对地面运动，尽管如此，你依然无法判断出是火车在运动，还是地面在运动。所有的运动都是相对的。"杂耍表演者很吃惊，他捡起了球继续练习。

所有的运动都是相对的。轨道车的速度是每小时90英里，地球绕太阳运动的速度是每秒30千米，太阳系绕银河系运动的速度是每秒200千米，只要它们是平稳的，就是无法察觉的。

平稳的？这意味着什么呢？考虑火车启动时的杂耍表演者，由于火车突然向前行驶，不仅球突然向后，而且杂耍表演者本身也可能会跌倒。当火车停止时，或者假设火车来一个急转弯，某种相似的事情也会发生。在这些情形下，杂耍的规则当然需要修正。新的成分是什么呢？答案是*加速度*。

加速度意味着速度的改变。当轨道车向前行驶，或者它突然停止时，速度改变了，加速度产生了。当它转弯时发生了什么呢？可能并不是显而易见，然而速度改变是真实的，不是它的大小，而是它的*方向*。对物理学家而言，速度的任何改变，无论大小还是方向，都称为加速度。因此，相对性原理必须改进：

175 *只要参考系之间在做相对的匀速运动（没有加速度），那么物理定律在所有的参考系中都是相同的。*

大约在爱因斯坦出生之前250年，相对性原理第一次被提出。那么为什么爱因斯坦由此而出名呢？因为他揭露了相对性原理，与物理学中的另外一个原理之间的冲突，我们不妨把它叫做麦克斯韦原理。正如在第2章和第4章中所讨论的，詹姆斯·克拉克·麦克斯韦发现了电磁学的现代理论，它是有关自然界中所有的电力和磁力的理论。麦克斯韦最伟大的发现在于揭示了光内在的神秘本性。他坚决主张，光是由在空间中传播的电磁扰动组成的，就如同波浪在海中传播一样。不过，对我们来说最重要的是，麦克斯韦证明了光总是以完全相同的速度在真空中运动：大约是每秒3000千米[1]。下面就是我们所说的麦克斯韦原理：

无论光是怎样产生的，它总是以相同的速度在真空中运动。

但是，我们现在有了一个问题：两个原理之间存在严重的冲突。爱因斯坦并不是第一个担心相对性原理和麦克斯韦原理之间冲突的人，他只不过把问题看得最清楚。其他人只是被实验数据所困扰，而爱因斯坦作为思想实验的大师，他完全是被发生在自己头脑中的实验所困扰。根据他自己的回忆，他在1895年构造了下面的佯谬。他想象自己乘坐在*以光速运动*的车厢中，以此来观测他旁边在相同方向上运

1. 当光在水或者玻璃中运动时，它运动得稍微慢些。

动的光。他会看到静止的光线吗？

在爱因斯坦的时代，没有直升机，不过我们可以想象他在大海上空盘旋，和波浪以完全相同的速度运动，他看到波浪似乎是静止的。按照同样的方法，16岁的爱因斯坦推断，在轨道车的车厢中（记住，他以光速运动）的乘客将会探测到一个完全静止的光波。不知何[176]种缘故，在那个早年时代，爱因斯坦已对麦克斯韦的理论了解得足够多，他意识到自己所想象的是不可能的：麦克斯韦原理断言所有的光，都以相同的速度运动。如果自然定律在所有的参考系中都是相同的，那么麦克斯韦原理最好适用于运动的火车的情况。麦克斯韦原理和伽利略以及牛顿的相对性原理直接相冲突。

爱因斯坦挠这个心痒达10年之久，直到他发现了出路为止。1905年，他写出了著名的论文《论动体的电动力学》，文中他假定了一个关于空间和时间的全新理论，即狭义相对论。这个新理论彻底地改变了长度和时间的概念，特别是它关于事件同时性的含义。

在爱因斯坦得到狭义相对论的同时，他还在苦苦思考另外一个佯谬。在20世纪初，物理学家对黑体辐射感到非常困惑。回忆一下，我在第9章中解释说，黑体辐射是发光物体所产生的电磁能。想象一个在绝对零度下全空的封闭容器，它的内部是理想的真空。现在，在容器外面将其加热。外壁开始进行黑体辐射，内壁也是一样。容器内壁的辐射到了内部封闭的空间中，使它充满了黑体辐射。不同波长的电磁波，例如红光、蓝光、红外线和谱中所有其他的波长的光不停地跑来跑去，在内壁上反弹。

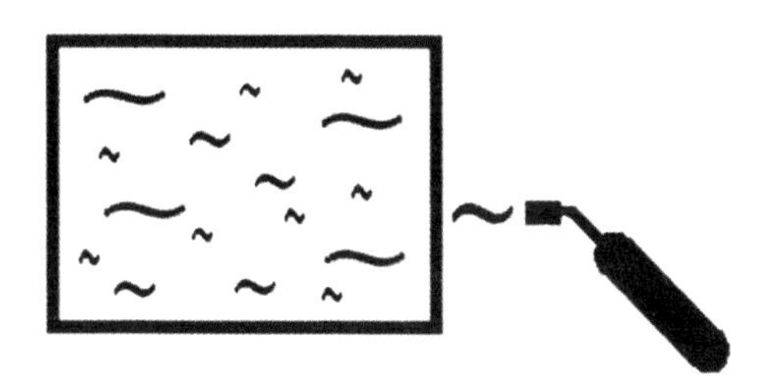

根据经典物理学，每一种波长，不管微波、红外线、红光、橙光、黄光、蓝光和紫外线，都同样应该贡献于能量的总和。不过为什么在这里停止呢？甚至更短的波长，例如X射线、伽马射线和更短的波长，也同样应该贡献于总能量。由于不存在关于最短波长的限制，因此经典物理学预言了，容器中有无穷大的能量，这显然是无稽之谈，因为无穷大能量会使容器瞬间蒸发。然而究竟什么地方发生了错误呢？

177

这个问题的后果是如此的糟糕，以至于在19世纪后期，它以紫外灾难而闻名。问题再一次是由我们所深深信仰的基本原理之间的冲突所引起的，有关原理都非常难以取舍。一方面，在解释诸如衍射、折射、反射和令人印象深刻的干涉这些众所周知的光性质时，波动理论非常成功。没有人准备放弃波动理论，但是另一方面，均分原理指出，每一种波长应该具有相同的能量，它是由热理论的最一般性质所得出的：热量是一种随机运动。

1900年，马克斯·普朗克贡献了一些重要的新思想，接近了摆脱这个困境的方法，然而是爱因斯坦在1905年找到了正确的答案。这个不出名的专利局职员毫不犹豫，做出了一个极为大胆的行动。他指出，光不是麦克斯韦所想象的连续分布的能量，它是由不可分的能量粒子组成，或者称为量子，不久被称为光子。这个年轻人告诉世界上最伟大的科学家们，他们所了解的关于光的知识是错误的，你只能对他十足的自傲感到惊奇。

光由不可分的光子组成，光子的能量正比于它自身的频率，这个假设解决了上面的问题。爱因斯坦将玻尔兹曼的统计力学应用到这些光子，他发现了最短的波长（高频率）比单个光子还要小，小于“一个”，就意味着没有，因此最短的波长不携带能量，紫外灾难不复存在了。然而这并不是讨论的结束。将近30年之后，沃纳·海森伯、埃尔温·薛定谔、保罗·狄拉克才调和了爱因斯坦的光子和麦克斯韦的波，不过爱因斯坦的突破，打开了这扇大门。

广义相对论是爱因斯坦最伟大的杰作，它同样诞生于关于原理间冲突的一个简单的思想实验中。这个思想实验是如此简单，甚至小孩都可以做。它所涉及的是日常的观测：当一列火车从静止出发，进行加速时，乘客被拉向身后的座位，这种感觉很像列车朝天翘起，引力将他向后拉。因此，他问道：我们如何判断一个正在加速的参考系呢？它是相对于什么加速的呢？

178

正如前文中小丑已说过的一样，爱因斯坦的答案是：*我们不能判断*。杂耍表演者说：“什么？你当然可以。你不是刚刚告诉我说你感到被拉向你的座位吗？”小丑答道：“是的，仿佛与有人翘起车厢，引力将你拉回来完全一样。”爱因斯坦意识到了这个想法，认为不可能区分加速和引力效应。乘客无法知道火车是出发开始它的旅行，还是引力将他拉回到自己的座位。由于佯谬和矛盾，从而导致了等效原理的诞生：

> 引力效应和加速效应相互之间是不可区分的。作用在任意物理系统上的引力效应，与加速效应完全相同。

我们一次又一次地发现了相同的范式。冒着可能过分强调这一点的风险，我们可以说，由思想实验所蕴含的深层次原理间的冲突，揭示出物理学中最伟大的进步。就这方面而言，现在与过去没有丝毫的不同。

冲突

我们回到本章开头处所提出的问题：在黑洞蒸发过程中，为什么我们如此关心信息是否守恒的问题呢？

在沃纳·埃哈德家顶楼相见之后的几天乃至几周内，我开始渐渐地明白，史蒂芬·霍金中肯地指出原理间的冲突，这可以与过去最伟大的几个佯谬相匹敌。某种东西与我们关于空间和时间的最基本概念严重地偏离。霍金曾经说过，等效原理显然与量子力学相冲突。这个佯谬可以推翻整个结构，或者矛盾双方之间的调和会带来崭新而深远的进展。

179 对我而言，这个冲突引起了一个难以忍受的心痒，不过它并不是非常具有感染力的。霍金似乎对信息丢失这个结论感到满意，其他一些人似乎并不是非常关注这个佯谬。1981～1993年，在这过去的十多年中，这种自鸣得意使我深感烦恼。我无法理解为什么所有人，尤其是霍金，不明白调和量子力学与相对论原理间的冲突，是我们这一代最重要的问题，这是一个能够赶得上普朗克、爱因斯坦、海森伯和过去其他英雄们的成就的伟大机遇。我感到霍金很笨，他并没有看到自己所提问题的深度。要使霍金和其他人（最主要是霍金）相信关键不是抛弃量子力学，而是调和它与黑洞理论间的矛盾，成为一种使我摆脱不了的想法。

对我来说，这是显而易见的，而且我确信霍金、赫拉德·特霍夫特、约翰·惠勒，以及所有的相对论学家、弦理论家和宇宙学家都认为，在智力上是无法忍受，自然界中存在两个不相容的理论，广义相对论必须与量子力学相容。然而，理论物理学家是喜欢争吵的一群人。[1]

---

1. 最近，我非常惊讶地发现，并不是所有人都同意这个观点。在布雷恩·格林《宇宙的构造》这本书的评论中，弗雷曼·戴森做了一个惊人的宣告："作为一个保守主义者，我不认为将物理学分为大与小的单独的理论，是无法接受的。我很高兴在我们过去所生活的80年中，有不同的理论来描述恒星和行星的经典世界，以及原子和电子的量子世界。"戴森思考的是什么呢？这就像伽利略之前的古代人一样，我们应该接受自然界中存在两个相互之间无法逾越的理论吗？这是保守的，还是反动的呢？对我来说，它只是引起好奇心而已。

180

第 13 章
持久战

我年轻的时候，特别是在聚会或社交集合的时候，人们会问我，生计是什么。实际上，我并不想讨论此事，这并不是因为我感到害臊或者为难，只不过是非常难以解释。因此，为了避免这个主题，我会说："我是一个核物理学家，不过我不能谈论它。"这在20世纪60年代和70年代能行得通，然而在冷战结束后的今天就说不过去了。

关于这个问题，我至今仍有问题，虽然是由于不同的原因：我并不确切地知道答案是什么。一个明确的回答是："我是一个理论物理学家。"这通常会导致另一个问题："你做的是哪种物理呢？"这常会使我语塞。我可以说我是一个基本粒子物理学家，但是我同时致力于研究黑洞和整个宇宙这些大的事物。我也可以说我是一个高能物理学家，但有时候我也从事低能的研究，甚至是真空的性质。我和大多数朋友感兴趣的生计，还没有一个好的名字。称我为弦理论家会惹恼我，我不喜欢就这样被束之高阁。我喜欢说，我致力于自然界中基本定律的研究，然而这听起来有些自负。因此，通常情况下的答案是，我是一个理论物理学家，并从事多种事物的研究。

事实上，在20世纪80年代早期之前，我所研究的内容大部分，可以被合乎逻辑地称为基本粒子物理学。大约在那个时候，这个领域便有些停滞不前。粒子物理学的标准模型已成事实，它最使人感兴趣的各种结果，都已经被计算出来了。验证结果只是时间的问题，需要 181
很长的时间，直到建立加速器来验证这些结果。事实上，这已使我感到厌烦，因此打算去看一下，我能解决量子引力中的什么问题。几个月之后，我开始担心了，也许费曼的观点是正确的，量子引力离我们太遥远，似乎没有任何方法来取得任何进步。我甚至不清楚问题何在。约翰·惠勒用他的独特话语方式发问道："问题在于：问题是什么呢？"我的确没有发现问题。当我面临回到通常的粒子物理学之际，霍金突然丢下了一枚炸弹，来应对惠勒的发问：问题是我们如何从信息丢失的混乱中拯救物理学呢？

如果粒子物理学正处于停滞不前的状态，那么黑洞的量子理论也是如此，它已经保持原状约11年了，甚至在1981～1989年，霍金也没有发表任何有关黑洞的论文。我发现在整个这一时期，期刊上只有8篇文章讨论黑洞的信息丢失问题。我写了其中的一篇，特霍夫特写了余下的7篇，这在很大程度上表明了他信仰的是S矩阵，而不是$矩阵。

在1983年后的9年中，我几乎没有发表任何有关黑洞的论文，原因在于我根本找不到解决这个难题的方法。在这个时期，我发现自己开始在兜圈子，反复地问着相同的问题，都无法击破挡在前面的障碍。霍金的逻辑是如此的清晰：视界只是一去不复返点，越过它的任何事物都无法返回。他的推理是具有说服力的，然而结论却是荒谬的。

下面是在1988年的一天，我在圣弗朗西斯科的一次演讲中，向一群业余物理学和天文学爱好者解释了这个问题。[1]

182

大黑洞佯谬：圣弗朗西斯科的演讲

我想用一个原理间的冲突，来引起你们的注意力，它是由史蒂芬·霍金在13年前首次描述的。我将它提出来的原因，在于它暗示着一个非常严重的危机，一旦它被解决，我们就有希望理解物理学和宇宙学中最深刻的问题。这些问题一方面涉及引力，另一方面涉及量子理论。

你们可能会问，为什么我们需要将这两种不同经验的领域合起来呢？毕竟，引力处理的是非常大和非常重的事物，而量子力学支配着非常小而且轻的世界。不存在既重又轻的事物，那么在同一背景下，这两个理论怎么可能同时起作用呢？

我们以基本粒子开始。正如你所知的，与将原子结合在一起的电磁力相比，电子和原子核之间的引力非常微弱。相对于质子中将夸克结合在一起的核力而言，这同样是正确的，不过差距要大得多。事实上，引力强度大约是通常力的十亿亿亿亿亿分之一。因此推论很显然，引力在原子物理学或核物理学中，不起任何重要的作用，然而关于基本粒子又怎么样呢？

1. 基于我保存的笔记，下面是我重新写出的讲稿。新稿对笔记不太忠实，其中用文字代替了方程。“不要忘了服你的反重力药片”这个故事是为一个科普杂志准备的，它不是最终的手稿，但它是一个缩写的版本，是圣弗朗西斯科演讲中的一部分。

通常情况下，我们认为粒子，例如电子，是空间中无穷小的点。然而这不可能是全部的真相，原因在于基本粒子有如此多的性质，以至于它们彼此不同。有些粒子是带电的，有些是不带电的。夸克的性质有重子数、同位旋，以及颜色这个有些误导的命名。如同玩具陀螺在绕着一个轴旋转一样，粒子还有自旋。认为一个点具有如此众多的结构和种类是不合理的。绝大多数的粒子物理学家都相信，如果我们可以在某个非常小的尺度上来检查粒子，就会发现它们所勾画出的隐藏结构。

如果电子和它的姐妹们都不是无限地小，那么它们必须具有某种尺寸。实际上，通过直接的观测（将它们在一起猛烈撞击），我们所了解到的是，它们不会大于原子核尺寸的万分之一。

183

然而不同寻常的事情发生了。在近些年中，我们积累了间接的证据表明，粒子内部的结构既不是远大于普朗克长度，也不是远小于它。对理论物理学家而言，普朗克长度现在有了一个非常引人注目的意义。我们习惯于认为引力弱于电磁力和亚核力，因此它与基本粒子的行为完全没有关系，但当比特物质在普朗克长度上接近另外一个时，就不再是这样了。按照这个观点，引力不仅与其他力一样强，甚至可能更强。

这所有的一切都意味着，在世界的基石处，距离是如此之小，以至于电子都具有复杂的结构，这时引力可能是将这些粒子结合在一起的最重要的力。那么你将看到，引力和量子力学可能会在普朗克尺度上走到一起，来解释电子、夸克、光子和它们所有伙伴的性质。基本粒子物理学家更容易直接了解量子引力。

长期以来，宇宙学家也尽力回避引力的量子理论。当我们追溯宇宙的过去时，我们知道宇宙稠密地充满着粒子。到了1988年的时候，组成宇宙微波背景辐射[1]的光子之间的分离大约有1厘米远，然而在最初出发的时候，它们之间的距离是目前的千分之一。当我们再往前追溯时，粒子挤在一起，就像挤在一个更小的罐头当中的沙丁鱼一样。很可能在大爆炸的时候，它们分开的距离与普朗克长度相仿。如果是这样，粒子之间的距离如此之近，以至于它们之间最重要的力是引力。换句话说，掌握基本粒子的关键是量子引力，它同时也是造成大爆炸的主要的力。

那么，假定量子引力对我们的将来（和我们的过去）是重要的，那么关于它，我们知道些什么呢？并不是很多，只是量子理论和引力，在诸如黑洞这样的大量问题中，它们是相互冲突的。这是一件好事，因为这意味着通过解决冲突，我们拥有了学习重要事物的机会。现在，184我将要告诉你一个小故事，以此来阐明这个问题，不是解决方法，而仅仅是提出问题。

不要忘了服你的反重力药片

剧中的故事发生在遥远的公元8419677599年。

这时太阳已经死亡，地球在这之前脱离了太阳的轨道。

1. 宇宙微波背景辐射是由大爆炸所发出的辐射。

在经历了无数岁月的飘荡之后，地球在彗发超星系团某处，围绕着一个巨大的黑洞运动。经过一场没有流血的政变后，所有的权力都集中到了制药工业集团的手中，自从21世纪后期起，整个行星被同一个组织所支配。

“是的，杰里特尔（Geritol）伯爵，你在做什么呢？你在过去的5年中不停地答应行动，你是在用另类‘进步’报告来浪费我的时间。”

“我的陛下，请允许我这条卑微而无用的虫豸，来请求您的宽恕，饶恕我的愚蠢，但是这次我真的有了好消息。我们逮住他了！”

他的陛下，也就是默克（Merck）五〇五〇三六世皇帝[1]，皱了一下眉头。接着他将寿星式的脑袋转向了伯爵，那位伪信息产生和反理性科学执行部的部长，他的锐利的目光好像要将伯爵钉在墙上似的。“蠢材，你抓到什么了，是一条大鳕鱼吗？”

“不是的，陛下。他是持异端观点的头面人物。我们抓住了一个邪恶物理学家的书呆子儿子，他曾经用居心叵测的谎言，来攻击我们的公民，他说反重力药片是哄人的玩意儿。他现在被拴在前室的墙上，我可以将他带进来吗？”伯爵瘦长的脸上显露出阿谀的一笑。“哈哈，我打赌他将要用某些安眠药片。”

一丝微笑在陛下的脸上闪过，“将那条狗带进来。”

---

1. 译者注：西方通常用罗马数字来表示第几世，但原文LLXXXVI是一个错的罗马数字，只能读成L-L-XXXVI，即50-50-36。估计这又是作者的搞笑之作，或者是误用。

衣衫褴褛、伤痕累累，但绝不悔改的囚犯被残忍地扔到杰里特尔脚前的地板上。“狗贼，你叫什么名字？谁是你的家人？”他站起来，勇敢地拂掉他衣服上的尘土，直视着迫害他的人，自豪地回答：“我的名字叫史蒂夫（Steve）[1]。”[2] 随后是一个长长的、公然抵抗的沉默之后，这对过惯舒适生活的伯爵来说实在是太长了。他接着说：“我来自一个古老的家族，它的根源追溯到黑洞战争，我的祖先是史蒂夫，他是敢于冒险的剑桥人。”

皇帝的脸蒙上了一层闪烁不定的表情，不过在恢复平静后，他笑了：“那么，史蒂夫，对于你的古老家族来说，我假定博士是一个恰当的称谓。你的存在触怒了我，唯一的问题是用什么方式来解决你的出现。”

当人造的太阳在西方降落不久后，史蒂夫迎来了他最后的晚餐。好像是为了嘲弄他，皇帝将自己桌子上的最好的佳肴，连同一封“慰问”信一起送过去了。闷闷不乐的狱卒（史蒂夫很受狱卒的喜欢）低着头读信，对狱卒而言，这可能是最糟糕的信：“明天一早，你和家人，连同所有异端的朋友将被送到一个小的、适于居住的卫星，[3] 接着你们将被扔入深渊，也就是围绕着黑洞的黑暗之火和热量之中。首先，你会感受到令人不快的高热，不久你的肉体开始煎熬，你的血液会沸腾。你所有的信息被‘持球跑进’，直到它们开始蒸发而不可逆地分散到

---

1. 译者注：史蒂夫（Steve）是史蒂芬（Stephen）的昵称，另有变体史蒂文（Steven），均源于希腊语的皇冠、花冠。
2. 到20世纪后期，世界上有很大一部分伟大物理学家的名字叫做史蒂夫。史蒂夫·温伯格、史蒂夫·霍金、史蒂夫·申克、史蒂夫·吉丁斯和史蒂夫·朱棣文是物理学中的几个史蒂夫。在21世纪后期，这些立志要做伟大物理学家的父母开始给他们的孩子（无论是女性还是男性）取名为史蒂夫。
3. 译者注：这里的原文是行星（Planet），但后文是卫星（Satellite），为保持前后一致，我们全部译成卫星。

整个空间为止。”不知道是什么原因，史蒂夫的脸上微微地露出了笑容。狱卒感到这是对坏消息的异常反应。186

第二天，皇帝和伯爵都起得很早。皇帝朋友般地、几乎是愉悦地说：“今天充满了乐趣。伯爵，难道你不这样认为吗？”“噢，是的，陛下，我已经宣告了依法处决。人们可以通过望远镜来观看异端者的血液开始沸腾，这是非常令人感到愉快的。”

伯爵今天对皇帝的支持感到焦虑，他建议最后一次快速地检测一下黑洞的温度。“是的，我的部长。我们就这样做。从这个距离来看，视界会变冷，但我们将一个温度计放在它的表面上，来记录视界邻近处的温度。当然，我们已经做过很多次了，但我喜欢观看水银柱的上升。”因此，我们准备好了一枚小型的火箭来将温度计带离地球。一旦逃离地球的引力，温度计将落向视界，并受到系住它的绳索拉控。

温度计开始下降，直到绳索拉紧。皇帝命令道：“加热，但不要过热。伯爵，将它再降低一点儿。”绳索开始缓慢地从轴上放开。通过望远镜，皇帝看到水银柱上升，超过了水的沸点，超过了玻璃和水银的蒸发点，直到温度计蒸发为止。伯爵问道：“陛下，足够高了吗？”“伯爵，你是说对史蒂夫足够高了吗？我认为气候是非常完美的，是开始执行的时间了。”

不久之后，第二枚火箭，它足够大，能容纳约200人，准备将不幸的理性科学异端者转移到一个非常小的、适于居住的卫星上。史蒂夫的妻子坚定地靠在了史蒂夫的肩上，绝望地抽噎着。物理学家迫切地希望解释真理，却没有适当的时机。皇帝的狱卒在他们周围。

几个小时之后，伯爵自己按下了按钮，来驱动这枚巨大的火箭，火箭点火起飞从它的绕地轨道飞往小蓝绿卫星。200个忧心忡忡的乘客（狱卒已经不和他们在一起了），这个群体开始冲向黑暗之火。

187　皇帝边看边说："伯爵，我看到他们了。""他们受到热量的影响开始变得麻木、动作迟缓。非常缓而慢之[1]。"观测台的圆顶非常大，望远镜的目镜一直位于不确定的位置上。伯爵笑了，蓦地取出一粒反重力药片，还给了皇帝一粒。"陛下，为了保险起见，从该处坠落将会引起非常令人不愉快的后果。"他和陛下吞下药片，再次通过目镜观看。"我依然可以看到他们，不过看到他们开始落向一个伸展了的视界。现在我忠诚的臣民们会看到我的敌人，如何被'持球跑进'。请看，他们不可分的比特，开始逐渐融合到热而稠密的汤中。而且他们一次又一次地被光子所带走，我们数数他们，确信他们已经完全蒸发了。"

一个又一个的光子，被望远镜后面的大型计算机记录并分析。

伯爵说："哈，这正如量子力学的原理所预言的那样，任一比特的信息都被解释了。然而远在它们被认出之前，就被'持球跑进'了。没有人能够将一旦损坏，就无法修复的东西重新结合在一起。"

皇帝拍了一下伯爵的肩膀，对他说："伯爵，祝贺你。这是一个非

1. 译者注：原文为Slooooon。

常有意义的工作。”不过这个不经意动作，打破了他们的平衡。在离地面有200英尺时，伯爵心中顿生疑虑，要是谣传是真的，反重力药片并没有效，那怎么办呢？

史蒂夫全神贯注地研究他的笔记本，接着他欣喜地看着妻子，将她拥入怀中。“亲爱的，我们很快就能平安地经过视界了。”史蒂夫夫人和其他人对史蒂夫的话感到疑惑不解。他解释说：“等效原理是我们的救星。”他又补充道：“在视界处没有丝毫危险，它仅仅是一个无害的一去不复返点。幸运的是，我们正在自由下落，加速度恰好与黑洞的引力效应相抵消，我们通过视界时不会有任何感觉。”他的妻子仍然怀疑：“那么，即使视界是无害的，我听说过关于黑洞内部无法逃脱的奇点的可怕传说。它不会将我们碾磨成碎片吗？”他回答说：“确实如此，但是这个黑洞是如此之大，以至于从我们的行星接近奇点大约需要百万年之久。” 188

因此，他们快乐地通过了视界，至少在你相信等效原理的情况下是这样。

剧终

这个剧本除了它富于故事性的优点之外，还存在很多错误之处。试举数例，如果黑洞足够大，那么史蒂夫和他的追随者在达到奇点之前[1]，可以存活许多年，伯爵的温度计到达它的目的地需要与此相同的

1.在视界之后，皇帝和伯爵将无法看到。

时间。更为糟糕的是，黑洞发射史蒂夫和他的追随者原来所包含的信息，需要非常长的时间，比宇宙的年龄还要长。但是，如果我们忽略这些数值上的细节，那么这个故事的基本逻辑就非常清楚了。

史蒂夫在视界处被杀死了吗？伯爵和皇帝计及的每一个比特，它们都在蒸发的产物当中，"正如量子力学的原理所预言的那样。"因此当史蒂夫接近视界时，他被摧毁了。然而这个剧本同时声称史蒂夫安全地到达了另一侧，他和他的家人丝毫没有受到伤害，正如等效原理所预言的那样。

显然，存在着原理间的冲突。量子力学意味着所有的物体，都遭遇到视界正前方处的一个超热区域，那里极高的温度将所有的物质转变为互不相联系的光子，从黑洞之中将其辐射出，如同光从太阳中出来一样。最后，由下落的物质所携带任一比特的信息必须用光子来解释。

但是，似乎需要讲述有关等效原理的一个不同的、与此相矛盾的叙述。

189 插话

请允许我打断1988年研讨会的流程，先来澄清一些你们所不知道的观点，尽管许多物理爱好者都已熟知了它们。首先，为什么等效原理使得流放者相信视界是一个安全的环境呢？我在第2章中提到的一个思想实验可能会帮助你的理解。想象在电梯中的生活，不过是在一个引力比地球表面的引力强得多的世界中。如果电梯静止，乘客的脚底和他们被挤压的身体的其他部位感受到全部的引力。假定电梯开始上升，向上的加速使情况变得更为严重。根据等效原理，加速给乘客所体验到的引力加入了一个附加的成分。

但是，如果悬挂电梯的绳索断了，那么当电梯开始向下加速时会怎么样呢？接着电梯和乘客都处于自由下落之中。引力效应和向下的加速效应彼此完全相抵消，乘客无法判断出他们是在强大的引力场中，还是体验到一个剧烈的向上加速度。

按照同样的方式，处于自由下落的行星中的被流放者在视界处应该不会体验到黑洞引力的任何效应。他们像第2章中自由漂浮的蝌蚪一样，在不经意间漂过了一去不复返点。

第二点显得有点陌生。正如我所解释的，一个大黑洞的霍金温度是极小的。然而，当伯爵和皇帝将他们的温度计降落得更低些时，为什么他们会探测到如此高的温度呢？为了理解这一点，我们需要知道，当光子在强大的引力场中向上移动时发生了什么。但我们以某种较为熟悉的东西开始，即从地球表面垂直向上抛出的石块。如果不以足够大的初速度将其抛出，那么它会落回到地球表面。但假定有足够的初始动能，那么石块会脱离地球的束缚。然而，即使石块能够逃离，它运动的动能要比刚开始时小得多。或者用另一种方式来说，石块刚开始时的动能，比它最终逃离时的动能要大得多。

所有的光子都以光速运动，但这并不意味着它们有着相同的动能。[190]事实上，它们在很大程度上和石块相似。当它们从引力场中出来时，它们丢失了能量；它们需要克服的引力越强，能量丢失得越多。当伽马射线从邻近视界处出现时，它的能量被大量消耗，只是一个很低能的无限电波。相反的是，在远离黑洞处观测到的无线电波，当它离开视界时，它必定是高能的伽马射线。

现在考虑远在黑洞上方的伯爵和皇帝。霍金温度是如此低，以至于无线电波光子的能量非常低。但伯爵和皇帝稍加思考之后就会意识到，这些光子在邻近视界处被发射时，它们一定是有着超高能量的伽马射线。这等同于说那里非常热。事实上，引力是如此之强，以至于黑洞视界处的区域中的光子需要极大的能量才能逃离。从长远来看，黑洞可能会非常冷，但接近温度计处是猛烈的、高能的光子碰撞的区域。这就是为什么行刑者确信，受难者将会在视界处蒸发。

回到研讨会

那么我们似乎得到了一对矛盾。第一组原理，即广义相对论和等效原理，说信息会无干扰地朝里通过视界。另外一组是量子力学中的原理，将我们带到了完全相反的结论：尽管下落的信息在很大程度上被“持球跑进”，然而它们最终会以光子和其他粒子的形式返回。

现在，你可能会问，我们如何知道穿过视界而没有碰撞到奇点的信息，不能通过霍金辐射返回呢？答案是显然的：要这样做它们必须超过光速。

我已经向你显示了一个强有力的佯谬，告诉你为什么对将来的物理学它可能是非常重要的。然而关于摆脱困境的可能方式，我没有给你任何提示，这是由于我也不知道答案。但我的确有自己的偏见，那么先让我来告诉你它们是什么。 191

我不认为我们必须放弃量子力学的原理，或者放弃广义相对论的原理，特别是我和特霍夫特一样认为在黑洞蒸发中没有信息丢失。不知是何种缘故，我们错失了关于理解信息以及它在空间的位置的一个深刻之处。

在圣弗朗西斯科的演讲是我在物理学和物理会议上，所做的众多相似的演讲中的第一个。我铁了心，即使我不能解决这个难题，那么我也将会因为它的重要性成为改变信仰的人。

我回想起一个非常好的演讲，那是在得克萨斯大学的演讲，该校物理系是美国最好的物理系之一。听众中一些非常有成就的物理学家，包括史蒂文 · 温伯格、威利 · 菲施勒（Willy Fischler）、乔 · 波尔钦斯基（Joe Polchinski）、布莱斯 · 德威特和克劳迪奥 · 泰特尔鲍姆，他们都对引力理论作出了重要贡献。我对他们的看法非常感兴趣，因此在演讲结束后，我在听众中采用了即时投票。如果我的记忆准确的话，菲施勒、德威特和泰特尔鲍姆持少数的观点，认为信息没有丢失。波尔钦斯基信服了霍金的论证，投了大多数一票。温伯格弃权。总票数大约是3：1，倾向于霍金，但听众中的一部分人显然有些勉强。

霍金和我在这种僵局中相遇了几次。在所有这些邂逅中，最突出的一次发生在阿斯彭。

192

第 14 章 散兵战

卡茨基尔群山中的密尼瓦丝卡峰总共有3000英尺高，在1964年夏天之前，我从来没有见过比它还高的山。我那时是一个24岁的研究生，当我第一次看到科罗拉多州的阿斯彭山时，发现它是一座奇怪的、迷人的山。白雪皑皑，群峰环绕，小镇给人一种狂野的、世外桃源的感觉，特别是对我这样的城市男孩来说更是如此。虽然阿斯彭已经是一个著名的滑雪城镇，但它依然带有一些19世纪晚期多姿多彩的银矿时代的韵味。街道上没有铺砖，6月份的旅行者又如此稀少，使你几乎可以在城镇外的任何地方露营。这是一个充满离奇特点的地方。在附近的任何一间酒吧里，你可能坐在一个真诚的美国牛仔和一个粗犷而不修边幅的登山者之间，或者你发现自己已挤在邋遢的渔夫和波兰裔的牧羊人中间。你同样可以和美国商业的权力中坚、伯克利学生管弦乐队的首席小提琴手或者是一个理论物理学家交谈。

镇之西、阿斯彭山之南、红山之北，有一块大草坪，环绕草坪的是一排平房。在暑假期间，你会发现有十多个物理学家坐在餐桌前，他们争吵、辩论，欣赏着晴朗的天气。阿斯彭理论物理研究院的主楼没有什么可看的，但在它正后面是一个令人愉快的户外空间，在那里有一块天篷下的黑板。这是真正的活动场所，一些世界上最伟大的理论物理学家，相聚在这里来参加研讨会，讨论他们最新的头脑风暴。

1964年，我是这个中心唯一的一名研究生。我认为我也是这个 193 研究院两年内唯一的研究生。鉴于我当时所具备的物理能力，那时的中心并不真正属于我。福克河贯穿整个城镇，从落基山脉中奔流而下。寒冷而湍急的河水迅速流逝，对我来说，那个夏天最重要的是它充满了银色：不是银矿中的金属银色，而是虹鳟鱼身上闪耀着的银色。我的导师彼得是一位用假蝇捕鱼的高手，当他发现我也会用假蝇钓鱼时，他邀请我和他一起度过在阿斯彭的夏天。

当我还是一个小男孩时，我父亲教我在卡茨基尔山中，传奇性的河狸溪和爱索波斯湾这样一些平静的东部鲑属鱼类河中钓鱼。河面平静如镜，水深齐及胸部。不仅会看到你的假蝇，而且还常常看到虹鳟鱼。虽然我需要一些时间才能掌握这门技术，但是那年夏天我抓获了许多虹鳟鱼，只不过没有学习到物理学。

现在阿斯彭已不十分讨人喜欢了，上层人士代替了牛仔，我所关爱之处已丧失殆尽了。在这些年中，因为物理学，而不是因为钓鱼，我又去过几次。1990年前后，当我穿过该镇去博尔德的路途中，我在此做了一次演讲。

那时，黑洞和信息丢失这个难题，已开始出现在投影屏幕上了。大家一致同意霍金是正确的，天下无双的悉尼·科尔曼也在他们的队伍当中，然而也有一些人质疑它，包括我和特霍夫特。

科尔曼是一位富有情趣的人，是那个年代的物理学家中的英雄。他长着八字胡，眼睛下垂，头发蓬乱，他总是让我想起爱因斯坦。他的思维非常敏捷，具有一种迅速洞穿事物本性的能力，特别是当问题涉及困难的技巧时，他的能力带有传奇色彩。科尔曼是一个和蔼的人，不过他对傻里傻气的人缺乏耐心。他是哈佛大学著名的高级教授，不止一个有名的演讲者灰溜溜地跟在科尔曼的后面，科尔曼不留情面地质问他。在阿斯彭的那一天，他的出现意味着研讨会的演讲者将会具有一个更高的标准。

194 完全是出于巧合，另外一张熟悉的面孔也出现在听众之中。当我走进研讨厅的外门，朝黑板走过去时，熟悉的高科技轮椅转动着进来了，史蒂芬 · 霍金坐在了第一排。正如每个人所了解的，我的目的是逐步削弱霍金关于信息丢失的论证。我的战略是通过重复霍金的逻辑，首先以此来概述出问题的实质。这大约需要占用我能支配的一半时间，接着我会解释，为什么我认为这个逻辑不可能是正确的，不过我同时希望加入额外的成分，来强调霍金的论证。如果霍金的论证最终被证明是错误的，那么越强调它，越会孕育出一个基本范式的改变。

为了解释霍金的逻辑，我想填补一个漏洞，这在目前还没有人考虑过。这个观点如下：想象处于视界之外的区域，它被许多微小的、不可见的复印机所占据。当任意的信息，比如说一个手写的文件，落入视界时，复印机会将信息复印下来，得到两个完全相同的版本。其中的一个复本继续无干扰地穿过视界，到达黑洞内部，最终在奇点处被毁坏。不过第二个复本的命运更为复杂，首先它会被彻底地分散或弄乱，直到如果没有转移密码，就不可识别它，接着它在霍金辐射中被辐射回来。

在信息恰好穿过视界之前，影印信息似乎可以解决这个问题。首先考虑在黑洞外部徘徊的观测者。他发现所有的信息在霍金辐射中都返回了。因此，他们认为没有理由来改变量子力学的规则。用更为直接的术语来讲，他们断定霍金关于信息被破坏的观点是错误的。

对于正在自由下落的观测者会怎么样呢？在经过视界的瞬间，他环顾四周，发现什么也没有发生。伴随着任何与他下落的东西，信息依然与他同在，都集中在他一个人身上。从这种观点来看，视界只不过是一个无害的一去不复返点，而且爱因斯坦的等效原理得到了十分的尊重。

黑洞视界真的是被完全可信的微型（可能是普朗克尺寸的）复印机装置所覆盖吗？这似乎是一个诱人的观点。如果它是正确的，那么就可以用一种简单的逻辑方式，来解释霍金的佯谬：信息永远不会在黑洞中丢失，而且将来的物理学家可以继续使用量子力学的通常原理。任意黑洞视界处的量子复印机，都可以让黑洞战争的烽火瞬间平息。 195

科尔曼被感动了。他转动自己的椅子，面向听众。接着，他，也只有他可以，说我所用的术语比我曾经用过的更为清晰了。但霍金什么也没有说。他显然知道科尔曼所不了解的某种东西。事实上，霍金和我都意识到，我的解释是我创造的一个可以将他的观点击倒的假想对手。

霍金和我都了解，一个完美的量子信息复印机与量子力学的原理相违背。在一个由海森伯和狄拉克所定下的数学规则支配的世界中，一个完美的复印机器是不可能存在的。我给这个原理取了个名字：*量子复印机不存在性原理*。在一个称为量子信息理论的现代物理学领域中，这个观点被称为*不可克隆原理*。

我兴奋地看着科尔曼说："科尔曼，量子复印机是不可能存在的。"希望他能够立即理解。然而就是这次，他敏捷的大脑居然变迟钝了。因此我必须详细地解释这一点。我向科尔曼以及研讨会中的其他人所作的解释，使得黑板上写满了数学公式，占据了研讨会所有的剩余时间。下面是解释过程的一个简化的版本。

想象一台机器，它有一个输入端口和两个输出端口。处于任意可能量子态中的系统可以被插入到输入端口中，例如，可以将一个电子装入这个复印机中。机器接受了输入，喷出两个全同的电子。输出产物不仅彼此之间相同，而且与最初的输入也是等同的。

如果建造这样的一台机器，它就给我们提供了一种违背海森伯的不确定原理的手段，而后者是放之四海而皆准的原理。假定我们想知道电子的位置和速度。我们只要将它复印下来，接着测量其中一个的位置和另外一个的速度。这明显与量子力学的原理冲突，这当然是不可能的。

196 1小时之后，我成功地保卫了霍金的佯谬，解释了量子复印机不存在性原理，但没有留下时间来解释我自己的看法。正当研讨会要结

量子 复印机

一个电子波函数复印成两个

束时，霍金空洞的机械声音大声地欢叫道：“那么现在你同意我的观点了！”他的眼中流露出恶作剧的一笑。

显然，在这场战役中，我输了。由于时间不够，特别是由于霍金的机智，我被自己误伤了。在我离开阿斯彭的那晚，我停在笛弗科特湾，拿出了我的假蝇钓鱼竿。但是，在我最喜欢的水塘中，充满了漂浮在内胎上面的一群孩子的喧闹声。

黑洞战争

3

反攻篇

199

第 15 章 圣芭芭拉之役

1993年一个星期五的下午，其他所有人都回家了。我、约翰·乌格勒姆和拉鲁斯·索拉修斯还坐在我斯坦福的办公室中，吹着微风，喝着拉鲁斯·索拉修斯刚做的咖啡。冰岛人做的咖啡是全世界最浓烈的。据拉鲁斯·索拉修斯所说，这与他们的深夜喝咖啡的习惯有关。

拉鲁斯·索拉修斯（Larus Thorlacius）是一个高个子的冰岛维京人[1]（他说他的祖先不是这些挪威勇士，而是爱尔兰的奴隶）。他刚从普林斯顿大学拿到博士学位，那时是斯坦福的一个博士后。约翰·乌格勒姆（John Uglum）是一个来自得克萨斯的共和党人（他并不热衷宗教，而是一个艾茵·兰德笔下的自由主义者）[2]。他是我的研究生。不论我们政治立场和文化背景有多么不同——我是来自南布朗克斯的信奉自由主义的犹太人[3]——我们是兄弟，而且我们做了很多男人们在一起干的事情：坐下来一起喝咖啡（有时也喝一些比较烈性的饮料），争论政治，讨论黑洞。过了没多久，一个来自新西兰的名叫阿曼

---

1. 译者注：维京人（Viking）指8～11世纪时劫掠欧洲西北海岸的北欧海盗。
2. 译者注：艾茵·兰德（Ayn Rand，1905年2月2日～1982年3月6日）：俄裔美国哲学家、小说家。她的哲学理论和小说开创了客观主义哲学运动。她同时也写下了《阿特拉斯耸耸肩》《源头》等数本畅销的小说，其哲学著作和小说里强调个人主义的概念、理性的利己主义（“理性的私利”），以及彻底自由放任的资本主义。
3. 译者注：纽约市下属的5个区之一，其地理位置在纽约市的北部。

达·佩特（Amanda Peet）的学生也加入了我们的“兄弟连”[1]，我们的成员增加到了3个兄弟1个姊妹。

到了1993年，黑洞不仅进入了许多物理学家的视野，而且也成了大家感兴趣的焦点。部分原因是一年半之前的一篇论文，这篇由4位美国物理学家撰写的论文，激起了人们对黑洞的兴趣。柯特·卡兰（Curt Callan），一个普林斯顿的精英，是基本粒子物理界的一位领军人物，也是20世纪60年代以后美国科学界一位颇具影响力的人物。（他是索拉修斯的博士生导师）安迪·斯特鲁明格（Andy Strominger）和史蒂夫·吉丁斯（Steve Giddings）是两个年轻的正崭露头角的加州大学圣芭芭拉分校的教员。在我印象中那时两人的区别是：吉丁斯穿的是短裤，斯特鲁明格穿的是背带裤。芝加哥大学的杰夫·哈维（Jeff Harvey）是一个伟大的物理学家，一位才华横溢的作曲家（参见第24章结尾部分），还是一个单口相声演员。他们几个一起被称为是CGHS，他们所写的那个简化版本的黑洞被称为CGHS黑洞。他们的文章在当时引起了一阵短暂的轰动，部分原因在于他们声称最终解决了黑洞蒸发中的信息丢失问题。

200

为什么CGHS理论那么简单呢？回过头来看，这种简单化是带欺骗性的，因为它所述的宇宙的空间部分只有一维。这个世界甚至要比埃德温·艾博特（Edwin Abbott）虚构的平地二维世界还要简单[2]。在CGHS所构想的宇宙中生物生活在一条无穷细的线上。这些生物简

---

1. 译者注：《兄弟连》是Stephen Ambrose写的一部著名小说，后由斯皮尔伯格监制拍成了电视剧。讲述的是第二次世界大战中美军空降师一个连队的故事，着重刻画了战争中战士间的那种兄弟情谊。
2. 参见艾博特的《平地：多维的罗曼史》（1884）。

单至极：仅仅是一些单个的基本粒子。在这个一维宇宙的尽头是一个质量极大、密度极高的黑洞，任何靠它太近的东西都不能逃出它的“捕获”。

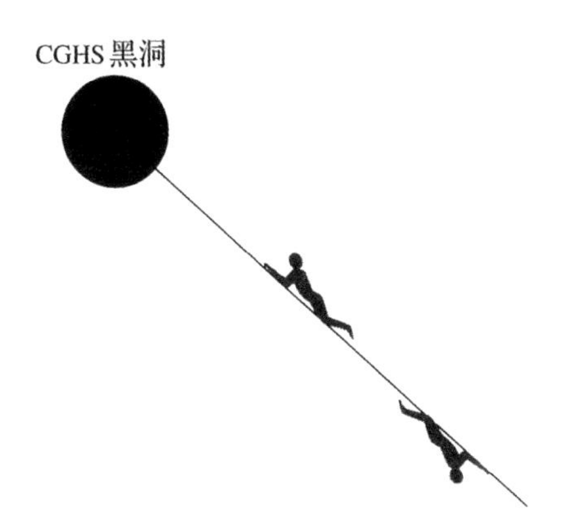

CGHS所写的文章在数学上极其优美地分析了霍金辐射，但是在分析过程中，他们犯了一个错误。他们宣称量子力学消去了奇点及其相关的视界。有些人指出了其中的错误，我和索拉修斯以及我们的同伴乔治·鲁索（Jorge Russo）也在其中。这使得我们团队对CGHS黑洞颇为精通。（甚至有一个CGHS理论的特别版本，被称为RST模型，以我们三个人的首字母命名。）

201

在那个星期五，我、乌格勒姆和索拉修斯在下班之后坐在一起是为了一个即将到来的专门关于黑洞难题和佯谬的会议。这个会议将在几周后的位于圣芭芭拉的加州大学圣芭芭拉分校的理论物理研究所（ITP）召开[1]。ITP究竟是多棒的一个物理研究所呢？简单回答就是确

1. 现在ITP被称为KITP，卡夫里（Kavli）理论物理研究所。

实好。在1993年的时候，它已经是黑洞研究的一个活跃的中心。

詹姆斯 · 哈特尔（James Hartle）是UCSB中最为资深的黑洞专家。吉姆是一个非常著名的学界元老[1]，他曾与霍金在量子引力未走红的时候共同完成了一些开创性的工作。而物理系中有四位年轻的成员，他们都将在这场黑洞的战争中起重要作用。这4个年轻人当时都是30多岁，极其活跃。你们已经认识了吉丁斯和斯特鲁明格（CGHS中的G和S）。虽然他们都是我很欣赏的朋友，但在接下来的两年中他们是令人恼怒的对手。他们对那些错误想法的过分执着常常搅乱我的思维。然而，最终他们却自救了。

加里 · 霍洛维茨（Gary Horowitz）是UCSB中第三个年轻的教员。霍洛维茨是一个广义相对论的专家，一位*相对论学家*。他那时已经是该领域中一位杰出的领军人物。他也曾跟霍金有过紧密的合作，对黑洞的了解也不比任何人逊色。最后一位是乔 · 波尔钦斯基（Joe Polchinski），那时他刚刚从得克萨斯大学转到圣芭芭拉。乔曾和我合作过许多课题，我对他颇为了解。虽然我觉得他很易于相处、具有真正的幽默感，但是我常常对他的思维力量和思维速度以及他的卓越才华感到敬畏。从我们最早认识的那时起——当时乔25岁左右，我40岁——我就很确定他将来必定会成为他那个时代中最伟大的理论物理学家。他没有让我失望。 202

这帮杰出的年轻物理学家紧密地抱成一团。有时候他们的课题是

1. 译者注：吉姆（Jim）是詹姆斯（James）的昵称，这里指的就是詹姆斯 · 哈特尔。

黑洞，有时候是弦论。凭借他们卓越的才华，这个紧密的小团体成了理论物理学界一股非常强大的力量。这也使得圣芭芭拉成了即使不是唯一，也是一个最适合理论物理学家工作的乐园（即使不是那个唯一的乐园）。毋庸置疑，圣芭芭拉的关于黑洞的会议将会成为一个重要的事件。

这次会议大概是为了激情赞美已发表的CGHS论文而举办。人们希望CGHS所发明的数学工具里蕴藏着解决当时被称为信息佯谬（information paradox）的钥匙。会议的主办者邀请我能做一个关于我、索拉修斯和乔治·鲁索在斯坦福所做工作的报告。所以我们才在那个星期五的晚上在那儿讨论我应该说些什么。

也许是这杯具有超级咖啡因的咖啡，或者是雄性荷尔蒙在体内的澎湃，抑或是三个火枪手战友情谊的作用，我对乌格勒姆和索拉修斯说："见鬼，我不想说关于CGHS和RST。它们不会有前途[1]。我想我们应该行动起来，彻底改变我们原来的想法。让我们冒回险，讲一些大胆的话来吸引他们真正的注意。"

203

我们三人在寻求霍金的矛盾结论的出路已经有一段时间了，一个想法慢慢开始形成。这只是一个模糊的想法，甚至没有名字，但是现在却是行动的时候了。

我认为我们三个应该一起把我们那些不成熟想法的碎片整理起

1. 回过头来看CGHS理论，我认为它告诉了我们很多东西。比先前任何的理论都多，它给出了一个关于霍金所提出的矛盾的极其清晰的数学表述。我认为，它无疑具有非常大的影响。

来，即使我们不能证明它，也要让它变得更加确切一点。只是给一个新概念命名，有时候也会使问题清晰。我提议我们写一篇关于黑洞互补性原理的文章，而且我会在圣芭芭拉的会议上宣布这个全新的想法。

“不要忘了服用你的反重力药片”（见第13章）是用来解释我脑中所想东西的很好的起点。就像黑泽明的电影《罗生门》，这是一个不同参与者眼中所看到的故事，一个结论完全矛盾的故事。在皇帝和伯爵的版本中，那个被迫害的物理学家史蒂夫毁灭了，他被包围视界的难以置信的高温给摧毁了。按照史蒂夫的看法，故事的结局完全不同，而且要美好得多。很显然，如果这两个版本不都是真实的，那么其中一个必定是错的，史蒂夫不可能既活下来又被杀死在视界附近。

我对我的同伴们说：“尽管听起来那么疯狂，黑洞互补性原理的重点在于两种版本都是同样真实的。”

我的两个朋友觉得很困惑。我不记得后来我具体讲了什么，但肯定是类似下面这些话。黑洞外面的每一个人，包括伯爵、皇帝以及皇帝那些忠诚的子民，大家所看到的事情都是相同的[1]：史蒂夫被加热、蒸发变成了霍金辐射。而且这一切都发生在他到达视界之前。

我们怎样理解这件事？我想唯一能够与物理学规律相符的办法，就是假设在视界的上面存在着某种超热表层，其厚度很可能不大于一个普朗克长度。我向乌格勒姆和索拉修斯承认我并不确切地知道这

204

1. 我这里用的“看见”是一般意义上的“看见”。黑洞外部的观测者可以探测到能量甚至可以探查到以霍金辐射为形式构成史蒂夫身体信息的那些单个的比特。

个表层是由什么构成的，但是我解释说，黑洞的熵意味着这个表层必定由一些微小的客体组成，这些客体的大小很可能不超过普朗克长度。这个炙热表层会吸收任何掉在视界上面的东西，就像一滴滴溶解在水中的墨水一样。我记得当时把这种不知名的小物体叫做*视界原子*，当然我说的并不是普通的原子。我对于这些原子的了解不比19世纪那些物理学家对普通原子的了解多，唯一知道的就是它们确实存在。

这个炙热的表层需要一个名字。天体物理学家已经发明了这样一个名字，我最终采纳了它。他们想象有一个膜包裹在黑洞视界表面，并用此来分析黑洞的某些电特性。天体物理学家们把这个假想的表面叫做*延伸视界*，但是我提出的是一个实在的表层，而不是一个想象的表面，其位于视界上面的厚度为普朗克长度。而且我声称任何实验都可以证实视界原子的存在[1]，例如，可以放下温度计测量视界原子的温度。

1. 物理学家们从20世纪70年代就知道，如果把一个温度计放入视界的附近，它将会报出一个极高的温度。比尔·温鲁，哑洞的提出者，在他还是惠勒的学生的时候就发现了这一点。

一听到延伸视界这个名字我就很喜欢，采用它也是出于我自己的 205 一些目的。今天延伸视界已经是黑洞物理学中的一个标准概念了。它的意思就是位于视界表面厚度为一个普朗克长度的、由炙热的微观“自由度”构成的薄层。

这个延伸视界可以帮助我们理解黑洞是如何蒸发的。某一个活跃的视界原子中的一个常常受到略大于通常情况的撞击而脱离表面飞向外部空间。你可以把延伸视界粗略地看成一个薄而炙热的大气层。在这个意义上，关于黑洞蒸发的描述就与地球大气逐步蒸发到外太空的方式极为相似。而且因为黑洞在蒸发时会损失质量，所以它必定还将收缩。

但是到这里故事只讲了一半——从黑洞外部看到的一半。就这一半自身而言并没有什么特别的地方。有东西掉进了热的汤里面，热汤蒸发，信息被蒸发物带走了。这一切都很正常。如果我谈论的不是黑洞，是其他任意事物，那么这样的解释就不足为奇。

那么从内部看会是怎样的呢，或者更精确点说就是一个自由下落的观测者看到的是什么？我们可以称它为史蒂夫的版本。它似乎与来自外部的描述（皇帝和伯爵的版本）矛盾。

我提出了两个假设。

对于任何在黑洞外部的观测者，延伸视界看起来就像是一个由视界原子构成的炎热表层。它吸收了掉在黑洞表面的每一比特信息，并

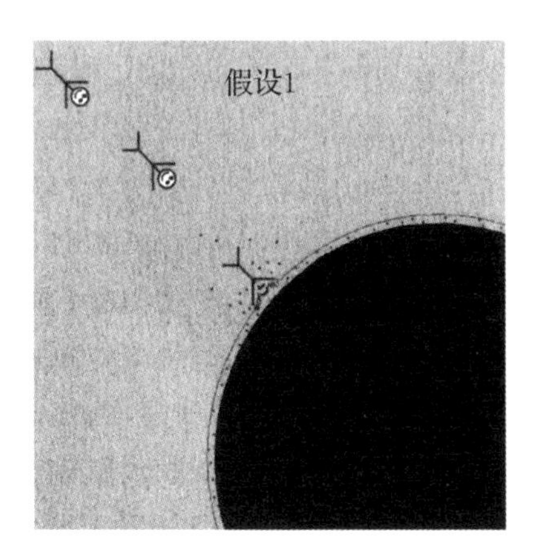

206 带着它们“持球跑进”且最终把它们发射出去（以霍金辐射的方式）。

对于一个自由下落的观测者，视界看起来就是一个空无一物的地方。虽然对于他们来说那是一个一去不复返点，但是他们在视界附近并没有发现任何特别之处。在很久以后才会遇到摧毁性的环境，那时他们已经离奇点非常近了。

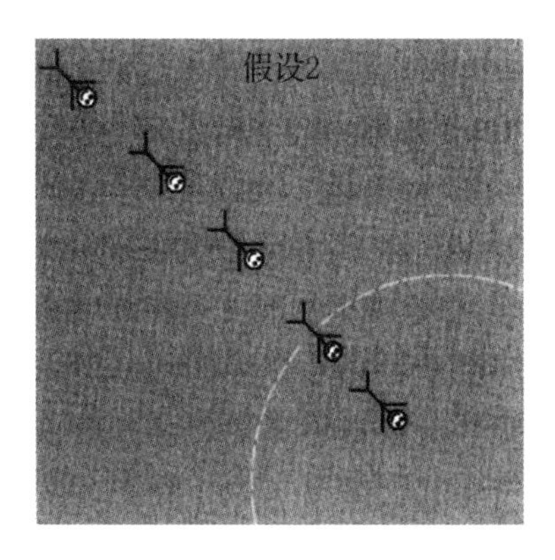

虽然加上这第三条假设有点多余，但是无论如何我还是加了。

假设1和假设2都是正确的，而且这个表面的矛盾并不是真实的。

索拉修斯对此表示怀疑。他问道，两个矛盾的阐述怎么可能都是真的呢？掉向黑洞的史蒂夫在视界上丧生了，而同时他又存活了百万年，这在逻辑上是矛盾的。基本的逻辑表明一种情形与相反的情形不可能同时真实地发生。实际上，我也在问自己同样的问题。

以前斯坦福大学物理系的二楼陈列着一个全息图像。光投射到一个带有细小明暗光点随机分布样式的二维胶片上并被反射，然后聚焦在空中形成一个飘浮的三维图像，在你走过时这位年轻的性感女性会向你抛媚眼。

207

你可以绕着这个虚拟的图像走一段，并从不同的角度观察她。我、索拉修斯和乌格勒姆在经过这个全息图时常常特别留意。当时我对索拉修斯开玩笑说黑洞表面，也就是说视界，肯定是一幅全息图，一张关于黑洞内部所有三维事物的二维胶片。索拉修斯并不赞同。在那个时候，我也不能深刻理解。实际上，我确实难以找到我讲话的意义。

但是我一直在继续思考并得到了一些更为严格的答案。物理学是一门实验和观测的科学，当所有的脑海景象都抽走后[1]，剩下的只是一堆实验数据以及用于总结数据的数学方程。两个脑海景象的差异并不意味着一个真正的矛盾。与我们试图了解的实在相比，人们的思维图像与我们以往进化所形成的桎梏更为密切。只有当实验得出矛盾的结果时，真正的矛盾才会出现。例如，如果两支相同的温度计都被插入同一壶热水中而他们得到的温度却不相同，这样的结果是我们无法接受的，我们会认为其中一支温度计坏了。脑海景象在物理学中有其自身的价值，但如果它们导致了实验数据中并不存在的矛盾，那么这个图像不是一个正确的图像。

如果我们假设史蒂夫和伯爵的这两种黑洞的阐述都是真实的，我208们就能够揭露一个真正的矛盾吗？要查明一个矛盾，两个观测者就必须在实验结束的时候走到一起比较实验记录。如果一个观测者是在视界里面观测的，而另一个观测者则没有穿过黑洞视界，那么根据视界的定义，他们不能走到一起比较实验数据。所以这里不存在真正的矛盾——只有一个糟糕的脑海景象。

乌格勒姆问霍金会有怎样的回应。我的答案是："哦，霍金会微笑。"最后证明我是对的。

---

1. 译者注：脑海景象，原文为mental picture。借用"form a mental picture of Paris（在脑海里描绘出巴黎的景象）"译成上述名词。

互补性原理

*互补性原理*这个词是由传奇的量子力学领袖尼尔斯·玻尔引入物理学的。玻尔和爱因斯坦是朋友，但是他们对于量子力学中的佯谬和表观矛盾争论不休。爱因斯坦是真正的量子力学之父，但是他逐渐对这个领域产生了厌恶。他试图用他那无可匹敌的智力寻找量子力学逻辑基础的漏洞。爱因斯坦一次次认为他已经找到了矛盾，而玻尔一次次地用互补性原理作为他自己的武器进行反击。

作为一种解决佯谬的方法，我用*互补性原理*来描述量子黑洞并非偶然。在20世纪20年代，量子力学领域中遍布了各种表观矛盾。其中一个就是那个未被解决的关于光的争论：它是波，还是粒子？有些时候它的行为表现为这样的方式，而在其他时候它又以相反的方式出现。说光既是波又是粒子是荒谬的。我们怎么才能知道何时使用粒子方程，又何时使用波方程？

另一个难题：我们认为粒子是一些占据了一定空间位置的微小客体。粒子可以从一点移动到另一点。为了描述它们的运动，我们必须确定它们的移动速度以及它们移动的方向。差不多根据定义，我们就能知道粒子具有位置和速度。但是，不！用一种看起来没有逻辑的逻辑，海森伯的不确定性原理坚持认为位置和速度并不能同时被确定。这又是一派胡言。

这些非常奇怪的事情发生了。看来理性被扔到了爪哇国。当然在实验数据中并没有真正的矛盾，每一个实验都有一个确定的结果，刻 209

度盘的一个读数，一个数字。但是脑海景象中有些东西是错了。我们脑中所装备的关于实在的模型，无法抓住光的特性或粒子运动的那种不确定的方式。

我自己关于黑洞佯谬的观点与玻尔关于量子力学佯谬的观点是一样的。在物理学中，只有导致不一致的实验结果的矛盾才是矛盾。玻尔坚持要求用字精准。如果用字含糊不清，那么它们有时会导致出现原本没有的矛盾。

互补性原理是关于一个简单的字“和”的误用。“光是波，和光是粒子。”“粒子有位置和速度。”实际上，玻尔说，去掉“和”，并改用“或”：“光是波，或光是粒子。”“粒子具有位置或速度。”

玻尔的意思就是在某些实验中光表现得像一群粒子，而另一些实验中则表现得像波。并没有一个实验中光同时会表现出两种特性。如果你测量波的特征——例如沿着波传播方向的电场值——你会得到一个结果。如果你测量粒子特性，例如在极低光强下光束中光子的位置，你也会得到结果。但是不要在测量粒子特性的时候尝试去测量其波的特性。这两样东西相互排斥。你可以测量的是波的特性或者粒子的特性。玻尔说不论是波还是粒子都不是光的完备描述，但是他们是互补的。

对于位置和速度来说也是一样。有些实验能敏锐地感受到电子的位置——比如说，电子撞击电视屏并使其发光的那个点的位置。另一些实验则能敏锐地感受到速度——例如，当电子穿过磁场时电子轨迹的弯曲程度。但是没有实验可以同时灵敏地感受到这个电子的精确位置和速度。

海森伯的显微镜

但是为什么我们不能同时测量一个粒子的位置和速度呢？确定一个物体的速度就需要在连续的两个瞬间测量位置并观察其间移动了多大。如果有可能对一个粒子的位置进行一次测量，那么当然可以测量两次。这看起来与前面所说的位置和速度不能同时被测量相矛盾。从字面上来看，海森伯似乎是在胡说八道。

210

在解释互补性原理的各种方式中，海森伯用的策略是其中一个极为出色的例子，它让互补性原理变得很容易接受。和爱因斯坦一样，他也成了一个思想实验者。他问道，一个人是如何切实着手测定一个电子的位置和速度呢？

首先，他认识到他必须在不同的两个时刻测量位置以得到速度。而且，他对电子位置的测量必须不干扰其运动，否则干扰会使对原来速度的测量失效。

最直接的测量物体位置的方式就是观察。换句话说就是，光投射到物体上被反射，我们可以根据反射光推断出物体的位置。实际上，我们的眼睛和大脑有一套内置的线路，专门用来根据眼睛视网膜上的图像判断物体的位置。这是进化所导致的那些物理学能力中的一种硬装备。

海森伯设想自己在一个显微镜下面观察电子。

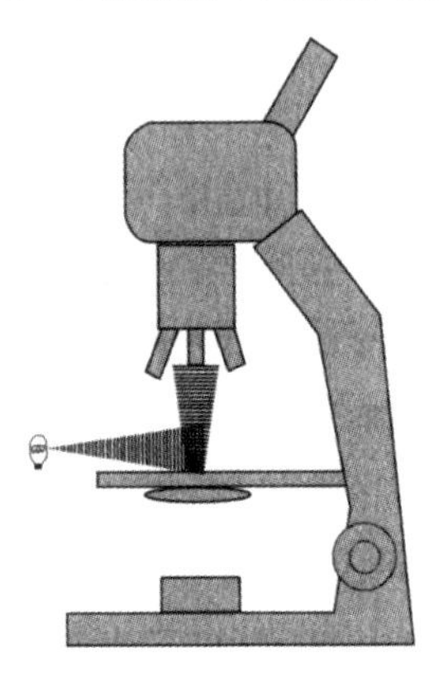

他的想法是用一束光轻轻地去碰一下电子——而不是撞击、不改变电子的速度——然后使该光束聚焦并形成图像。但是海森伯发现被光的特性给困住了。首先，单个电子对光的散射涉及的是电磁辐射的粒子理论。对于海森伯来说撞击电子最轻的方式就是只用单个光子，而且必须是一个非常轻的光子——能量极低的光子。如果用一个能量较高的光子去碰撞电子，那么会产生急冲，这是他想避免而不愿看到的。

211

所有由波构建的图像，本质上都是模糊的，而且是波长越长图像越模糊。在各个波段中，无线电波的波长最长，至少有30厘米长。无线电波可以勾勒出天文物体的精确图像，但是如果你用它来作一幅肖像，那么你得到的图像必定是模糊不清的。

微波的波长仅次于无线电波。一幅由波长为10厘米的微波聚焦而得的肖像仍然是很模糊的以至于看不到任何的特征。但是当波长缩

短到几厘米时，鼻子、眼睛和嘴巴就开始显现出来。

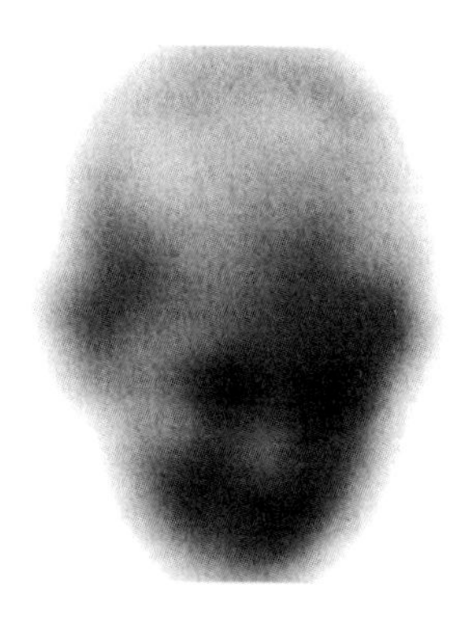

规律很简单：成像的清晰程度取决于形成图像的波的波长。脸部特征的尺度只有几厘米，只有波长达到那么小的时候那些特征才变得清晰起来。当波长变为1/10厘米时，脸就会变得比较清晰，虽然肖像还是可能会遗漏一些脸上的小疙瘩。 212

假设海森伯想要照一幅关于电子的清晰的图像以得到精度1微米

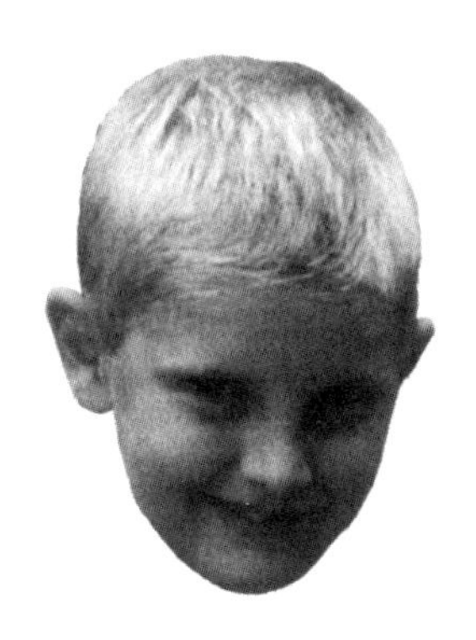

下电子的位置[1]，那他必须使用波长短于1微米的光。

现在开始设置一个圈套。回忆我们前面第4章中所提到的，光子的波长越短，其能量就越大。例如，单个无线电波光子的能量很小，作用在一个原子上面几乎没什么反应。相反的，一个波长为1微米的光子就有足够能量可以把电子撞到更高能态的量子轨道上。一个紫外光子，其波长约为前者的1/10，它有足够的能量把电子撞飞出原子。因此海森伯被套住了。如果他想很精确地确定电子的位置，就必须付出代价。他必须用能量极高的光子去撞击它，而这个撞击会使得电子随机地改变自己的运动方式。如果他用一个低能量的光子轻轻地撞击，那么他将会得到一个关于电子位置的非常模糊的图像。这真是一件令人左右为难的事情。

你可能在想，我有没有可能测量电子的速度呢？答案是可以测量的。你所要做的就是测量两次位置，但是精度只能很低。例如，你可

1. 1微米是百万分之一米，其大小与一个非常小的细菌差不多。

以用一个长波光子得到一幅非常模糊的图像，然后隔很长时间后再做一次。通过测量这两幅模糊的图像，我们有可能可以精确地确定其速度，但是付出的昂贵代价就是位置的精确程度。 213

海森伯想不出什么可以让他同时确定电子位置和速度的办法。我想那时的他，当然还有他的导师玻尔开始思考假设一个电子同时具有位置和速度是否合理。根据玻尔的哲学，人们要么把电子说成是有位置的，其位置可以用一个短波光子来精确测量，要么就把它说成是有速度的，其速度可以用一个长波光子来测量速度，但是这长与短不能同时兼备。对于一种特性的测量会排斥对另一种特性的测量。玻尔是这么解释的，他认为位置和速度是电子互补的两个方面。当然海森伯的论证并不是特别针对电子的，同样可以是质子、原子或是保龄球。

那个关于伯爵、皇帝和史蒂夫的故事看起来是矛盾的，但是这种矛盾只是表面上的。在视界内部寻找1比特信息和同时在视界外部寻找它是相互排斥的，就像测量位置和速度是相互排斥一样。没有人能够同时待在视界后面和前面。至少这就是我想在圣芭芭拉上想说的。

圣芭芭拉

黑洞是真实的。宇宙中充满了黑洞，它们是某种最为绚丽和狂暴的天体。但是在1993年的圣芭芭拉会议上，大部分的物理学家对天文学上的黑洞并不是特别有兴趣。关注的中心是思想实验，而不是望远镜观测。信息佯谬最终高歌猛进，进入了人们的视线。

这次会议规模并不大，大概总共有100人参加。当我走进会议厅时，我看见许多我认识的人。霍金坐在他的轮椅上，远远地待在一边。雅各比·贝肯斯坦（Jacob Bekenstein）坐在听众席的中间，我以前从没有见过他。当地团队中的史蒂夫·吉丁斯、乔·波尔钦斯基，安迪·斯特鲁明格和加里·霍罗维茨坐在显眼的地方。他们在后来的革命中扮演了重要的角色，但是这时他们还是敌人，是信息丢失那一派中迷惘的步兵。赫拉德·特霍夫特坐在前排的右侧，已经为战斗做好了准备。

214

霍金的演讲

下面是我对霍金那次报告的回忆。霍金无力地坐在他的轮椅中，头部的重量压得他的脖子挺不起来，这时大家都安静地翘首以待。他坐在报告台的右侧，在那里他可以看到房间前方硕大的投影屏，同时也可以审视到全场听众。那时霍金已经丧失了用他自己的声带说话的能力。他通过他的电子声，把他事先准备好的录音播送出来，同时一个助手在后面操控着投影仪。投影仪与播放的录音是同步的。我在想他为什么非得坐在那儿呢？

尽管是机器声，但是他的嗓音还是充满了个人特色的。他的微笑告诉我们，他胸有成竹且极端自信。霍金的不可思议之处在于：他那动弹不了的脆弱身体是如何给沉闷乏味的演讲注入了勃勃生机的呢！霍金的脸上散发着罕有的磁性和魅力。

这个报告本身并没有什么令人难忘的地方，至少从内容上来说是这样的。霍金讲了他计划要讲的——也是我不打算讲的——CGHS理论以及CGHS为什么会失败（他大方地承认是RST发现了这个错误）。他主要的内容是：如果你正确地使用CGHS的数学，那么得到的结果将支持他关于信息不能从黑洞被辐射出去的理论。对于霍金而言，CGHS告诉他的是，这个理论的数学恰恰证明了他的观点。对我而言，它告诉我的不仅是脑海景象有缺陷，而且量子引力的数学基础也有缺陷，至少CGHS所包含的那部分，是不自洽的。

霍金的报告中最特别的地方就是紧接着的问答部分。一个会议的组织者走上台向听众征求问题。一般提的问题都是技术性的，有些时候极其冗长，以显示提问者知道他所讲的东西。但是这时整个会场一片死寂。100个追随者犹如安静得出奇的大教堂中的缄默的修道士。那时霍金正在写他的答案。他与外界世界交流的方式令人惊讶。他不能说话也不能举起他的手来比划出手语。他的肌肉严重萎缩，不能使出任何力气。他既没有力气也无法协调手指在键盘上打字。如果我没记错的话，那时他是通过对一支控制棒施加微弱的压力来进行交流。[1]

215

他的轮椅扶手上装有一个小的电脑显示屏，一系列的电子词汇和字母接连不断地从屏幕上闪过。霍金从里面一个个地挑选出来并把他们存在电脑中，这样来组成一两句句子。这个过程可能会用上10分钟。在这位神谕使者写他的答案的时候，整个会场安静得像个地下室[2]。所有的讨论都停止了，人们悬着心期盼着。最终给出的答案：可能仅仅是简单的一两句话，或者干脆用是或非来回答。

---

1. 现在可能更困难：一个每隔几分钟观察一下史蒂芬脸部肌肉的感应器代替了那个控制棒。
2. 译者注：原文为crypt，常指位于教堂地下用作埋葬场所的地下室。

我曾看到过这样一幕的发生，一次是在一个有100名物理学家的房间里，一次是在一个有5000名观众的小型体育馆里，其中还包括南美的一个总统、军队的总参谋长以及一些高级将领。我对于这种异常安静的反应既觉得好玩又感到愤怒（为什么我的时间要被浪费在这个闹剧上）。我在心里一直想要弄出点声响，哪怕仅与邻座说说话也好，尽管我未能付诸实施。

是什么使得霍金有这样的专注力，让他能够宣示上帝和宇宙最深奥秘密的神谕呢？霍金是一个傲慢的人，满脑子都是他自己，极端地以自我为中心。但是我认识的人中有一半以上都是如此，包括我自己，这个问题的部分答案我想在于这位摆脱了肉体束缚乘着轮椅在宇宙中翱翔的智者，个人所具有的魔力和神秘。但是另外部分原因在于理论物理界是一个小圈子，里面的人相互都已经认识许多年。对我们中的很多人来说，这是一个大家庭，而霍金是这个家庭中深受爱戴和尊敬的一员，即使他有时让人感到沮丧和厌恶。我们都知道除了这种沉闷冗长的方式，他没有其他的办法来传达信息。因为我们重视他的观点，所以我们安静地坐在那里等待着。我认为也可能是霍金在写答案的过程中思想高度集中，以至于他未能意识到身边那种不寻常的安静。

216

正如我所说的，这个报告并没有什么可值得记住的。霍金重申了他往常的观点：信息进了黑洞并且永远不会出来。等到黑洞完全蒸发后，它们将全部消失。

赫拉德·特霍夫特紧跟着马上站了起来。他也是一位在物理学界广受推崇的人，一位具有超凡魅力的人。特霍夫特台风极佳，他的威望使人肃然起敬。虽然他不容易被理解，但是他没有霍金那种神谕使者般的神秘。他是一位直率而睿智的荷兰人。

特霍夫特的报告永远充满了有趣的东西。他喜欢用肢体语言来解释观点，而且他知道如何做出漂亮的示意图。过了这些年，我还能回忆起他为演示黑洞视界而制作的一个视频。一个球面上随机地覆盖着黑或白的像素点。当视频开始播放后，像素点开始由黑到白和由白到黑地闪烁。画面就好像是坏了的电视机屏幕上的“雪花点”。显然，这表明特霍夫特的想法与我的类似，也认为存在着一层活跃的快速变化的视界原子，它们构成了黑洞的熵。（我期待他兼具我的呐喊，给出他关于黑洞互补性原理的版本，但是如果他还正在思考这个东西，他是不会着重讲的。）

特霍夫特是一位极其深刻而且具有创造力的思考者。与许多非常具有创造力的人一样，他的报告通常也很难被人理解。在他的报告结束之后，有部分听众走了。这并不是因为他的报告太无聊——完全不是那样——而是他们不懂他的逻辑。记住，黑洞的视界应该是一个空无一物的地方，而不是一个坏了的电视机屏幕。

总的来说，我怀疑他俩并没有改变人们关于黑洞中信息的命运的 217 任何想法。没有人对听众进行投票调查，但是我猜测那时有2/3的人倾向于霍金。

值得注意的是，我发现其余听众中的绝大多数都顽固地拒绝接受这个佯谬的正确答案。大部分报告都提及了3种可能的答案。

1.信息从霍金辐射中跑出来了。

2.信息丢失了。

3.信息最终留在了黑洞蒸发完后剩下的某种微小的残留物中。(这种残留物通常比普朗克尺度小也比普朗克质量轻。)

一个接一个的报告不断重复着这3种可能性，但是第一种可能性马上被否决了。大部分的报告者一致认为要么像霍金所主张的那样信息丢失了，要么难以计数的大量信息被隐匿在了某些微小的残留物中。可能还有一些人拥护婴儿宇宙，但是我记不起来了。除了特霍夫特和其他几个人之外，几乎没有人相信那些关于信息和熵的常规的定律。

如果还有人坚信这些，那么唐·佩吉(Don Page)必定是第一人。佩吉是一个大大咧咧却和蔼可亲同时又有着大胃口的阿拉斯加人。好动，嗓门洪亮且极其热情，在我看来，佩吉就像一个活的矛盾体。他是一个出色的物理学家，思考极其深刻。他对量子场论、概率理论、信息、黑洞以及科学知识的基础的认识让人印象极其深刻。他还是一个福音派的基督徒[1]。有一次他花了一个多小时用数学向我论证耶稣是上帝儿子的概率超过96%。但是他的物理和数学不含任何意识形态并且是超群的[2]。他的工作对我关于黑洞甚至整个领域的思考都产生了深远的影响。

1.译者注：福音派(Evangelical Christian)：基督教中的一个教派，强调教义是神谕的、是无误的。
2.译者注：这里的意识形态指的是他虔诚的宗教信仰。

在他的报告中，佩吉重申了这3种可能性，但是与其他人相比他并不太愿意否认第一种可能性。我的感觉是他确实认为黑洞与自然界中其他物体一样，遵从惯常的规律：信息应该从蒸发中泄露出来。但是他不知道如何将这条规律与等效原理相调和。信息可以从开水壶中逃逸出来，但是当时的物理学家们对信息以同样的方式从霍金辐射中泄露出来十分厌恶。

218

黑洞互补性原理

黑洞战争进入了僵局。两边都不能占到优势。实际上，浓雾笼罩着这场战争，彼此很难看清对方。除了霍金和特霍夫特以外，我所看到的只是一群摇摆不定，疲劳而迷惘的士兵。

那天，我的演讲被安排在晚一些时候。我感觉就像夏洛克·福尔摩斯对华生说的那样，"当你排除了所有不可能性的时候，不论剩下的是什么，不论多不合理，它一定就是真相"的时候一样。终于等到我报告的时候，我感觉所有东西都被排除了，只剩下一种可能性——从表面上看起来它是那么的不合理甚至是愚蠢的。然而，尽管黑洞互补性原理是如此荒谬，但是它必定是对的。其他的选择都是不可能的。

"我不在乎你们是否同意我所说的。我只是希望你们能记住我所说的。"这就是我的开场白，14年后的今天，我仍然还记得。然后我用物理的专业术语，勾勒出史蒂夫故事本质的两种相互矛盾的结论。"很明显，至少其中一个结果必定是错的，因为他们所讲的是相反的。"但是我接着说道："然而，我将告诉你们一件不可能的事：这两个故事都不是假的，他们都是真实的——以一种互补的方式。”

在解释完玻尔如何使用*互补性原理*这个术语后，我论证道，在黑洞这个情形中，实验者面临一个选择：是留在黑洞外面并从视界的安全的那一侧记录数据呢，还是跳进黑洞从内部进行观测。“你不可能同时在外面又在内部。”我强调着说。[1]

219

想象有一个寄往你家的包裹。一个路过的朋友看到邮递员因无法投递包裹而打算将其装回邮车。与此同时，你（当时正在家中）听到了敲门声开了门并从邮递员手里接过了包裹。我想我有充分的理由说，看到的两种观察情况不可能都是真实的。有些人困惑了。

为什么黑洞就不一样呢？我觉得我们应该继续邮包的故事。从专业术语和数学符号翻译过来后，故事大体上是这样发展的：那天晚些时候，你离开了你的房子，去咖啡馆与你的朋友碰面。他说：“我先前路过你的房子，看见一个邮递员正在投送包裹。但是敲门没人应答，所以他把包裹装回了邮车。”“不，你弄错了，”你说道，“他确实把包裹送到了，是我从商品目录册上订的一套新衣服。”很显然，矛盾出现了。两个观测者了解到的东西发生了矛盾。实际上，这并不需要你人离开房子来揭示这个矛盾，通过电话交谈也可以揭示同样的矛盾。

但是黑洞的视界与你房子的入口通道有着根本的不同。你可能会说它是一个单向的门：只准进，不准出。根据视界的定义，没有信息

---

1. 我所用的语言是通常的专业数学语言，理论物理学家常用此来交流。但是我用来质疑脑海景象的是先前的经验，而不是数学公式。我自己可能也用到了其他的脑海景象。

可以从黑洞里面传到外面。视界外部的观测者与视界内部任何人和物的联系是被永久隔绝的，这不是通过一堵很厚的墙，而是通过物理学的基本规律。导致矛盾的最后一步——把人们声称不一致的两个观测结合得到一个观测事实——这在物理上是不可能实现的。

我本来想要再加一些哲学上的评论，关于进化是如何赋予人类脑海景象，在我们面对山洞、帐篷、房子和门的时候来指导我们的行动，但又是如何在面对黑洞和视界的时候误导我们的。然而并没有人会在意这些评论。物理学家想知道事实、方程和数据——不是哲学和关于进化论的通俗心理学。

在我作报告的时候霍金一直在微笑，但我想他并不同意我说的。 220

接着我用掉进一壶水里的墨水滴作为类比，阐明延伸视界是如何吸收信息然后如何带着这些信息“持球跑进”的，以及最终如何像水从水壶中蒸发一样从霍金辐射中被带走的。对于在黑洞外部的任何观测者而言，这是非常普通的一件事——黑洞和浴缸并不是那么的不同，至少我是那么认为的。

听众们开始骚动，有人试着举手反对。他们知道信息是如何从浴缸蒸发的，但是他们忽略了一些东西：那个掉进黑洞的人的情况。当他到达延伸视界时，他顿时就被弄湿了吗？这会不会破坏了等效原理呢？

我接着讲我的后半个故事：“对于任何一个掉进黑洞的人来说，

视界看起来就是一个普通的没有任何东西的地方。没有延伸视界，没有热得难以置信的微观物体，没有沸腾的延伸视界，没有任何不寻常的东西：只是一个空无一物的地方。”我又接着解释为什么我们观测不到任何矛盾。

我并不确定霍金是否还在微笑。但是就我后来了解到，听众中的大多数相对论学家认为我一定是疯了。

很显然，即使在报告过程中，我已经引起了听众的注意。有时会显得尖刻的特霍夫特坐在前排皱眉、蹙额并摇着头。我知道，他应该是在场所有人中最理解我所说的人。而且我知道他是赞同的，但是他想用他自己特有的方式来讲。

我最感兴趣的是圣芭芭拉的那些人——吉丁斯、霍罗维茨、斯特鲁明格，特别是波尔钦斯基的反应是什么。我从台上看不到任何反应，但是后来我发现他们并没有被我的报告所打动。

有两个听众对此表示赞成。在我报告结束之后吃午饭的时候，学校的自助餐厅里，约翰·普雷斯基尔（John Preskill）和唐·佩吉走过来坐在我身边。好动的佩吉的托盘里面放了一大堆食物，多得让人吃惊，其中包括三份大甜点。（很明显这就是他的能量之源。）佩吉讲话大声而富有激情，但是他却是一个很好的听众，而且那天他正处于倾听模式。我知道他喜欢这个想法：在处理信息问题的时候，黑洞或多或少与普通的物质相似。他在他的充满活力的讲话中已经公开表明了这点。

221

相比之下，普雷斯基尔则要内敛一些，但是并不陈腐古板。普雷斯基尔身材瘦长结实并具有某种辛辣的幽默感，他与乔·波尔钦斯基年龄差不多，那时是加州理工学院的教授。20世纪最伟大的物理学家中有两位，默里·盖尔曼和迪克·费曼，都曾在加州理工学院工作。普雷斯基尔也是一位广受推崇的物理学家，以心直口快出名。与悉尼·科尔曼一样，普雷斯基尔的思路很清晰，这也使得他的言辞尤为可信。同普雷斯基尔的谈话一向都令我满意。那天的谈话是具有启发性的，但是在我解释之前，我必须得告诉你一些关于黑洞互补性原理的东西。

用海森伯的显微镜看视界

一个氢原子掉进了一个巨型黑洞。首先会想到一幅质朴的图像：这个微小的原子沿着一条轨道毫发无损地穿过了视界。在经典物理中，一个原子在一个被精确定义的跟原子自身差不多大小的点穿越视界。这似乎是正确的，因为根据等效原理，在氢原子穿过这个一去不复返点的时候应该不会有任何剧烈的反应。

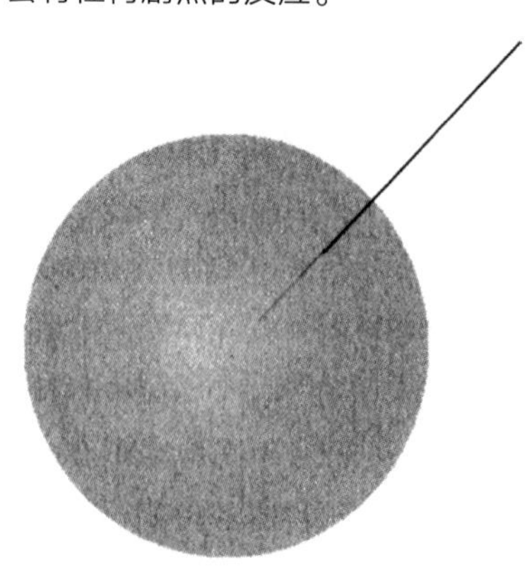

222　但是这太幼稚了。根据黑洞互补性原理，观测者从外部看到的是这个原子进入一个炙热的表层（延伸视界），就像一个粒子掉进一壶滚烫的水中一样。当这个粒子掉入热质中之后，它的每一侧都被能量自由度猛烈地轰击着。起初从它左面撞击，接着是上面，然后又是左面，接着再是右面。它蹒跚摇摆着就像一个喝醉的水手。这种布朗运动被恰当地称为随机游动。

布朗运动

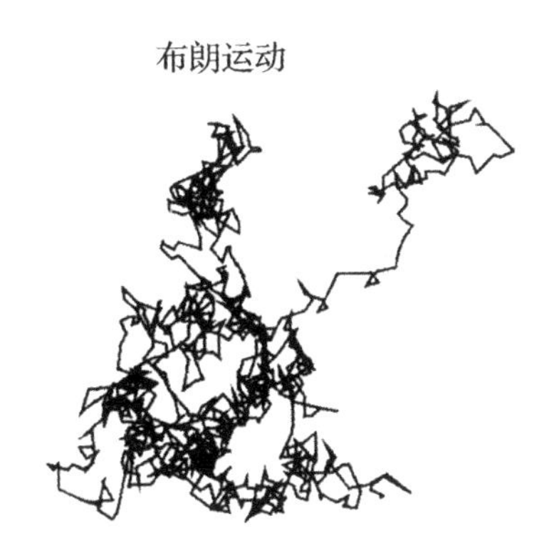

当一个原子掉入构成延伸视界的那些炙热的自由度之中，它将会做一模一样的事情：在整个视界上蹒跚行走。

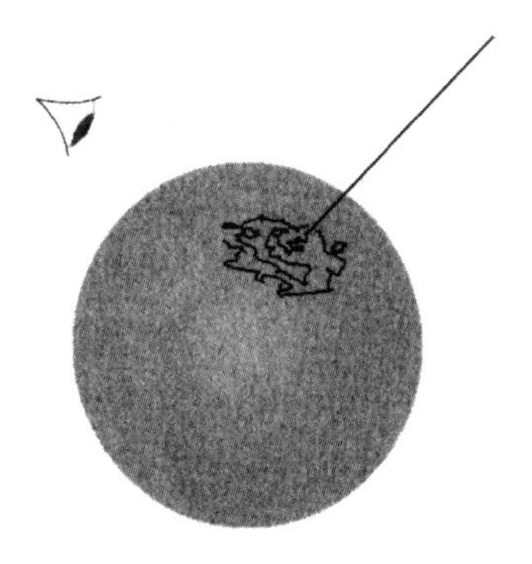

但是这样说有点过于简化。延伸视界温度极高，原子会被炸开——即被电离，这是一个专业术语——而电子和质子就会单独地在视界上摇晃着走动。电子和夸克甚至也可能被撕裂成更基本的组成部分。注意，这一切都应该在原子即将穿过视界还未穿过的时候发生的。我想是佩吉在享用他的第三份甜点时尖锐地提出这是不是意味着互补性原理的麻烦。居然是在原子穿越视界之前，似乎存在着两种关于原子的描述。在一种描述中，原子蹒跚行走于整个视界面上，且在那个时候被电离了。但是在另一种描述中，原子完全不受干扰地下落并直接冲向视界上的那个点。为什么外部的观测者无法观测原子？为什么该观测者会看到原子正发生着剧烈的反应？这将使得黑洞互补性原理最终是错的。 223

当我刚开始解释的时候，我发现普雷斯基尔显然已经考虑过了这个问题并得到了跟我一样的结论。首先我们都注意到了原子只有达到视界附近温度为100 000度的点时才会被电离。它仅发生在离视界非常近的位置，大约只有百万分之一厘米的距离。那里是我们来观测电子的地方。这听起来不是十分困难，百万分之一厘米并不

是那么小。

海森伯会怎么做呢？答案当然是他会拿出他的显微镜并用波长合适的光来照亮原子。在这里，为了把它从一个厚度为百万分之一厘米的视界表层中分辨出来，他需要一个波长为10^{-6}厘米的光子。通常问题就在这里：波长这么小的光子具有很高的能量；实际上，这些能量足够可以使它在撞击原子的时候*电离原子*。换句话说，任何证明原子不会被炙热的延伸视界电离的尝试，都会导致原子被电离。讲得更深刻一些就是，我们认为任何观察电子和质子在视界上随机游动的企图，都会将粒子炸掉并把它们散射到视界各处。

224

在我的印象中，这次讨论并不理想，但是我还记得佩吉非常活跃并用他那极其洪亮的声音高声说，我在称这个想法为互补性原理的时候并不是在开玩笑。这就是玻尔和海森伯谈论的那类东西。实际上，在实验上反驳黑洞互补性原理与反驳不确定性原理非常相似——实验本身造成了那些它要去证伪的不确定性。

当原子离视界更近时，我们讨论了会发生什么。海森伯的显微镜需要使用能量更高的量子。最终，为了追踪在视界表面厚度为普朗克尺度的表层中的原子，我们将必须用比普朗克能量更高的光子去撞击它。没有人知道这样的碰撞会是什么样子。世界上还没有一台加速器能将粒子加速到接近普朗克能量。普雷斯基尔将这个想法总结成了一个原理：

任何关于黑洞互补性原理将导致可观测矛盾的理论证

明，将不可避免地依赖于那些关于“超越普朗克尺度物理学”的无根据的假设，换句话说，这就是对一个远远超出我们经验范围的自然作出的假设。

接着普雷斯基尔提出了一个很让我担心的问题。假设有1比特的信息掉入了黑洞。根据我的观点，外部的某个人可以收集霍金辐射并最终还原这1比特信息。但是假设在收集完这1比特信息后，他带着这1比特信息跳进了黑洞。那么在黑洞内部会有这1比特信息的两份拷贝吗？这就好比在你从邮递员那里接收到你的包裹后，你待在家里，而你的朋友进了你家。当两个观察者碰面并比较有关内部的事物时会出现矛盾吗？

普雷斯基尔的问题给了我一记重拳。我没有思考过这样的可能性。如果内部的某人发现了两份同1比特信息的拷贝，那么这将破坏量子复印机不存在性原理。这是我遇到过的对于黑洞互补性原理最严峻的挑战。虽然几个星期之后我才全盘知晓了答案，但是普雷斯基尔当时他自己就拿出了部分的答案。他推测这两个复制品在他们撞向奇点前可能不会相遇。邻近奇点的物理学属于量子引力的神秘的未知领域。这使得我们艰难地躲过这一劫。正如事情所发生的那样，唐·佩吉的想法对于解除普雷斯基尔那个“炸弹”起了关键的作用。

225

有人说下一个报告马上要开始了，讨论就仓促地结束了。我想这应该是这次会议的最后一个报告了，我不知道谁将演讲也不知道讲的是关于什么。我很担心普雷斯基尔的问题，所以不能集中思想听报告。但是在会议最终结束前的一个组织者的讲话打断了我的思绪。乔·波尔钦斯基站了起来说他要做一个调查投票。问题是："你相信当黑洞蒸发时信息如霍金主张的那样丢失了吗？或者你相信如特霍夫特和萨斯坎德所宣称的信息会跑出来吗？"我怀疑在会议之前大部分人都倾向于霍金的观点。我很好奇，想看人们在会议中有没有动摇。

与会者被要求在常见的三个候选者以及外加的第四个选项中选择一个投票。这里是选项及其解释：

1.霍金选项：信息掉进黑洞后便不能挽回地丢失了。

2.特霍夫特和萨斯坎德选项：信息在霍金辐射中的光子和其他粒子中。

3.信息被束缚在微小的普朗克尺度的残留物中。

4.其他。

大家举手表决，乔·波尔钦斯基在报告厅前面的白板上统计了结果。有人给这块板照了相以示后人。承蒙乔·波尔钦斯基允许，图示如下：

226

最终结果为：

· 信息丢失25票。

· 信息从霍金辐射中出来39票。

· 残留物7票。

· 其他6票。

这场暂时的胜利——投给黑洞互补性原理的39票比投给其余所有的38票——并不像它看起来那样令人满足。那真正的胜利是什

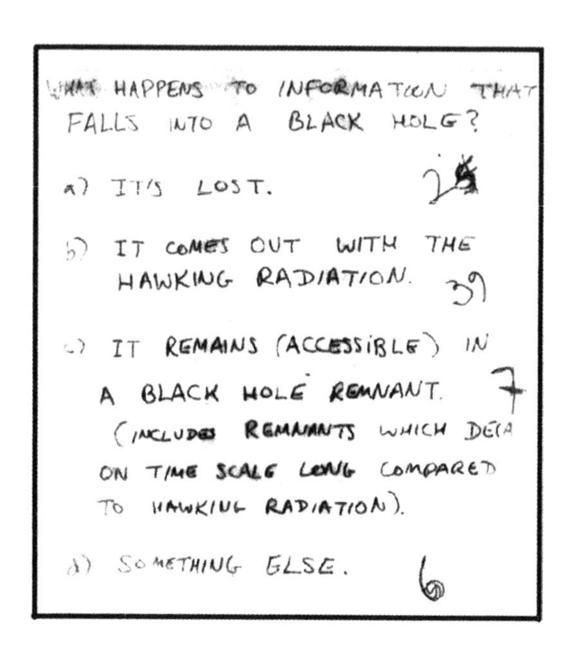

么——45对32，60对17？大部分人的想法真的重要吗？科学不像政治，它并不应该由民意来决定。

在圣芭芭拉会议之前不久，我读了托马斯·库恩（Thomas Kuhn）的书《科学革命的结构》。一般来说，与大部分的物理学家一样，我对哲学家关于科学是如何运作的思考并不是很感兴趣，但是库恩的想法似乎还是对路的，它们明确了我关于过去物理学是如何发展的一些模糊的想法，更确切地说，明确了我在1993年时所希望的物理学的发展方式。库恩的观点就是常规的科学发展进程——实验数据的累积，[227]用理论模型解释这些数据，解方程——常常被主要范式的变更所打断。一个范式的改变无非就是用一种世界观代替另一种世界观。整套新的思考问题的方式出现，并替代了先前的概念框架。达尔文的自然选择原理就是一个范式的改变；空间和时间变为时空，再变为可形变有弹性的时空也是范式的改变；此外量子力学的逻辑取代经典的决定论当然也是一个变革。

科学范式的改变并不像艺术或政治的范式的改变。艺术和政治中观点的改变仅仅就是观点的改变。相比较而言，牛顿的运动规律并不会变回到亚里士多德力学。我不相信人们会改变他们的想法，在对太阳系做精确预测的时候，会认为牛顿引力理论比广义相对论更好。进步——范式的进步——在科学中是真实的。

当然，科学是人的科学，在痛苦地争取新范式的斗争中，观点和情感就像在人类任何其他活动中一样不稳定。但是不管怎么说，当所有的流行的观点都被科学方法过滤掉时，一些细微的真理的内核被留了下来。它们可能会被改进，但是一般来说是不会被逆转的。

我觉得黑洞战争就是一场争取新范式的经典斗争。黑洞互补性原理赢得了“投票调查”并不代表任何实质性的胜利。实际上，我最想影响他们观点的那些人，包括乔·波尔钦斯基，加里·霍罗维茨，安迪·斯特鲁明格还有最重要的霍金投了反对票。

在接下来的几个星期中，我和拉鲁斯·索拉修斯总结分析了实际情况并解决了普雷斯基尔的那个问题。这花了我们一定的时间，但是我确信如果那天我和普雷斯基尔以及佩吉的谈话能再继续半个小时的话，在那里我们就应该能够把这个问题解决了。实际上，我认为普雷斯基尔已经给出了一半的答案。简单地说就是，把1比特信息从黑洞中辐射出来需要花一定的时间。普雷斯基尔推测，当外部观测者能够还原信息并跳入黑洞之时，那个原本的信息早已经到达奇点了。[228]唯一的问题就是从霍金辐射中还原那1比特信息需要多久才行。

有意思的是，在圣芭芭拉会议一个月前的一篇优秀的论文中已经给出了这个答案。那篇文章虽然没有明说，但是却含蓄地表明了还原1比特信息需要用辐射一半霍金光子的时间。如果黑洞辐射光子的速率特别慢，那么辐射掉一个恒星质量的黑洞所产生的一半的霍金光子可能要花10^{68}年，这个时间要比宇宙年龄大得多。但是只需要几分之一秒那个原始的信息就会被奇点所毁灭。显然，要从霍金辐射中得到这个信息然后跳入黑洞与原始那个进行比较是不可能的。黑洞互补性原理是安全的。谁是这篇出色论文的作者呢？唐·佩吉。

229

第 16 章
颠来倒去

在20世纪60年代，有一次我去格林尼治村的一个先锋派剧院看演出。居然出现了一个滑稽幽默的情节，观众被请上舞台，代替舞台工作人员和活动背景，在幕间参与演出。

一个妇女被告知要把一个椅子搬到舞台的后面，但是当她刚一碰到它时，椅子就变成了一捆柴火。另一个观众抓住一个小箱子的把手使劲儿拽，但是这箱子一动也不动。我的工作就是举起一块6英尺见方的大石头交给一个站在那个较低的阳台上的观众。为了贯彻精神，我用双臂抱住它，并假装用我全身的力量在举。当这块巨石被轻易地抛向空中，仿佛只有几盎司那么重时，真正的认知冲突就在瞬间出现了。其实，它只是个上了漆的西印度轻木薄壳。

人脑中有关物体大小和质量间的联系必定是那些难以改变的本能之一，即我们无意识的物理学“干扰克机制”中的一部分。如果一个人始终不断地在这一点上犯错很可能意味着严重的脑残，除非这个人碰巧正好是一个量子物理学家。

继爱因斯坦1905年的发现之后一项伟大的再认知工作就要求破

除大的是重的，小的是轻的这样一个本能，并用一个完全相反的：大的是轻的，小的是重的，来代替它。就像很多其他情况一样，爱因斯坦是第一个模糊地意识到这种奇异的爱丽丝式的逻辑倒置[1]。当时他抽的是什么烟呢？抽的只是他烟斗中的板烟丝而已。跟以往一样，爱因斯坦影响最深远的那些结论，只来自于他脑中所进行着的最简单的思想实验。 230

难以置信的光子缩小盒

这个独特的思想实验是从一个可以调节的盒子开始。除了几粒光子盒内空无一物，并且盒子可以任意地改变大小。其内壁是一些能够完全反射的镜子，所以被捕获在盒子里的光子，将在这些镜子间来回反弹，无法逃逸。

一个被禁锢在封闭区域内的波，其波长不可能比那个区域的尺寸大。试想一下把一个10米的波装进一个1米的盒子。

这是不可能的。然而，将一个1厘米的波装进去就毫无问题。

---

1. 译者注：原文为Alice-in-Wonderland，取自英国小说《爱丽丝梦游仙境》（*Alice's Adventure in Wonderland*），叙述一位小女孩 Alice 做梦到一处神奇的王国，经历一堆千奇百怪的遭遇，也常被用来描述一些不可思议的奇异事情。

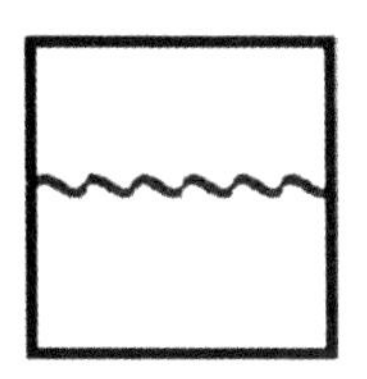

爱因斯坦想象不断地缩小这个盒子而将那个光子始终禁锢在里面。随着盒子的变小，光子的波长不可能保持不变。唯一可能的就是每一个光子的波长都一定随着盒子变小了。最终盒子将变得极其微小，里面充满了如此高能量的光子，这是由于它的波长相应地变短了。继续缩小盒子甚至会增加更多的能量。

但是回想一下爱因斯坦那个最著名的方程，$E=mc^2$。如果盒子里231的能量增加，那质量也同样会增加。因此，它变得越小，质量增加得越多。质朴的直觉又一次把它颠倒了过来。物理学家必须重新认识这个规律：小的是重的，大的是轻的。

大小和质量的关系以另一种方式显现出来。自然界看来是具有层次性构造的，结构中的每一层由更小的物体构成。因此分子由原子构成；原子由电子、质子和中子构成；质子和中子由夸克构成。科学家们通过粒子撞击目标原子，并观察其产生物发现了这些结构层次。从某种意义上来讲，这与通常的观测并没有那么多的不同。平常的观测中光（光子）被物体反射，然后聚焦到胶片上或者是人眼的视网膜上。但是如前面我们所看到的，如要探测非常小的尺度，我们就必须用能量极高的光子（或者是其他粒子）。显然，用高能量的光子探查原子时，大量的质量——至少按基本粒子物理的标准是这样——被聚集在一个很小的空间。

我们画一幅图来给出尺寸和质量（能量）的倒数关系。我们用竖轴来表示要探查的尺度，横轴则表示光子分辨物体所需要的质量（能量）。

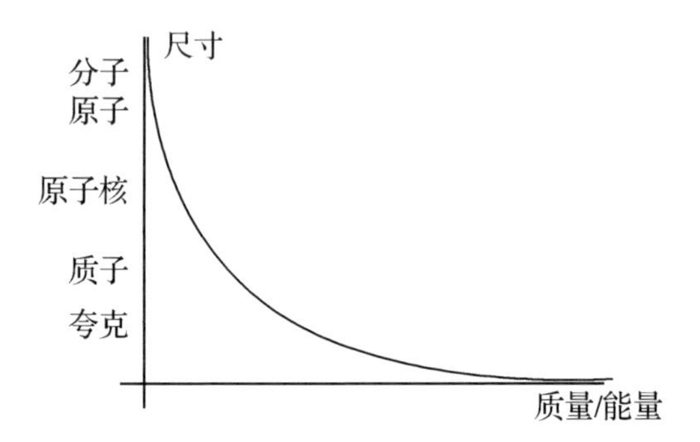

曲线形状很明确：物体越小，观察到它需要花更大的质量（能量）。理解大小和质量（能量）间的相反关系是20世纪大部分时间中，每一个读物理的学生都必须做的事情。

爱因斯坦的光子盒并不是一种怪诞想法。尺度越小意味着质量越大的想法已渗透到了现代基本粒子物理的每个角落。但具有讽刺意义的是，21世纪却指望着对这种认识的再度装备。 232

想了解个中原因的话，就想象我们要确定比普朗克长度小100万倍的尺度上存在着什么，如果真存在着什么的话。也许自然界的层次性结构能延伸到那个深度。20世纪的标准方式，我们应该用一个是普朗克能量100万倍的光子去探查目标。但是这种方式必将会事与愿违。

我为什么这样说呢？虽然我们可能永远无法把粒子加速到普朗克能量，更不用说是它的100万倍了，但是，倘若能够做到的话，我们已经知道将会发生的事情。那么大的质量被填进一个如此小的空间会形成一个黑洞。我们将会被黑洞的视界所阻隔，它会把我们所要探测的每一样东西都藏在它的内部。当我们想通过提高光子的能量来看更小的距离时，视界将变得越来越大并且隐匿越来越多的东西：又是一种令人左右为难的情况[1]。

那么碰撞会产生什么呢？霍金辐射——仅此而已。但是随着黑洞的变大，霍金辐射的光子的波长也在变大。微小的亚普朗克尺度物体的清晰的图像，将被这些长波长的光子所产生的越来越模糊的图像所取代。所以我们预计随着碰撞能量的增加，我们最多也只能在一个较大的尺度上重新认识自然。因此，真实的尺寸–能量的图像是这样的：

曲线在普朗克尺度附近达到最低点，我们无法观测更小的东西。如果小于这个尺度，那么新装备的理论与未工业化时代是一样的：大=重。因此还原论——一种认为事物是由更小东西构成的理论——将在普朗克尺度的时候停下前进的脚步。

在物理学中，紫外（UV）和红外（IR）这两个术语所呈现出来的233意义，已经超越了它们仅仅与短波长和长波长光有关的本意。因为20世纪关于大小和能量的联系，物理学家们常常用UV表示高能，用IR

1. 译者注：原文为Catch 22，源于20世纪美国小说家约瑟夫·海勒（Joseph Heller）的小说《第22条军规》，该军规是一条无法执行的规定。有时戏谑地将其写作Catch 23。

表示低能。但是新认知理论把他们都混淆起来了：超越普朗克质量后，能量越高意味着尺度越大，能量越低就意味着尺度越小。这种混淆体现在术语上：新的趋势是把大尺度和高能量等同起来，这被模糊不清地称为红外紫–外联系[1]。

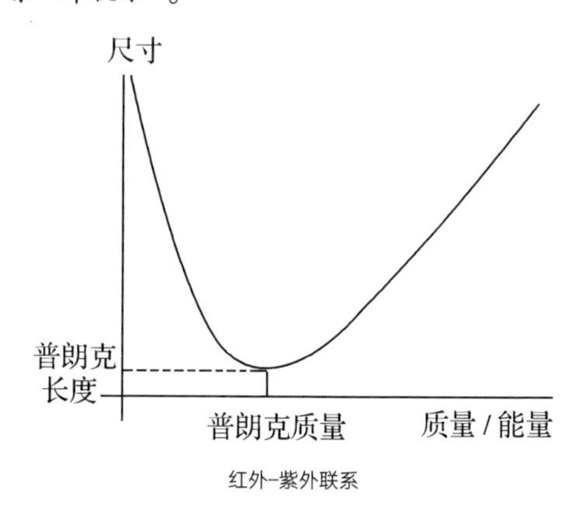

红外–紫外联系

作为部分原因，正是因为对红外–紫外联系缺乏理解，才使物理学家们在关于信息掉临视界的实质的问题上受到了误导。在第15章中，我们想象了用海森伯的显微镜去观察一个原子掉向黑洞的过程。随着时间的推移，原子越来越接近视界，这需要越来越高的能量的光子去辨析这个原子。最终，能量会变得很大，光子和原子的碰撞会产生一个大的黑洞。然后图像必将通过长波长的霍金辐射整合起来。结果并不是原子图像变得更加清晰，而是变得越来越模糊，直到该原子看起来覆盖了整个视界。从外部来看，用一个现在比较熟悉的类比就好像一滴墨水溶解在一浴缸热水中一样。

1. 这个糟糕的术语是我个人的错。红外–紫外联系这个表述是我和爱德华 · 威顿（Edward Witten）在1998年的一篇文章中第一次使用的。

234　尽管黑洞互补性原理那么不可思议，但是它似乎是自洽的。在1994年，我曾想动摇霍金的想法，对他说："瞧，霍金，你并没有领悟到你研究工作的整个意义！"我立即作了尝试，但是没有成功。一个月的尝试既有幽默又有痛苦。在我讲述我的烦恼的时候让我们暂停一下物理讨论吧。

第17章 亚哈在剑桥

235

小白点已经长大，占据了我整个视野。但是与亚哈[1]的困惑不同，困扰我的不是一头100吨重的鲸鱼，而是一个坐在电动轮椅上的体重100磅的理论物理学家。史蒂芬·霍金和他那些关于信息在黑洞内部毁灭的错误想法，一直在我的脑海中盘旋。对我来说，真相已不再有任何的疑虑，但是我满脑子想到的都是如何使霍金看到它。我并不想捕杀他，更不想使他难堪；我只想让他看到我所看到的东西。我想让他看到他自己提出的佯谬的深远意义。

1. 译者注：指的是美国小说家赫尔曼·梅尔维尔（Herman Melville）在1851年发表的小说《白鲸记》中捕鲸船的船长亚哈（Ahab）。文中的小白点指的就是小说中捕鲸船追捕的那条白鲸。

236　最困扰我的是那么多专家——基本上或几乎所有的相对论学家——那么轻易地就接受了霍金的结论。我很难理解他们怎么能如此自满。霍金认为存在着一个悖论，而且这个悖论可能预示着一场革命，这是正确的。但是为什么他们对革命就视而不见呢。

更糟的是，我觉得霍金和相对论学家们爽快地丢掉科学的一根支柱却又不补上一根新的。霍金尝试过用他的美元矩阵但最终失败了——使用的时候会使能量守恒发生灾难性破坏。但是他的追随者们却很满意地说："唷，嗯哼，信息在黑洞蒸发中丢失了。"然后就丢下不管了。这种在我看来是脑力上的懒惰和科学好奇心的退让使我感到很愤慨。

唯一能让我从强迫症中解脱出来的事情，就是在帕洛阿尔托后面的小山中跑步[1]，有时跑15英里，有时跑得更多。把注意力集中在追赶在我前面几码的人，直到我超过他或她，这常常能使我头脑清醒。而现在是霍金出现在我前头。

他侵袭了我的梦乡。在得克萨斯的一个夜晚，我梦见霍金和我都坐在一个机械化的轮椅上。我用我所有的力气想要把他推出椅子。但是霍金这个绿巨人强壮得令人难以置信[2]。他掐住我的脖子，切断了我的空气供给。我们搏斗着直到我从梦中惊醒，浑身是汗。

---

1. 译者注：帕洛阿尔托（Palo Alto）是美国加利福尼亚州的一座城市，北临旧金山，斯坦福大学就坐落于此。
2. 译者注：绿巨人（the Hulk）：是美国一本著名漫画的主人翁，具有极其强大的力量。

什么是治疗我强迫症的药？就像亚哈，我必须走向敌人并在他潜伏的地方追捕它。所以在1994年，我接受了邀请，去剑桥大学新建立的牛顿研究所访问。那年6月，霍金将会在一群物理学家中开庭审判，大部分我所熟识的人都不在我的阵营中：加里·霍洛维茨，加里·吉本斯（Gary Gibbons），安迪·斯特鲁明格，杰夫·哈维，史蒂夫·吉丁斯，罗杰·彭罗斯，丘成桐和其他一些重量级人物。我的唯一盟友就是赫拉德·特霍夫特，但他并不会去。 237

我并不是很渴望再次访问剑桥。23年前的两次经历让我感觉受伤和懊恼。那时我年轻，没名气，由于工人阶级出身成为一个学者的经历，备受缺乏安全感的煎熬。一份去参加剑桥三一学院晚宴并坐贵宾桌的邀请并不能减轻它们[1]。

我仍然不知道被邀请坐上高桌究竟意味着什么。我不知道这算不算是一个荣誉，如果是，谁或者是怎样的人会被授予这个荣誉。还是这仅仅是个用餐的地方？无论如何，我的邀请人，一位慷慨和善的人，名叫约翰·波尔金霍恩（John Polkinghorne）的教授，带我进了一个挂满了艾萨克·牛顿和其他伟人肖像的中世纪风格的大厅。本科生穿着学士服坐在最低的台子上。科学部的教员们入席贵宾桌，一个在大厅一边的高起的台子。上菜的那些服务生穿得远比我好得多。在我两边坐着的都是学者，他们咕哝着一种我很难听懂的语言。我的左边是一位德高望重的导师在呼噜呼噜地喝着他的汤，我的右边是一位穿着高贵的学者，他正在讲述一个以前去过那里的美国客人的故事。好像

---

1. 译者注：原文为High Table，是指英国大学宴会时候的贵宾桌，它比其他餐桌高一些。

是在说这个缺少作为剑桥人应有修养的美国人，不合适地选了一瓶可笑的酒。

关于鉴赏酒类的知识而言，我有理由相信，我闭上眼睛依然可以区分红与白两种葡萄酒。我更确信我可以区分葡萄酒和啤酒。但是除了这些之外，我的味觉就失效了。我觉得自己就是那个故事中的笑柄。谈话的其他部分是一些只有剑桥人感兴趣的东西，与我无关。我一个人品尝着这顿没什么滋味的饭（煮熟的鱼盖上白色的面粉糊），隔断了任何谈话。

一天，我的邀请人带我参观三一学院。在一幢建筑的大门前有着 238 一块精心修剪象征着荣誉的大草坪。我注意到没有人穿越草坪。环绕这块草坪的一条小路是唯一允许通行的道路。所以在波尔金霍恩教授握住我的手臂径直斜穿草坪的时候，我很吃惊。这意味着什么？我们是在侵入圣地吗？答案很简单：教授是被授予穿越草坪的古老特权的，239 在英国大学教授的比例要比美国的少。其他任何人，至少是层次较低的人是不允许在上面踩踏的。

第二天，我在没人陪伴的情况下离开了学院，回到了我的酒店。31岁当上教授算是年轻的，但是我当上了。我自然相信我有权力穿越草坪。但当我走到一半的时候，一个穿着无尾半礼服戴着圆顶硬礼帽的矮胖绅士，闪电般地从一座建筑中冲出来，气势汹汹地要我马上离开草坪。我抗议说我是一个美国教授，但是我的抗议毫无结果。

23年之后，留着胡子，老了许多看起来甚至有些吓人的，我又一

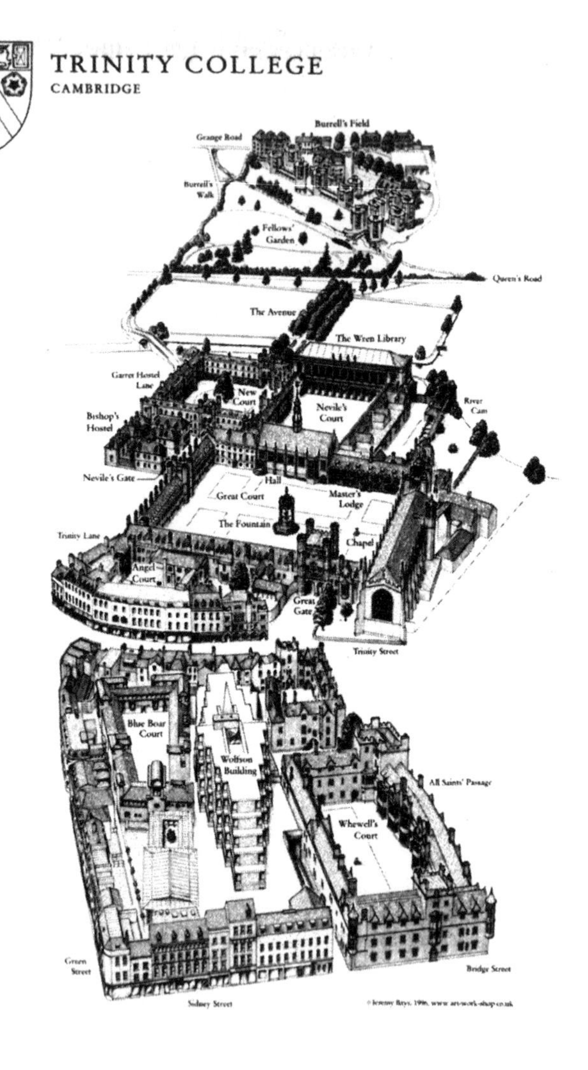

次尝试这个我没有成功的事情。这一次的穿越没有遇到任何问题。是剑桥变了吗？我真的不知道。是我变了吗？是的。几十年前那些令我愤怒的划分等级的势利行为——高桌与草坪特权——现在在我看来只不过是一种盛情的款待以及有点英国腔的怪癖行为。这次重返剑桥有好多方面令我很吃惊。事实上我对这所大学传统做法的不悦，已经转变成了某种奇妙的感觉，而名声不好的英国食物的味道也有了明显的提升。我发现我喜欢剑桥了。

到那儿的第一天，我醒得非常早。我打算漫步穿过小镇到达我最终的目的地，牛顿研究所。我把我妻子——安妮，留在了我们在切斯特顿路上的公寓[1]。我步行到了剑河，经过了停放赛艇的船库，穿过了耶稣绿地。（在我第一次造访的时候，我感到很困惑甚至有点生气，为什么那么多剑桥的文化都有宗教根源。）

我走向桥街并跨过了剑河。凸轮？桥？剑桥？[2] 我会不会就站在给这个伟大学府定名的桥的原址上？也许不会，但是想想却很有意思。

240 旁边的一条长凳上坐着一个年长的绅士。他留着八字胡，看上去颇有些科学家的风雅。上帝呀，这人看起来太像欧内斯特·卢瑟福（Ernest Rutherford）了，原子核的发现者。我坐下来开始与他交谈。他显然不是卢瑟福，除非他从坟墓中爬出来：卢瑟福已经死了近60年了。也许这是他的儿子呢？

我这位同伴对欧内斯特·卢瑟福这个名字相当熟悉，他知道这个

---

1. 译者注：吉尔伯特·切斯特顿 Gilbert Keith Chesterton（1874 ~ 1936）系英国作家、新闻工作者，著有小说、评论、诗歌、传记等，以写布朗神父的侦探系列小说著名。
2. 译者注：剑桥（Cambridge）由凸轮（Cam）和桥（bridge）两次复合而成。事实上，该词来源于 bridge over the Granta（即今 Cam）River。

新西兰人发现了原子能。虽然极为相似，但他不是卢瑟福或卢瑟福的儿子。他更像是我的亲戚，一个退休的犹太邮差，对科学有着一种业余爱好的兴趣。他的名字叫古德弗兰德（Goodfriend），可能是从上一代的古特弗罗因德（Gutefreund）英国化而来的。

清早，我出门溜达，走过了银街，那里有一幢古老的建筑，以前应用数学与理论物理系就在里边——那也是约翰·波尔金霍恩接待我的地方。但是即使是在剑桥，事物也在发生变化。数学科学系（用英国式的学术语言表示就是“数学”系，“maths”）现在搬进了牛顿研究所附近的一个新址。

然后我看到了远处一个高耸的建筑。它若隐若现，直插云霄。国

王学院教堂是上帝在剑桥的家，有着君临众多剑桥科学建筑的气势。

241 有多少代主攻科学的学生在这个教堂中祈祷，至少是装模作样地祈祷过？出于好奇，我走进了它神圣的内堂。在那样的环境中，即便是我——一个骨子里面不信仰宗教的科学家——也在自己的信念中感到某种迷茫。我认为生命中仅仅存在的是电子、质子和中子，而生命的进化也无非就是那些最自私的基因之间进行的计算机游戏式的博弈。面对巧妙堆砌的石头和彩色的玻璃窗会让人产生"皈依天主教"这样的敬畏感，我对此几乎是免疫的，但也不是那么绝对。

所有这些东西使我脑中出现了一个长久困扰我的关于英国学术界的东西：宗教和科学传统的难以兼容地混合。传教士们在12世纪建立了剑桥和牛津，它们以同样的热情接纳了在美国被委婉地称为基于信仰的和基于现实的两种社会意识。更奇怪的是，他们似乎以一种令人不解的独特的宽容做到了这一点。举个例子，剑桥最出名的9个学院的名字：耶稣学院、基督学院、圣体学院、麦格达伦学院、彼得学院、圣·凯瑟琳学院、圣·埃德蒙学院、圣·约翰学院和三一学院。但是话又说回来，有一个沃尔夫森学院是以艾塞克·沃尔夫森（Isaac Wolfson）一个无宗教信仰的犹太人的名字命名的。更惊人的则是达尔文学院，就是那个把上帝赶出生命科学的达尔文。

这里的历史悠久而灿烂。牛顿在驱逐超自然信仰方面做得比前人都多。惯性（质量）、加速度和一个普适的引力规律取代了上帝之手，我们再也不需要他来引导星球运行了。但是正如研究17世纪科学史的历史学家不厌其烦地提醒我们的，牛顿是一个基督徒，而且还是一个狂热的宗教信仰者。他在基督教神学上花的时间、精力和笔墨比物理学更多。

对于牛顿和他的同辈来说，造物主的存在是必需的：不然怎么解释人类的存在？在牛顿的世界中没有东西能够解释，像人类这样有感觉能力的复杂体，是如何从无生命的材料中诞生的。牛顿有充分的理由相信，存在一个神予的起源。242

但是两个世纪之后，极端但并非自觉的反传统分子查尔斯·达尔文（也是一个来自剑桥的人）就在牛顿失败的地方获得了成功。达尔文的关于自然选择的想法，结合沃森（Watson）和克里克（Crick）（在剑桥发现）的双螺旋结构，人们用概率论和化学取代了创世的魔法。

达尔文是宗教的敌人吗？完全不是。虽然他丢掉了对于基督教教条的信仰并认为自己是一个不可知论者，但是他是当地教区教堂的强力支持者，也是约翰·英尼斯（John Innes）牧师的一个好朋友。

当然，并非处处都是那么友好和谐。关于托马斯·赫胥黎（Thomas Huxley）与萨缪尔·威尔伯福斯（Samuel Wilberforce）主教之间发生过一次激烈的（关于进化论）争吵。主教问赫胥黎他的祖父母是不是猿人？赫胥黎则称威尔伯福斯为真理的妓女，作为回敬。然而，没人被枪击、没人被刺伤，甚至没人被拳打。一切都在英国学术交流的文明传统中进行。

那么现在情况如何呢？即便到了今天，宗教和科学依然相处得很和谐。约翰·波尔金霍恩，那个带我穿越草坪的人，已经不再是一个物理学教授。1979年，他辞去了教授职位，去当了一名英国圣公会的牧师而转攻神学[1]。波尔金霍恩是一种流行观点的主要倡导者之一。这种观点认为科学和宗教将进入一个完美交汇的时期，上帝的计划将通过特别设计的自然法则得到显现。这些法则不仅完全不可思议，而且还恰恰保证了智慧生命的存在——这种生命又碰巧能够理解上帝和他的法则。现在波尔金霍恩是英国最负盛名的传教士之一。不过，我不知道他是否还被允许穿过那片草坪。

243

与此同时，牛津著名的进化论学者，理查德·道金斯（Richard Dawkins）带头指责科学和宗教的任何汇合。根据道金斯的理论，生活、爱情和道德不过是致命的竞争所引发的一场演出。它不发生在人与人之间，而是发生在自私的基因之间。英国知识界似乎雅量够大，足可容下波尔金霍恩和道金斯。

但是回到国王学院教堂。当晨光透过那些斑斓的玻璃的时候，人很难从纯光学的角度来思考它。所以，我坐在一条长椅上从一个好的角度欣赏这令人印象深刻的内景。

不一会儿一个表情严肃的男人也加入了进来。他高大魁梧但并不肥胖，带着一种在我看来独特的非英国式的腔调。他穿的衬衫是我年轻时候称为工作衫的蓝色粗棉衬衫，他的裤子是由两根宽背带吊着的棕色的灯芯绒裤子，这些让他看起来像一个19世纪美国西部的居民。实际上，我的猜测并不太离谱。他的口音是西蒙大拿口音，而不是东

1. 译者注：圣公会，基督教（新教）主要宗派之一。16世纪欧洲宗教改革运动时期产生于英国。1534年英国国会通过法案，规定英国教会不受制于教皇而以英王为最高元首，称为英国国教。17世纪后，受到加尔文派很大影响。在英国的世界殖民活动中，逐步向各国扩展。18世纪末，美国圣公会正式成立。鸦片战争后由英国、美国、加拿大传入我国。

英格兰。

在我们知道彼此都是美国人之后，话题转向了宗教。不，我解释说，我并不是去那儿做祷告的。实际上，我不是一个基督徒，而是亚伯拉罕之子[1]，只是过来欣赏建筑的。他是一个建筑承包商，走进国王学院教堂是想看一下石匠活。尽管他有着坚定的宗教信仰，但是他并不确定在这个教堂做祷告是否合适。他有自己信奉的耶稣基督后期圣徒教会的教堂[2]。他对英国圣公会深感怀疑。就我自己而言，我自己没有理由用自己根深蒂固的怀疑主义让他失望——我完全不相信宗教信仰，因为我觉得它只是一种对超自然力量的迷信。 244

1. 译者注：希伯来人的祖先。据《圣经》记载，亚伯拉罕原名亚伯兰，生于吾珥（仅伊拉克南部穆凯伊尔）。他75岁时遵照上帝命令率领族人进入迦南地。一些近代考古学者认为，这些记载确有所据。
2. 译者注：耶稣基督后期圣徒教会（The Church of Jesus Christ of Latter-Day Saints）：俗称摩门教，是基督教在美国的一个教派。创立于1830年，创始人史密斯称得天书《摩门经》而设立此会。初期行多妻制，后遭反对而停止。现流行于美国西部各州。

我对摩门教并不太了解。我与其唯一相关的经历，就是与一家很友好的摩门教家庭做过邻居。所有我所知道的就是摩门教有着严格的戒律，不许喝咖啡、茶和可口可乐。我推测摩门教是北欧新教的一支典型分支。当我这位刚认识的朋友告诉我摩门教徒与犹太人很类似时，我很吃惊。由于没有自己的家园，所以他们跟随他们自己的摩西穿越了沙漠勇敢地面对困难[1]，直到他们最终到达了他们的"迦南美地"——犹他州大盐湖地区。

我的这位朋友弓着背坐在那里，前臂放在分开的两膝上面，硕大的双手放在两腿之间。他所讲的不是一个模糊而古老的故事，而是一个在1820年前后发生的美国故事。我觉得我应该对此比较熟悉，但是事实并非如此。下面是我所记得的一些大概的细节，以及再补充上我后来查阅的一些历史记录。

约瑟夫·史密斯（Joseph Smith）出生于1805年，生他的母亲患有癫痫和严重的宗教幻觉症。有一天，天使莫罗尼（Moroni）来找他，并跟他说了一个关于一本隐藏的古书的秘密，这本书由纯金薄片制成，上面刻有上帝的话。这些话只是讲给史密斯的，但是却出现了一个问题：所刻的文字现在没有一个活着的人能够解译。

但是莫罗尼告诉约瑟夫不要担心。他会给约瑟夫一对神奇的透明石——一副超自然的眼镜。这对石头有它们自己的名字：乌陵和

1. 译者注：摩西是犹太先知，带领在埃及过着奴隶生活的以色列人，返回神所预备的盛产牛奶和蜂蜜的地方——迦南（巴勒斯坦的古地名，在今天约旦河与死海的西岸一带）。犹太教将《圣经》的开头五卷称作"律法书"，并认为出自摩西之手，称之为《摩西五经》。

土明[1]。莫罗尼让约瑟夫把乌陵和土明放在自己的帽子里，然后往里看，就可以看到显示为朴实英语的神奇刻文了。

对这个故事，我的反应是静静地坐着，仿佛在沉思。我想，一个人要么有信仰，要么没有。如果没有，那么一个透过置于帽中的魔镜观看金片的故事就显得非常可笑。但是不论可笑与否，有几千个信徒追随着约瑟夫·史密斯。史密斯在38岁那年暴死以后，这些信徒就跟着他的继承者布里格姆·扬（Brigham Young）历经了各种惨痛的危险和磨难。今天，这些信徒的后代已有数千万人。

顺便提一下，你可能要问乌陵和土明帮约瑟夫破译的那本金书后来怎么样了。答案是在把它翻译成英文之后，弄丢了。

当时约瑟夫·史密斯是一个具有超凡能力的人，对异性有着强烈的吸引力。这一定是上帝计划的一部分。上帝命令约瑟夫与尽可能多的年轻女孩结婚并让她们受孕。他还要约瑟夫去召集大批的追随者，并把他们带到那块最初的乐土——伊利诺伊一个叫瑙屋的地方。当他和他的追随者到了瑙屋，他很快宣布他将竞选美国总统。但是瑙屋的上流人士都是基督徒——传统的基督徒——并不太喜欢他关于一夫多妻的想法。于是他们枪杀了他。 246

就像摩西把斗篷交给约书亚一样，史密斯把权力传给了布里格姆·扬，另一个有很多女人和孩子的男人。摩门教开始仓促逃离瑙屋。

1. 译者注：乌陵和土明（Urim和Thummim）二词最早出现于《圣经·出埃及记》，是指古代犹太教大祭司装在胸牌内的宗教物品，以此占卜。

最后，扬带领他们历经艰难险阻，长途跋涉到了犹他州。

我不仅在那时是，现在依然还是着迷于这个故事。我相信在那个时刻它影响了我对于霍金本人以及他对其他物理学家超凡影响力的看法，这无疑是完全不公平的。由于深受自己失败的困扰，我想象他就是一个花衣魔笛手，带头向量子力学发起一场虚假的圣战。

但是那天早上，我脑中想的既不是霍金也不是黑洞。国王学院的教堂留给了我一个全新的科学佯谬，让我去烦恼。这与物理学无关，至多是一种间接的关系。这是一个与达尔文进化论有关的东西。人类怎么会进化出一种如此强大的推动力，以至创造出一些非理性的信仰体系，并对它们深信不疑？人们可能会想到达尔文的自然选择，会使人们趋向于理性，并去除那些倾向于导致迷信的基于信仰的信念系统的基因。毕竟一个非理性的信仰会杀死人，就像约瑟夫·史密斯之死那样。毫无疑问，它杀死了成千上万的人。人会由于信仰而追随一些轻率鲁莽的领袖人物，你也许期望进化会消除这样的倾向。但事实似乎完全相反。这个科学的佯谬，在我第一次来剑桥的时候就引起了我的兴趣。自此之后，我就着迷了，并花了很长的时间企图解开这个谜团。

我在剑桥的几个星期中，我似乎偏离了我原本来这里的目的——黑洞的量子行为。但是事实并不全是这样的。不断困扰我的问题是像霍金、特霍夫特、我自己以及所有其他参加这场黑洞战争的人是不是我们自己都是基于信仰幻觉的受害者？

在剑桥的那几周是令人烦恼的，但是也充满了许多戏剧性的想法。亚哈和鲸鱼的故事是一个可以从不同角度看的故事：是那头发疯的鲸鱼让亚哈葬身于大海的深处呢，还是亚哈的疯狂使得脆弱的斯塔巴克难逃厄运？[1] 更确切地说，是我像亚哈一样有着一种愚蠢的追捕强迫症，还是史蒂芬·霍金用一个错误的想法引诱着其他人？ 247

关于花衣魔笛手史蒂芬，或隐士史蒂芬（名字源于一名法国十字军战士隐士彼得）[2]，摧毁了被他迷惑的追随者们的智力的想法，现在想起来十分好笑的。显然，困扰人的情绪的是一种威力巨大的迷幻药。

现在，我并不想给你们留下这样的印象，即我成了自己晦涩想法的囚徒，几个星期以来一直毫无目的地在剑桥的街道上闲逛。我打算在牛顿研究所做一系列关于黑洞互补性原理的报告。我花了很多时间在研究所准备这些报告，并与我那些怀疑论者同事争论各种问题。

牛顿研究所

大概是10点钟，我离开了国王学院教堂并走进了6月天的灿烂阳光。关于非理性信仰在达尔文理论中的神秘性问题，慢慢地爬进了我的大脑，但是一个更加急迫的技术问题需要马上解决：我还没有找到牛顿研究所。

我那份虽全却无用的地图带我走出了老剑桥的中心，去了一个不

1. 译者注：斯塔巴克（Starbuck）是《白鲸记》中反对亚哈向鲸鱼复仇的船员。
2. 译者注：隐士彼得（Peter the Hermit），一位法国的牧师，第一次十字军东征中的重要人物。

是那么有剑桥特色、看起来比较现代化的住宅区。我希望这是一个错误；因为这会使我那浪漫的愿望落空。我看到一个指向威尔伯福斯路的标志。难道这就是那个威尔伯福斯吗，那个被称作“感伤的萨姆”并质问赫胥黎他的祖父母是不是猿人的人？也许历史的浪漫并未消失殆尽。

248　实际上，真相比猜测更好。威尔伯福斯路是以萨缪尔的父亲的名字命名的，尊敬的威廉·威尔伯福斯[1]。威廉在英国历史中扮演着极为重要的角色，是在大英帝国时期废除奴隶制运动的领袖。

最后，我从威尔伯福斯路转到了克拉克森路[2]。我在看到牛顿研究所后，第一印象又使我倍感失望。这是一栋当代建筑——不算丑，但以通常的方式用玻璃、砖块和钢筋建造。

不过当我一进入建筑，沮丧变成了赞赏。从使用意图来看，它有着完美的设计：在激烈的辩论中争论和交换想法——老的、新的和未经尝试的；猛烈地抨击错误的理论，还有，我希望能遭遇到敌人并将他们击败。有一个很大、照明很好的地方，摆着许多用来写字的舒适的桌椅，其大部分墙壁上都挂有黑板。几小群人分别围坐在咖啡桌旁，每一张桌子都被许多纸覆盖，物理学家永远在上面画来画去。

1. 译者注：威廉·威尔伯福斯（1759～1833），英国政治家。1787年起在废除奴隶贸易以及后来在废除英国海外属地的奴隶制本身的斗争中起过显著作用。在剑桥求学时，成为未来首相小威廉·皮特的密友，后两人一同进下院。萨缪尔是他的儿子，1829年为牧师。1860年与赫胥黎辩论。1869年任温切斯特助教。1870年倡导修订钦定版《圣经》，使其语言跟上时代。
2. 译者注：汤姆斯·克拉克森（1760～1864），英国废奴主义者。1786年出版《论人类的奴隶制度和奴隶贸易》，从此与威尔伯福斯发生联系，共同创建一个以废除奴隶贸易为宗旨的协会。1823年当选为反奴隶制协会副会长。

牛顿研究所

我想加入加里·霍洛维茨、杰夫·哈维和另外一些朋友的那桌，[249]但是在我想这样做之前，另一件事情引起了我的注意。一个不同类型的谈话正在进行，我忍不住偷听了起来。房间的另一个角落里，国王正在临朝议事：霍金坐在中间，他的身躯被机械王座抬高了些许，听任一群英国记者采访。采访的内容显然不是物理，而是霍金本人。当我来到时，他正在讲述自己的历史和那使他衰弱的疾病。他的故事一定是预先录好音的，但是与以往一样，他身上的一些独特的不能用语言描绘的特质，战胜了机器声的单调。

记者们非常入神——当他在讲述他在被确诊为卢伽雷氏症之前的早年岁月的时候，每一个人盯着霍金的脸上的每一个细微的表情。

根据他的陈述，那些早年岁月充斥着厌倦和无聊的感觉——一个年轻人哪儿都不能去的无聊感觉。他24岁，一个普通的物理学研究生，没有取得什么进展：有点儿像一个没有太大抱负的偷懒者。那是早来的午夜钟声，一个可怕的诊断结果，宣判了某种形式的死刑。我们大家都在死刑下生活，但是霍金的情况似乎是马上要发生：一年，也许两年，可能时间还不够让他完成博士学业。

开始的时候，霍金深感恐惧和沮丧。他常常梦魇，梦到自己被草草地结果了性命。但接着，意想不到的事发生了。即将死去的想法被一个可缓刑几年的前景所取代。效果立竿见影，转瞬间他对生命充满了巨大的热忱。他要在物理学上留名，要结婚生子，要体验世界以及剩余时间所能提供给他的一切东西。空虚无聊即被这些需求所替代。霍金说，得病——偏瘫病——是在他身上发生的最好的事情。

250　我并不太喜欢崇拜英雄。我欣赏那些头脑清晰、思考深刻的科学家和小说人物，但是我不会把他们称为个人英雄。那个时候，在我的万神殿中唯一的巨人就是伟大的尼尔森·曼德拉。但是当时，在牛顿研究所偷听的时候，我突然觉得霍金是一个英雄式的人物，一个足以与莫比·迪克（Moby Dick）媲美的人物[1]。

但是我还可以看到——或者可以想象出来——一个像霍金这样的人是多么容易成为花衣魔笛手。你可以回忆一下当霍金在写问题答案的时候，整个报告厅里面鸦雀无声，就像教堂里面的那种寂静。

---

1. 译者注：小说《白鲸记》中的那条巨大的顽强聪明的鲸鱼。

并不只是在学术场合霍金有着这样的待遇。有一次，我与霍金一起吃晚饭，用餐的还有他的妻子，伊莱恩（Elaine），以及曾经是他学生的著名人士拉斐尔·博索（Raphael Bousso）。我们在得克萨斯中部，一家美国沿公路随处可见的普通饭店吃饭。我们已经在吃了，我、伊莱恩还有拉斐尔在交谈，霍金主要是听。这时一个极为崇拜霍金的服务员认出了霍金。他怀着敬畏的心情慢慢走了过来，崇敬、恐惧、谦卑就像一个虔诚的天主教徒碰见了正在用餐的教皇。当他向这位伟大的物理学家表达自己一直怀有的深厚情感时，几乎就要拜倒在霍金脚下，祈求他的祝福。

霍金当然喜欢成为超级名人，这是他与这个世界交流的为数不多的几种方式之一。但是他享受或者鼓励这种近乎宗教性质的崇拜？虽然了解他在想什么并不容易，不过，我与他相处的时间够多了，所以至少能够在一定程度上解读他的面部表情。得克萨斯饭店里所透露出的细微信号，不是暗示着喜悦，而是暗示着烦恼。

让我回到我原本来英格兰的目的：说服霍金，告诉他，他所坚信的信息会丢失是错误的。但不幸的是，对我来说直接跟霍金讨论几乎是不可能的。我没有足够的耐心，为了一句几个字的话等上几分钟。[251] 但是其他人如唐·佩吉、加里·霍洛维茨和安迪·斯特鲁明格，他们花了大量的时间与他交流合作。他们远比我懂得如何更为有效地与他交流。

我的策略就是依靠两样东西。第一是物理学家都喜欢谈话，而我对如何进行交谈很在行。实际上，我很精通此道，所以物理学家们应该会聚集过来，参与我发起的讨论，尽管他们可能不同意我。每当我走访一个物理系，那里就会冒出一连串的小型研讨会，即使是最宁静的地方也不例外。所以我知道聚集一些霍金和我共有的朋友（他们是朋友，尽管在黑洞的战争中我把他们看成是敌人）并很容易开始争论。我也知道霍金肯定会参与进来——要使他远离一个物理讨论就像要使一只猫远离樟脑草[1]——不久我和他将发生激烈的争吵，直到一方或另一方认输为止。

我的策略还依赖于我论证的力量，以及另一方论证的弱点。我深信最终将获得胜利。

除了一个细节外，其他都运行得很成功：霍金没有参与进来。当时他身体正感不适，这种情况我们很少见到。结果这场战役就像几年来，我在美国经历的那些一样。在我还没有向鲸鱼射击的时候，它就溜走了。

离开剑桥前一两天，我打算面向整个研究所发起一个关于黑洞互补性原理的正式讨论会。这是我与霍金对峙的最后的机会。报告厅里面坐满了人。在我刚开始讲的时候，霍金到了，坐在后排。通常，他会坐在前排靠近黑板的地方，但是这次他并不是一个人。他的护士和另一个助手也都来了，因为当时他需要医疗看护。很显然他正身陷麻烦中，大概在讨论会进行到一半的时候他离开了。事情就是这样。亚哈失去了他的机会。

---

1. 译者注：樟脑草学名为假荆芥，是一种会让猫产生兴奋和幻觉的草本植物。

讨论会在5点钟左右结束了，那时我在牛顿研究所已经待够了。[252] 我想离开剑桥。安妮正在和一个朋友闲聊，她把租来的车留给了我。我当时并没有开车回公寓，而是向外开去，经过邻近的村庄米尔顿后，在一个酒吧停了下来。我不是一个爱喝酒的人，一个人喝酒绝对不是我的习惯，但在这种情况下我确实想一个人坐下来喝杯啤酒。这并不是说我要孤独，只是在场没有物理学家。

这是一个典型的乡村酒吧，一个中年女招待和一些当地顾客站在吧台边。其中一个男顾客看上去已有80多岁了，穿着棕色西装，系着领结，还支着一根拐杖。我相信他不是爱尔兰人，但是他很像在《与我同行》里面与宾·克罗斯比（Bing Crosby）演对手戏的巴里·菲兹杰拉德（Barry Fitzgerald）（菲兹杰拉德演的是一个脾气暴躁但心地善良的爱尔兰牧师）。[1] 这个顾客正在与那个女招待友好地争论着什么，她管他叫卢（Lou）。

我想他肯定不是物理学家，于是就径直朝卢旁边的吧台走去，要了啤酒。我记不清谈话是怎么开始的，但是他告诉我，他曾经当过一段时间的兵，后来因为在战争中失去了一条腿而结束了部队生涯。我估计指的是第二次世界大战。虽然少了一条腿但似乎并不影响他站在吧台边上。

谈话不可避免地会谈到我是谁，来米尔顿干什么。我当时没什么心情去解释物理，但是我不想向这位老绅士撒谎。我告诉他我是来剑

1. 译者注：1944年的美国经典影片，当年获得奥斯卡最佳影片等七项金像奖。其中主演宾·克罗斯比和巴里·菲兹杰拉德分获了最佳男主角和最佳男配角奖。

桥参加一个关于黑洞的会议。于是他告诉我，他在这方面是专家，并可以告诉我许多我可能不知道的事情。谈话开始转向一个诡异的方向。他声称根据他的家族传说，他的一个祖先曾经到过黑洞里面，但是在最后时刻从里面出来了。

他所讲的是什么黑洞呢？黑洞疯子比比皆是，而且通常令人生厌。253 但是这个人看上去不像平常的疯子。啜了一口啤酒后，他继续说，加尔各答黑洞是一个很丑陋的地方，能有多脏，就有多脏。

加尔各答黑洞？[1] 他肯定认为我是来剑桥参加一些关于英印（盎格鲁-印度）历史的会议。我听到了加尔各答的黑洞，但是我不知道那是什么。我的模糊的印象就是在一个妓院里没有防备的英国士兵们被抢劫和杀害了。

我决定不作澄清，而是想尽可能多地了解原始版黑洞的情况。这个故事颇具争议，但听起来它像是1756年被敌军占领的英军堡垒中的一个地窖，也有可能是一个地牢。大批英国士兵在这个地窖中被困了整整一夜，也许由于某种偶然原因，他们最终窒息身亡。根据家族传说，七代以前，卢的一个先祖侥幸死里逃生。

就这样，我发现了信息逃离黑洞的一个案例。要是霍金在场听到就好了。

---

1. 译者注：加尔各答黑洞是指法国于1756年6月间，在孟加拉国仓促建立，用来监禁英国俘虏的场所，据说只是一间环境极为恶劣的普通小地牢。1756年6月20日，监禁于此的英国人与印度佣兵120余人均窒息身亡，引起了国际争论。该事件，亦为英法争夺印度半岛殖民利益发生的纠纷战争中，著名的历史事件之一。

第 18 章 世界是一幅全息图

颠覆统治范式。

——汽车贴纸上的标语

在我离开剑桥的时候，我意识到错不在霍金和相对论学家。几个小时的讨论，特别是跟加里·霍洛维茨，一个正牌的相对论学家，让我确信另有其因。他不仅是一个广义相对论方程的技法上面的奇才，还是一个思考极为深邃的人，喜欢从本质上思考问题。他花了很多时间思考霍金的佯谬，尽管他很清楚信息丢失的危险，但是他却认为霍金一定是对的——信息一定会在黑洞蒸发时丢失，除此之外并无其他的路可走。当我向霍洛维茨解释黑洞互补性原理的时候（这不是第一次），他理解了要义，但是他觉得这一步实在是太激进了。假设量子力学的不确定性原理，在像巨型黑洞这样一个大尺度上有效似乎是牵强的。显然这不是一种智力上的懒惰。所有这一切都归咎于一个问题：你相信哪个原理？

在我离开剑桥的航班上，我意识到真正的问题是黑洞互补性原理缺少一个坚实的数学基础。即便是爱因斯坦也没能使其他大部分物理学家相信他的光的粒子理论是正确的。人们花了20年时间，才发现了一个重要的实验，而海森伯和狄拉克抽象的数学理论在此之前已经完成了。显然，我假设了存在一个实验能检验黑洞互补性原理。（在此问题上，我错了。）但是也许一个更加严格的理论基础倒是可能的。

255

在离开英国的路上，我仍然不知道在将来的5年内，数学物理将会迎来这个一直以来在哲学上最困扰人的想法：从某种意义上来说，立体的三维经验世界只是一个幻象。我也不知道这个根本上的突破是如何改变这场黑洞战争的进程的。

荷兰

再见，美好的老英格兰。你好，风车和高大的荷兰人。在我回家之前，我打算穿越北海去探望我的朋友赫拉德·特霍夫特。在一个短暂的飞行后，我们到了阿姆斯特丹，我和安妮开车前往乌得勒支[1]，另一个布满运河和小房子的城市，特霍夫特是那里的一名物理学教授——有人会说是最伟大的物理学教授。在1994年的时候，他还没有得诺贝尔奖，但是人们都相信，不久后他就会得到。

在物理学家中，特霍夫特的名字是伟大的同义词，在荷兰这个可能人均拥有最多伟大物理学家的国家中，他是一个国宝级人物。所以当我到达乌得勒支大学的时候，我对特霍夫特朴素的办公室感到很吃惊。尽管荷兰以它的湿冷而著称，但是夏天的欧洲是一个潮湿的火炉，仍然让人无法忍受。特霍夫特的狭窄的办公室就跟其他人的一样，竟

---

1. 译者注：乌得勒支（Utrecht）是荷兰第四大城市，特霍夫特所在的乌得勒支大学（University of Utrecht）就坐落于此。

然连空调都没有。在我记忆中，他在房子的背阳的那端，是什么奇迹让他那些巨大的外来绿色植物免于酷热，这令我感到好奇。作为一个客人，我被带到了阴凉一点儿的办公室，但是那里还是太热而不能工作，甚至连讨论我们共同感兴趣的黑洞也难以进行。

周末的时候，我和特霍夫特还有安妮坐进了特霍夫特的车，然后去了一个乌得勒支附近的一些小村庄逛，那里的空气要凉快一些。就像许多伟大的科学家一样，特霍夫特对自然界有着强烈的好奇心——不只是对物理，而且是对整个自然界。由于对动物在饱受城市污染的世界中如何进化感到好奇，他勾勒出了许多想象中的未来生物。这是他的一种创造。你可以在他的个人主页上找到更多：www.phy.uu.nl/ ~thooft。

256

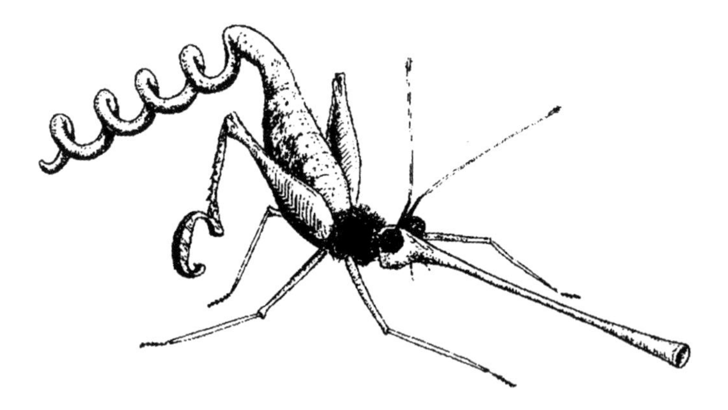

特霍夫特还是一个业余的画家和音乐家。安妮也是一个画家和钢琴家，所以在车上和在当地村庄吃午饭的时候——荷兰的薄烤饼，冷的矿泉水和许多冰激凌——我们的讨论无所不包，从海贝的外形、一个被污染的星球上生命将来的进化，直到荷兰的画家和钢琴技法。

不过就是没有黑洞。

在那一周的几个工作日里，我们也讨论到了物理。特霍夫特是一个喜欢争论的逆向思维的人，我们谈话常常会这样，我会说："特霍夫特，我完全同意你。"他回应道："是的，但是我完全不同意你。"

我要说一件特别的事情。我就此问题已思考了近25年之久，这与弦论有关，但是特霍夫特不喜欢弦论，让他去钻研弦论是不可能的事情。我所关心的是，信息中单个比特的位置。我在1969年第一次接触到弦论的时候，弦论中就有许多疯狂的东西，但是上述想法实在太疯狂了，弦论学家们甚至都不想思考它。257

弦论学家认为这个世界的所有事物都是由微观尺度上一维的有弹性的弦构成。像光子和电子这样的基本粒子是极小的弦圈，每一个差不多都是普朗克尺度。(如果你对这些具体的东西不了解也不用担心。在下一章中，我会带你去了解主要的概念。这里的前提只是需要接受这些粗浅的说法。)

即便是这些弦在没有额外能量的时候，不确定性原理也会使它们在零点附近振荡和扰动。同一条弦上的不同部分相对彼此做恒定的运动，使弦上一些微小部分伸长和延伸一定的距离。就它自身而言，延伸不是一个问题：原子中的电子散布在一个比原子核大得多的体积中，理由还是零点运动。所有物理学家很自然地认为基本粒子不是空间中无穷小的点。我们都期待电子、光子和其他基本粒子至少与普朗克尺度一样大，或者可能更大些。问题出在弦论的数学暗示了一种剧烈的量子晃动。这种晃动极为剧烈甚至有点荒谬，它可以使得一个电子能延展到宇宙的边界。对大部分物理学家来说，包括弦论学家，这似乎太疯狂了，是不可想象的。

电子怎么可能跟宇宙一样大而我们却没有注意到呢？你可能想知道是什么让你体内的弦避免于我体内的弦撞击和纠缠，尽管我们可能相隔几百英里。答案并不简单。首先，扰动是极其快速的，即使是在普朗克时间这样微小的时间尺度上。但是它们还是被非常精妙地校调的，所以一条弦上的扰动是与另一条弦上的那些精妙的匹配，以此来去除那些坏的效应。然而，如果你去观察基本粒子内部最快速的零点运动，你会发现粒子各个部分的扰动延伸至宇宙边缘。至少弦论是那么说的。

对于这个诡异的行为让我想起我对拉鲁斯·索拉修斯开的一个玩笑（参见第15章圣芭芭拉之战），黑洞内部的世界可能就像一个全息图，真正的信息在外面的二维视界上。如果你认真思考的话会发现，弦论可以走得甚至更远。它认为不论黑洞内部还是白纸黑字的每个比 258 特的信息，都在宇宙的外沿上，或者是无穷远，如果宇宙是无界的话。

一旦与特霍夫特讨论这种想法的时候，我们就会马上被困住。但是在我离开乌得勒支回家前的时刻，特霍夫特说了些震惊我的话。他说，如果我们可以观察他办公室墙壁上微小的普朗克尺度上的细节，原则上它们将包含房间内部的每一比特信息。我没有提醒他可以用全息这个词，但是他很清楚地在思考我所思考的东西：以某种我们不知道的方式，世界上的每一比特信息被远远地存放在空间中最遥远的边界上。事实上，他领先了我一步：他说到了几个月前的一篇文章，在那里他已经思考出了这个想法。

谈话就这么结束了，在我在荷兰的最后两天中，我们没怎么谈论有关黑洞的东西。但是当我那天晚上回酒店时，我想出了一个论证我论点的思路：任意一个空间区域内能囊括的信息的最大量不可能超过该区域边界上所能存贮的信息，每普朗克面积最多为1/4比特。

现在让我来说一说这个反复出现且无处不在的1/4，为什么是每普朗克面积1/4比特而不是1比特呢？答案是无意义的。从历史角度上来说，普朗克单位定义得并不太好。事实上，物理学家们应该重新定义普朗克单位，这样4个普朗克面积就变成了1个普朗克面积。我来带路，从现在开始，规律改述如下：

一个空间区域的最大熵是每普朗克面积1比特。

我们现在回到第7章中提到过的托勒密。那里我们设想他很害怕阴谋集团，所以只允许从外面可以看到他图书馆里面的信息。因此，信息只写在外墙壁上。以每普朗克面积1比特来算，托勒密的图书馆最多能容纳10^{74}比特。这是一个很大的量，比任何真实的图书馆都大得多，但是还是比它内部能够容纳的10^{109}个普朗克体积的比特要小很多。特霍夫特的猜想与我在酒店的证明，就是托勒密假想的一个关于空间区域所能容纳的信息总数的真实的物理上限。

259

面像素和体像素[1]

现代的数码相机不需要胶卷。它有一块二维的“视网膜”，上面布满了被称为面像素的微小的光敏感的面积单元。所有图像，不论它们是现代的数码相片还是远古的洞穴壁画，都是骗局：它们骗我们看到了那些并不在那儿的东西，尽管只包含二维信息，也要将他们描述成三维图像。在《蒂尔普医生的解剖学课》中[2]，伦勃朗用一张二维帆布上一层薄薄的油料让我们看到了实体、层次和深度。

这个幻觉是如何实现的？所有这一切都发生在大脑中，基于先前经验的特殊的回路造成了一个错觉：你看到的只是你大脑已被训练成这样看而看到的东西。实际上，帆布上并没有足够的信息，告诉你这位死者的脚是真的更靠近你，还是比他身体的其他部位更大些。他的身体是因透视法缩短还是他本来就很矮？器官、血、皮肤下面的内脏都在你的脑海中。就你所知的而言，这个人已经不再是一个人，而是一个石膏的人体模型——或者一幅二维的油画。你想看到后面最高的那个人脑袋后面的纸卷上写了些什么东西吗？为了找到一个更好的观看位置，尝试一下绕着这幅画走动。对不起，信息并不在那里。你那满布面像素的屏幕上的图像储存的并不是真实的三维信息；它只是一个假象。

---

1. 译者注：原文为Pixels and Voxels。Pixel指电视图像的像素，该词来源于pix（pic图片的复数）+element（元素）；而voxel是新造的英文词，显然来源于volume（体积）+pix+element。为了将两者区分开来，分别译为面像素和体像素。
2. 译者注：《蒂尔普医生的解剖学课》（*The Anatomy Lesson of Dr. Nicolaes Tulp*）是荷兰著名现实主义画家伦勃朗（1606～1669）的代表作之一。

260

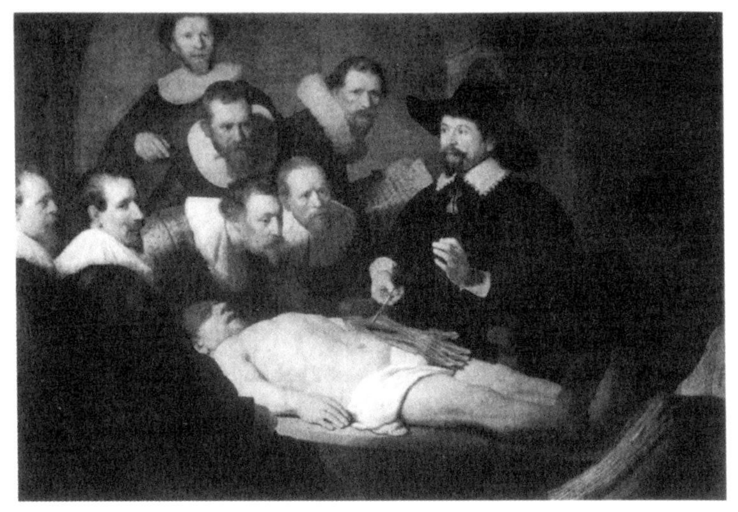

有没有可能来建造一个电子系统来储存真的三维信息呢？当然可以。不用二维面像素布满表面，想象用三维的微小的单元或者是体像素，充满一个空间区域。因为体像素的阵列确实是三维的，所以很容易想象这些编了码的信息为什么可以如实地表示三维世界的一块立体的东西。这很容易让人假设一个原理：二维信息可以被储存在一个二维的面像素阵列中，但是三维的信息只能被储存在三维的体像素阵列中。我们应当给它一个类似维数不变性这样好听的名字。

这个原理看起来是正确的，这也就使得全息原理令人惊叹不已。一张全息图就是一张可以储存三维场景所有信息的二维胶片或者二维的面像素点阵。这不是你头脑中想象出来的假象。这些信息真实存在于胶片上。

最初的全息原理是由匈牙利物理学家丹尼斯·加鲍（Dennis

Gabor）在1947年首次发现的。全息图是一些不寻常的照片，它们由十字形黑白条纹相间的相干条纹的样式组成的，这与光子的双缝干涉相类似。在全息图中，样式不是由细缝产生的，而是由光在被描绘物体表面不同部分的散射得到的。照片的胶片上充满着以微小的明暗斑点为形式的信息。它看起来并不像真的三维物体，在显微镜下，你所看到的只是一些随机的光学噪声[1]，就像下图一样[2]：

261

三维物体被分解，然后再被整合成看起来杂乱无序，实际是“持球跑进”的二维形式。只有通过这种信息的“持球跑进”，三维世界中的一个部分才能在一个二维表面上被如实表现出来。

这种“持球跑进”可以被恢复，但你得知道其中的窍门。信息就

1. 噪声这个词在这里指的并不是声音。它表示随机的、杂乱无章的信息，就像一台坏的电视机上出现的“雪花点”（white noise）。

2. 译者注：功率谱密度常用于信号的分析中，它用信号的均方值的谱密度来描述信号的频率特性。例如，随机振动中的速度、加速度和力等。由功率谱定义的声音序列就是科学家所说的“噪声”。如果噪声是随机的，称为白色噪声，例如荧屏上闪现的雪花就是白色噪声的视觉表现。棕色噪声对耳朵没有吸引力，但是它的高度关联性使得它的演化可以预测。黑色噪声的关联性更强，从地震等自然灾害到股市突变等人为灾害都是黑色噪声，这是“祸不单行”的科学依据。介于白色噪声和棕色噪声之间的是粉色噪声，音乐作品就是一种粉色噪声。

在胶片上，而且它可以被重组。照在杂乱图案上的光线将会散射，重构出一个自由飘浮的真实三维图像。

262

全息图像诡异之处在于你可以从任何一个角度观察它而且看起来都是立体的。假设使用正确的技术，托勒密可能会给他图书馆的墙壁涂满像素，这些像素包含着一幅涵盖了无数卷宗信息的全息图。在适当的光线条件下，这些卷宗会在他图书馆的内部呈现出三维的图像。

你可能觉得我正带你去一个非常奇怪的地方，但是这是本次物理上经历的重装备过程的全部。这就是我和特霍夫特得出的结论：通常的三维经验世界——这个充满了星系、恒星、行星、房子、石块和人的宇宙——是一幅全息图，一幅在很远的二维表面上编码的关于现实的图像。这个被称为全息原理的物理学新规律断言，一个空间区域内的所有东西都可以用边界上的信息来描述。

具体地说，就是考虑我正在工作的那个房间。我坐在我的椅子上，电脑在我的前面，我零乱的桌子上堆着我舍不得扔掉的论文，所有的信息都用普朗克比特精确地编码，密密麻麻地覆盖在了房间的墙壁上，尽管因为太小而看不清楚。或者，让我们考虑离太阳100万光年距离内的所有事情。这个区域有一个边界——不是实际的墙壁，而是假想的数学上的外壳——包含了区域内部所有的东西：星际气体、恒星、行星、人以及其他的一切。跟以往一样，在这个巨大球壳内的所有东西是整个壳上面微观信息的图像。而且比特的数量最多不超过每普朗克面积一个。这就好像边界——办公室的墙壁或者数学上的外壳——是由微小的像素构成的，每一个占据了一个平方普朗克长度，并且在区域内部发生的每一件事情是像素化的边界上的全息图像。但是跟一般的全息图的情况一样，在远处的边界上编码的信息是三维原始物体的信息的"持球跑进"的表示。

263

全息原理与我们以前所习惯的东西很不一样。信息分布在空间体积中看起来是那么的自然，人们很难相信它是错的。但是世界并不是体像素的，而是面像素的，所有的信息都储存在空间的边界上。但是，到底是什么样的边界和什么样的空间呢？

在第7章中，我问了这样一个问题：格兰特被葬在格兰特纪念堂中这个信息去了哪里？在排除了一些错误的答案后，我得出结论：信息就在格兰特纪念堂。但是这真的是正确的吗？我们从格兰特棺材中的密闭空间开始考虑。根据全息原理，格兰特的遗体是一个全息的幻象——一幅根据储存在棺材内壁上的信息重建的图像。而且，遗体和棺材本身被包括在一个叫作格兰特纪念堂的更大的纪念碑内壁中。所以格兰特的遗体，他妻子的遗体，棺材和那些参观的游客都是储存在纪念堂墙壁上的信息的图像。

但是为什么停在了那里呢？想象一个包含了太阳系的巨大的封闭球面。格兰特，朱丽叶，棺材，游客，坟墓，地球，太阳，还有九大行星（冥王星还算成是行星！）这些信息都被编码并储存在这个巨大的球面上。依此类推，直到我们到达宇宙的边缘或者无穷远。

264

很明显，某一个特定比特信息的具体位置在哪里，不会有一个唯一的答案。通常的量子力学在这些问题上，引进了某种程度的不确定性的概念。在观察一个粒子或者任何其他物体之前，它们所处位置具有量子不确定性。但是一旦这个物体被实际观察到了，那么每个人都会同意它在那里。如果物体是格兰特遗体上的一个原子，通常的量子力学会使它的位置有一些轻微的不确定性。但是它不会将它放置在空间的边缘，也不会放在他棺材的内壁上。所以如果问1比特信息在哪里就不是一个好的问题，那应该是什么呢？

随着我们对精确性要求的提高，又特别在同时考虑引力和量子力学的时候，我们被带向一个数学表述，它包含了像素在遥远的二维屏幕上闪动跳跃的样式，以及一套把“持球跑进”样式翻译成三维图像的密码。但是，没有满布像素的屏幕包围了空间每一个区域。格兰特的棺材是格兰特纪念堂的一部分，格兰特纪念堂是太阳系的一部分，太阳系又是包含着银河系的星系尺度的一个球面的一部分，如此等等，直到包含整个宇宙。每个层面包裹的所有东西都被描述成一张全息图像，但是当我们寻找全息图的时候，它总是在次级区域的外面[1]。

尽管全息原理是很怪异，极其怪异，它也成为理论物理学的主流理论中的一部分。这不再是一个量子引力的推论；它是一个每天工作要用的工具，不仅用来回答关于量子引力的问题，而且也可以解释像原子的核子这样的平常事物。（参看第23章）

265

虽然全息原理是一个对物理学颠覆性的重建的原理，但是论证并不需要特别的数学。从一个由假想的数学边界所描绘的空间球形区域开始，这个区域包含着一些“东西”，任意什么东西——氢气、光子、奶酪、葡萄酒，随便什么——只要它不流出边界就可以，我就只能叫它“东西”。

一个区域能被压缩进的质量最大的物体是黑洞，它的视界与边界

---

1. 全息原理会引起一些奇怪的问题——一些看了类似*Amazing Stories*（译者注：一本著名的美国科幻杂志）或者其他一些20世纪50年代廉价科幻杂志的人，会问这样的问题：“我们的世界是不是某个二维面像素世界的三维幻象，还说不定被编进了某个宇宙量子计算机的程序？”更让人兴奋不已的是，“将来的业余爱好者能够在一个满布量子面像素的屏幕上模拟现实，而成为他们自己宇宙的主人吗？”这两个问题的答案都是“是的”——果真如此吗？
当然，世界将来可能被全部装进某种量子计算机中，但是，除了电路元件数目可能会比预期的少之外，我看不出全息原理对这个概念有多少裨益。充满宇宙原需要10^{180}个电路元件。由于有了全息原理，将来的世界建造者担子就轻了，仅需要10^{120}面像素就可以了。（作为比较，一个数码相机有几百万像素。）

重合。“东西”的质量不可能超过它，不然它会溢出边界，但是对“东西”所储存的信息数有限制吗？这是我们所关心的确定球体内能塞进的最大比特数。

接着想象有一层包裹了整个系统的物质，这不是一个假想的壳，而是一个真实物质构成的球壳。这个由真实物质构成的球壳有它自身的质量。不论球壳是由什么构成的，它可以被外部压力或者来自于内部物质的引力作用压缩，直至完全适合这一区域。

266　通过调节外壳的质量，我们可以制造一个视界正好与区域的边界重合。

原始的东西有一定的熵，即隐藏的信息，其值我们并不知道。但是这肯定与最终的熵有关：这是黑洞的熵——是用普朗克单位计数的面积。

要完成论证，我们仅需要记住热力学第二定律，它要求熵总是沿

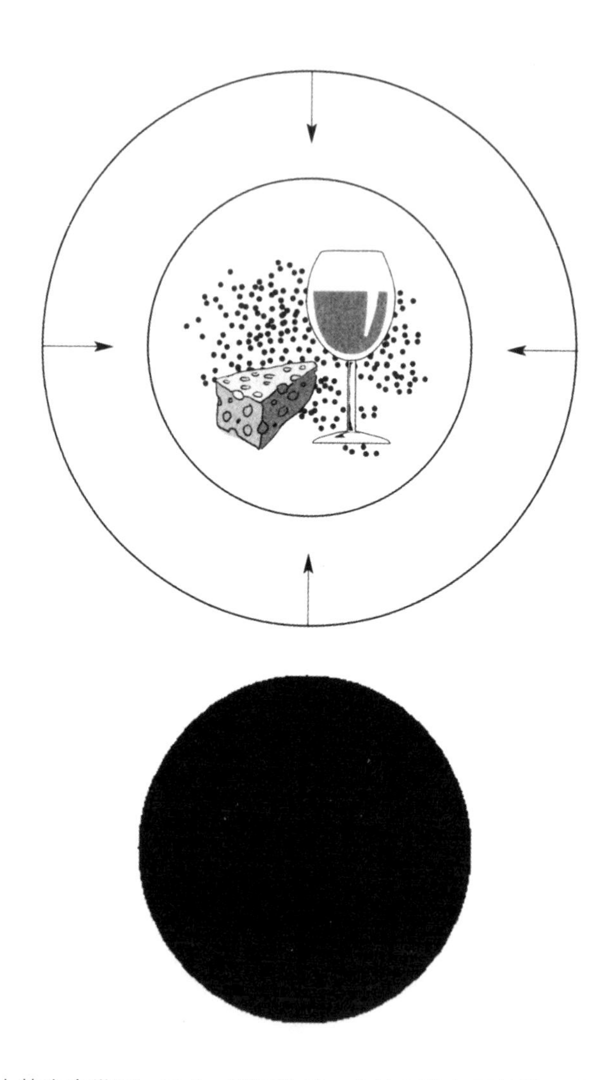

着变大的方向发展。因此，黑洞的熵一定比原始东西的熵要大。总而言之，我们已经证明了一个令人惊讶的事实：一个空间区域能容纳的信息的最大比特数，等于边界面积上所覆盖的普朗克面像素。这暗示着区域内的每一件事情都有一个“边界描述”；边界表面是一个关于

267

三维内部世界的二维全息图。对于我来说，这是最好的论证过程：一些基本的原理，一个理想实验，以及一个影响深远的结论。

还存在另一种方式来描述全息原理。如果边界球面非常大，面上任何小的部分都可以近似作为一个平面。在以前，人们就因为地球过于巨大，而误认为它是平的。对于一个更极端的例子来说，假定边界正好是一个直径为几十亿光年的球面。从球面内部且离边界只有几光年的地方来看，整个球面似乎是平的。这意味着在离边界几光年这段区域内发生的事情，可以认为是一个平坦纸面上的一个全息图像。

当然，你不应该认为我所讲的是一幅原始的全息图。毋庸置疑，普通的相片胶卷的颗粒要比一张普朗克尺度面像素粗糙得多。而且，这种新型的全息图像可以随着时间变化，它是电影式的全息图。

但是最大的不同是这种全息图是量子力学的。它的闪烁带有量子系统的不确定性，所以三维图像会有量子晃动。我们都是由以复杂的量子方式运动的信息构成的，但是当我们仔细地观察那些信息时，我们发现它们位于空间最远的边界上。我不知道有什么比这个更加缺少直觉了。厘清全息原理的头绪，是我们物理学家在发现量子力学之后最大的挑战。

由于某种原因，特霍夫特的那篇早于我几个月的论文，并没有被广泛的关注。部分原因在于它的题目“量子引力中的维度约化”。“维度约化”这个术语是一个物理中的专业术语，与特霍夫特所讲的意思截然不同。我肯定我的论文将不会有同样的命运。我给它题名为“世

268

界是一幅全息图”。

从荷兰回来的路上，我开始把它写下来。我对于全息原理非常兴奋，但是我也知道这肯定很难去说服别人相信它。这个世界是一幅全息图？我几乎可以听到怀疑的反应：“他以前曾是一个不错的物理学家，但是现在他疯了。”

黑洞互补性原理和全息原理，应该是属于那种物理学家和哲学家们会争论几百年的想法，原子的存在就是另一个先例。在实验室内制造并研究一个黑洞，至少与古希腊人看到原子一样困难。但是世界上用了不到5年时间来达成共识。这个范式的转变是怎么发生的呢？结束这场战争的武器是大量的弦论中的严格的数学。

黑洞战争

4

围攻篇

271

第 19 章 大规模演绎的武器

事实上，我更愿意把弦论称为一个“模型”，甚至仅是一种基于直觉的想法，而不是一个“理论”。毕竟一种理论应该同时能指导人们，如何运用它来确认人们试图表述的事物，就我们的情况来说，那就是基本粒子。人们至少原则上应该能构想出计算这些粒子性质的原理，同时阐明如何对这些粒子作出新的预言。试想我给你一把椅子，同时又跟你解释说，椅子还没有腿，坐板、靠背和扶手也许一会儿会送过来；不论我真正给了你什么，我还能称其为椅子吗？

——赫拉德·特霍夫特

就全息原理本身而言，它并不足以赢得这场战争。它太不精确了，它缺少一个坚实的数学基础。人们以怀疑的方式作出反应：宇宙是一个全息图？这听起来像科幻小说。小说中未来的物理学家史蒂夫穿越到了“另一边”，而皇帝和伯爵却看着他慢慢死去？听起来像唯灵论的呓语。

一个本来可能多年默默无闻的另类想法突然被人所接受，并让天平倾斜到了它那一边，到底是什么缘故呢？在物理学中，它常常悄悄地就发生了，毫无征兆。一个重要的、戏剧性的事件突然间抓住了许多物理学家的兴趣，而且在一个短时间内，怪异、荒诞、不可想象的东西变成了寻常的东西。

有时候它是一个实验结果。爱因斯坦关于光的粒子理论起初并不太被认可，大部分物理学家相信某种新的观点会拯救波动说。但是在1923年，阿瑟·康普顿（Arthur Compton）从碳原子对X射线散射[272]的角度和能量清楚地证明了，这是粒子在碰撞。从爱因斯坦第一次提出这个想法到康普顿的实验花了18年时间，但是，就在几个月时间内，对于光的粒子理论的抗拒都消失了。

当一个数学结果出乎意料的时候，它极有可能是一场灾难。（基本粒子物理的）标准模型的基础建立于20世纪60年代中期，但是当时人们对此模型颇有质疑，认为其数学基础是不自洽的，其中有些还来自于该理论的创立者。在1971年，一个年轻的、名不见经传的学生完成了一个极其复杂且精妙的计算并宣布专家们错了。在极短的时间内，标准模型正式成为标准的，而这个不知名的学生，赫拉德·特霍夫特，横空出世，成为一颗物理世界最闪亮的明星。

另一个关于数学如何让天平向一个“怪异”想法倾斜的例子就是史蒂芬·霍金关于黑洞温度的计算。早期人们对贝肯斯坦关于黑洞具有熵的观点持怀疑态度，甚至是嘲讽，但是霍金并不如此。现在看来，贝肯斯坦的论证极其聪明，但是那时它们显得太模糊太粗略，很难使人信服。正是霍金那难度极大的积分技术，才使得黑洞的范式从冷的死星变成了一个带有内部温度的发热物体。

我所描述的这些关键性的时刻有着一些共同的特征。首先，他们都是出乎意料的。一个完全没有想到的结果，不论是实验上还是数学上，都会吸引到大量的关注。第二，对于一个数学结果，如果技术性越强、精确性越高、非直觉性越强、难度越大，就越容易使人感到震惊，从而这种新的思维方式的价值便会得到承认。部分原因在于复杂的计算很多时候都可能出错。能在这种潜在危险中存活下来的理论，不会被人弃之不顾。特霍夫特和霍金的计算都具备这个特质。

第三，当新的想法提供了许多更加简单的方法去做的时候，范式就变化了。物理学家们一直在寻找新的想法，并立刻着手为他们各自的领域创造机会。

273　黑洞互补性原理和全息原理当然是出人意料的，甚至是震惊的，但是就它们本身而言并没有具备其他两种特质，至少那时还没有。在1994年，一个关于全息原理的实验验证和数学证明似乎都是不可能的。实际上，它们离突破口已经很近了，比任何人想象的都要近。两年后，一个精确的数学理论慢慢成形。而10年之后的今天，我们可能也已经接近实验上的验证了[1]。正是弦论使得它们成为可能。

在讲一些弦论的具体东西之前，先做一个总体的描述。没有人能确定弦论是否是我们世界的正确理论，在以后的很多年里可能还是无法确定。但是考虑到我们这里的目的，这并不是最重要的。我们有很多论据，可以证明弦论是一个关于某个世界的自洽的数学理论。弦

1. 参见第23章。

论基于量子力学的原理，它描述了一个与我们宇宙类似的基本粒子体系；它不像其他理论（例如量子场论），弦论中所有物质都由引力传递相互作用。最重要的，弦论包含了黑洞。

如果我们不知道它是否是正确理论，我们怎么用弦论来证明呢？出于某种目的，这不成问题。我们先把弦论看成某个世界的模型，然后通过计算或者数学上的证明，看信息*在那个世界中*是否丢失在黑洞了。

先假设我们发现在这个数学模型中信息没有丢失。只要我们发现信息没有丢失，那么我们可以更仔细地研究，并找到霍金哪里错了。我们可以了解到黑洞互补性原理和全息原理在弦论中是否正确。如果确是如此，那么这证明的并不是弦论是正确的，而是霍金错了，因为他宣称在任意自洽的世界中，黑洞必定都会毁灭信息。

我将把关于弦论的诠释减到最小。如果你想知道更多的细节，那么你可以在许多书中找到，包括我早期的书《宇宙概貌》，布莱·恩格林（Brian Greene）的《宇宙的琴弦》，以及莉萨·兰德尔（Lisa 274 Randall）的《偏见的交流》。弦论是一个意外的发现。开始的时候，它与黑洞或者量子引力*支配*的遥远的普朗克世界并没有关系。它只是与更为普通的强子领域相关。强子这个词不是一个每天都能碰到的平常术语，但是强子是自然界中最普通也是研究得最多的粒子之一。它们包括质子和中子，即组成原子核的粒子，以及一些叫作介子和被随意命名为胶子的近亲。在它们的鼎盛时期，强子是基本粒子物理中的前沿课题，但今天它们常常与核物理那些略显过时的课题相关。然而，在第23章中，我们将看到一个闭合圆圈的想法让强子成为物理学的“王者归来”。

初等还是基本[1]

有一个关于两个犹太女士的老故事。一次，她们在布鲁克林的街角相遇，其中一个对另一个说：“你一定听说过我儿子现在是医生吧。顺便问一句，你儿子后来怎么样了？他那时学算术很吃力哦。”另一个女士回答说：“啊，我的孩子现在是一名哈佛的物理教授，研究基本粒子。”第一个女士深表同情地说：“哦，我的天哪，听到这个我感到很难过，他还没毕业就去学高等粒子物理啊？”

我们所说的基本粒子到底是指什么，与之相对的又是什么？最简单的答案就是一个不能再分拆成更小部分的极其微小和简单的粒子。与之相对的不是高等粒子，而是复合粒子——一个由更小更简单的部分组成的粒子。

还原主义是一种把事物分解成各种组分来理解的科学哲学。到现275 在，这种想法工作得很好。分子被看成是由原子组成的；接着，原子是一些带负电的电子围绕带正电的原子核绕转；原子核则被看成是一团核子；最终，每一个核子是由3个夸克组成的。今天所有的物理学家都认为分子、原子、原子核和核子都是复合的。

---

1. 译者注：基本粒子英语为elementary particle，而elementary除了表示基本之外也表初等、入门的意思，与高等（advanced）相对。本节标题的原文为Elementary，My Dear Watson，Watson指著名侦探小说《福尔摩斯探案》中福尔摩斯的挚友兼助手华生医生，直译为“初等的，我亲爱的华生医生”。

但是在过去某个时候，这些客体都曾被认为是基本的。实际上，原子这个词来自于古希腊，意为不可再分的东西，已经被使用了约2500年。后来，欧内斯特·卢瑟福发现了原子核，它如此之小，以致可以看做一个简单的点。最终，这个被一代人称为基本的东西在他们的后代看来是复合的。

所有这些会导致一个问题：我们怎么确定，至少目前，某种粒子是基本的还是复合的。这里有一种解决的方案：将两颗该粒子极为猛烈地相撞，然后看是否有东西出来。如果有东西出来，那么它之前必定在原来粒子的内部。实际上，当两个非常快的电子以很大能量碰撞，各种粒子喷涌而出，特别是光子、电子和正电子[1]。如果碰撞能量非常高，质子和中子以及它们的反粒子[2]都会出现。更有甚者，有时一整个原子也可能出现。这就意味着电子是由原子构成的吗？显然不是。用大量的能量去粉碎东西可能会对了解粒子的特性有帮助，但是所跑出来的各种粒子并不总是一个好提示，来告诉我们粒子由什么构成。

这里有一个更好的办法来判断某样东西是不是由部分组成的。我们从一个复合的东西开始——一块石头、一个篮球或者是一块做比萨饼的面团。对于这些东西我们有很多可以做，例如把它挤压到一个更小的体积中，使其变形成为一个新的形状，或者让它开始绕一个轴旋转。挤压、弯曲或者旋转一个物体都需要能量。例如，一个转动的篮球有动能；它转得越快，能量就越大。而且因为能量就是质量，飞

---

1. 正电子是电子的反物质。它们与电子有着完全一样的质量以及相反的电荷。电子带负电，而正电子带正电。

2. 所有粒子都有带相反电荷但其他特性相似的反粒子。因此，有反质子、反中子以及叫作正电子的电子的反物质。夸克也不例外。夸克的反粒子被称为反夸克。

速旋转的球具有更大的质量。一个测量转动速率的观测量，一个结合了球的旋转快慢、尺寸以及质量的量，被称为角动量。随着球的角动量越来越大，它的能量也越来越大。下图就说明了一个转动的篮球其能量增加的方式。

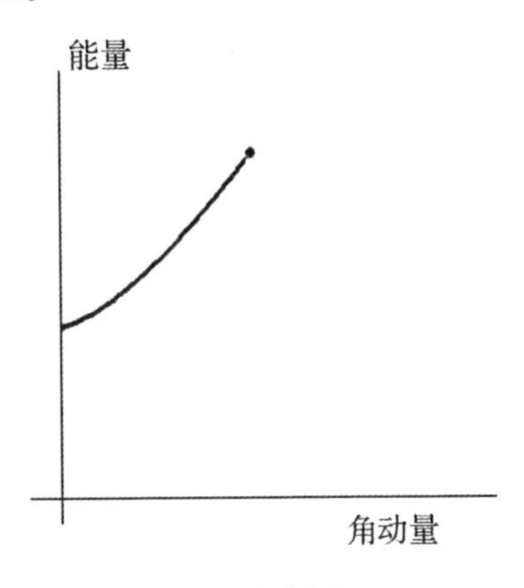

旋转的篮球

但是为什么这条曲线突然终止了呢？这个答案很容易理解。构成这个球的物质（皮或橡胶）只能经受得住这一点压力。从某种角度上来说，这球是被离心力撕裂了。

现在想象一个比空间点还要小的粒子。你如何使一个数学上的点绕着一根轴旋转？那样做将意味着什么？或者说对于这样的物质，改变它的形状意味着什么？如果物体具有旋转的能力或者外形有振荡的能力，这就标志着它是由一些更小的成分组成的，而这些成分彼此可以相对移动。

分子、原子以及原子核可以自己绕着自己旋转，但是对于这些微观的球，量子力学将起关键的作用。与所有其他振荡系统一样，能量和角动量只能以离散的方式增加。一个旋转的盒子其能量并不是逐渐增加的，它更像是突然上了一个台阶。这幅关于能量和角动量的图是一系列分立的点[1]。除了每一步都是离散的之外，这幅图看起来与篮球那幅图很相似，包括最后突然的终止。就像篮球一样，原子核只能承受住这么多的离心力，再大它就会飞散开去。

277

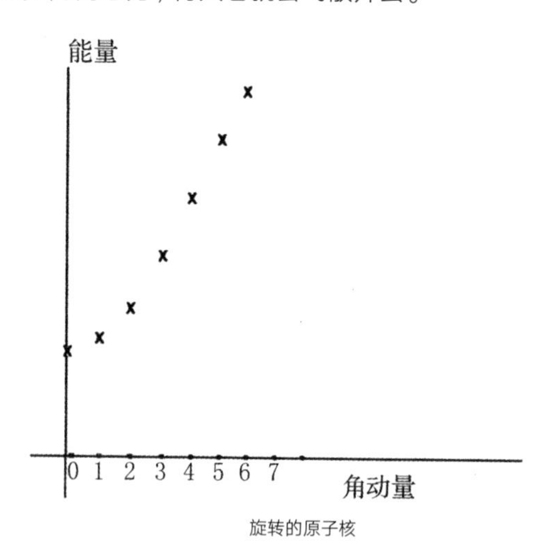

旋转的原子核

那么电子呢？我们能够使它们自己绕自己旋转吗？人们考虑了好多年，但是没有人成功地给一个电子外加上角动量。后面我们将回到电子，但是让我们先转到强子：质子、中子、介子和胶子球。

质子和中子非常类似。它们的质量几乎相同，而且把它们结合成原子核的力也几乎是相同的。唯一重要的不同就是质子带有少量的正

1. 意大利数学物理学家图里奥 · 雷吉（Tullio Regge）首先研究了这类图的特性。这一系列点被称为雷吉轨迹。

电荷，而中子如它的名字一样是电中性的。一个中子就好比是一个去除了电荷的质子。正是这种相似性使物理学家们把它们统称为一个客体：核子。质子是带正电的核子，而中子则是中性的核子。

在核物理研究的早期，核子被认为是一种基本粒子，虽然它的质量约为电子的2000倍。但是核子并不像电子那么简单。随着核物理的发展，一个是原子的十万分之一的物体也不再显得非常小了。虽然电子还是占据了空间中的一个点，至少我们现在可以这么说，核子内部被证实有更加复杂的结构。核子更像原子核和分子而不是电子。质子和中子是许多更小的物体的聚合物。我们知道那是因为我们可以使它们旋转和振荡，然后我们可以改变它们的形状。

278

就跟篮球或者原子核一样，我们可以画一幅图来表示出核子的自旋，横轴表示角动量，竖轴表示能量。40多年前当人们第一次画出这幅图时，发现其模式显得出人意料的简单：这一系列点几乎成一条直线。更令人吃惊的是，它似乎没有终点。

这类关于核子内部结构的示意图给我们提供了很多线索。对那些知道如何读取隐藏信息的人来说，这两个值得注意的特征有重大的意义。核子可以绕着一根轴旋转，这意味着它不是一个点粒子；它是由一些相互移动的部分组成。而且这个序列似乎将一直延续下去，而不是突然中止。这意味着核子不会在旋转过快时飞散开去。把各个部分结合在一起的那种力，比原子核内的结合力要大得多。

核子会在它旋转的时候延伸开，但是不像一块旋转的比萨面团变

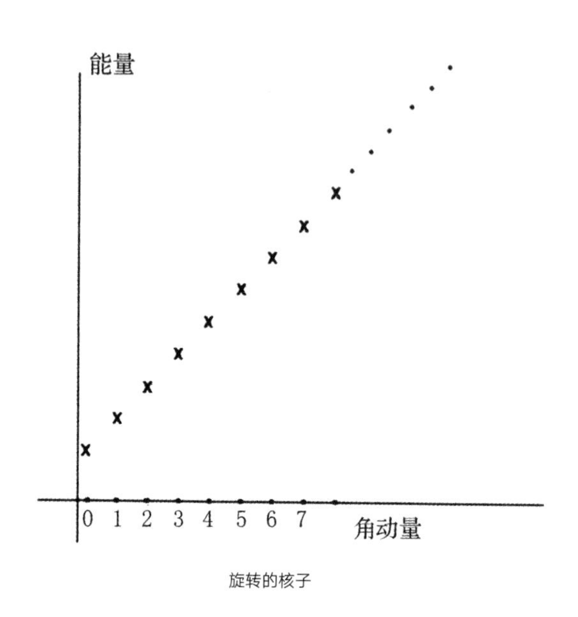

旋转的核子

成一个二维的圆盘。这并不奇怪。

279

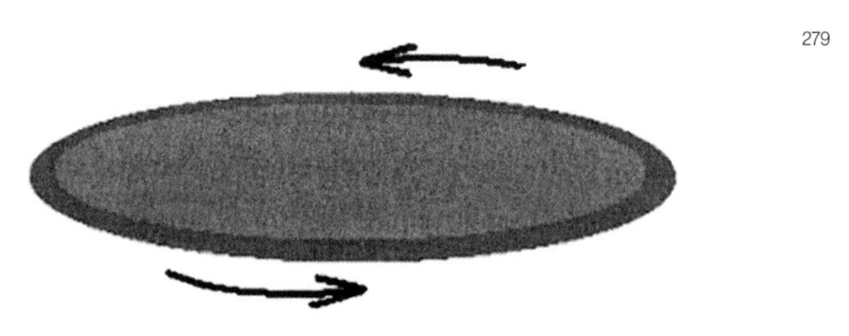

核子延伸的样式是一条直线，这意味着这个核子延展成了一个长的、细的、具有弹性的、像弦一样的东西。

半个世纪的实验已经确认了核子是一些受到能量激发后可以延展、旋转和振荡的有弹性的弦。事实上，所有的强子自旋后都可以变

成长的像弦一样的东西。很显然，它们都是由同样的、有黏性的、纤细的、可以拉伸的东西组成，就像那些极为黏人的甩也甩不掉的泡泡糖。理查德·费曼用部分子来表示这种核子的成分，但是默里·盖尔曼另起的两个名字——夸克和胶子——沿用至今。胶子指的是一种组成长弦并阻止夸克分离的黏性很强的物质。

介子是最简单的强子。人们已经发现了许多不同种类的介子，但是它们有着同样的结构：一个夸克和一个反夸克，中间由一根黏性很强的弦相连接。

280

介子

一个介子可以像弹簧一样振荡，像啦啦队队长的领操棍一样绕轴旋转，或者以各种方式弯曲折叠。介子是典型的开弦，即它们有终端。在这个方面，它们不像橡皮筋，我们称橡皮筋为闭弦。

核子有三个夸克，每一个都连着一根弦，而这三根弦在中心结合，就像高卓人的波洛领带[1]。它们也可以旋转和振荡。

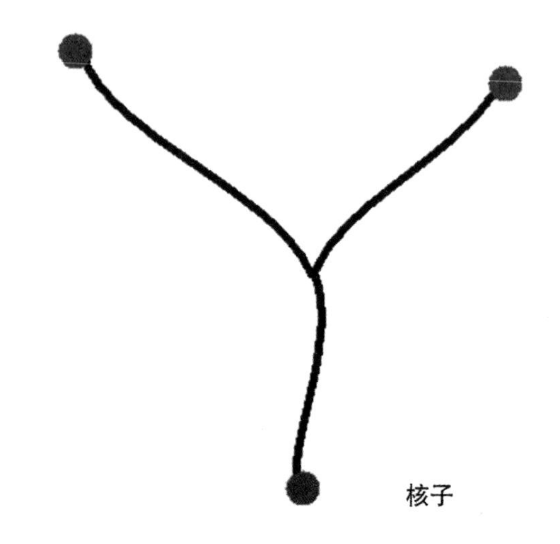

核子

强子快速的旋转和振荡给弦增加了能量，拉长了它，也增加了质量[2]。

还存在着另一种强子：一种“无夸克”粒子，它们是一些闭合成圈的弦。强子物理学称它们为胶子球，但是对于一个弦论学家而言，它们仅是闭弦。 281

夸克似乎不是由更小的粒子构成的。它们像电子一样，因为太小

1. 译者注：高卓人（Gaucho）是生活在南美的一支游牧民族，大部分是欧洲白人与当地印第安人的混血。波洛领带（bolo）是一种由绳子和配饰组成的饰扣式的领带。
2. 首先，粒子物理学家们没有意识到许多强子，只不过是核子和介子的自旋或振荡形态。他们认为强子是全新的不一样的粒子。20世纪60年代出版的基本粒子表超出了希腊和拉丁字母表许多倍。但是人们熟悉了强子的激发态，并认识到它们只不过是自旋和振荡着的介子和核子。

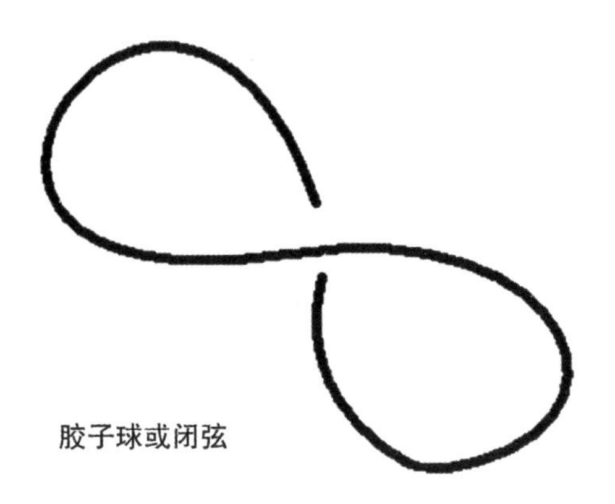

所以无法检测到其尺寸。但是结合夸克的弦却是由其他物体组成的，而且这些物体不是夸克。这些结合成弦的黏性粒子被称为胶子。

从某种角度来说，胶子是弦上非常小的部分。虽然它们极其微小，但是它们似乎有两个“端点”，一正一负，看起来就像是些小磁铁[1]。

胶子

282 关于夸克和胶子的数学理论被称为量子色动力学（QCD），一个听起来更像是与彩色摄影相关的东西，而与基本粒子没什么关系。大家马上就会对这个术语有清晰的认识。

根据QCD的数学规则，一个胶子自己不能单独存在。数学上要求其正负两个端点都与其他胶子或者夸克相连接：每一个正端点必须

1. 磁铁的两端一般被称为北极和南极。我并不是想说胶子像指南针一样排列起来，所以我把胶子的极叫作正的和负的。

与另一个胶子的负端点或者夸克相连；每一个负端点则必须跟另一个胶子的正端点或者反夸克相连。最后，3个正的或者负的端点可以结合在一起。根据这些规则，核子、介子和胶子球可以被轻易地组合起来。

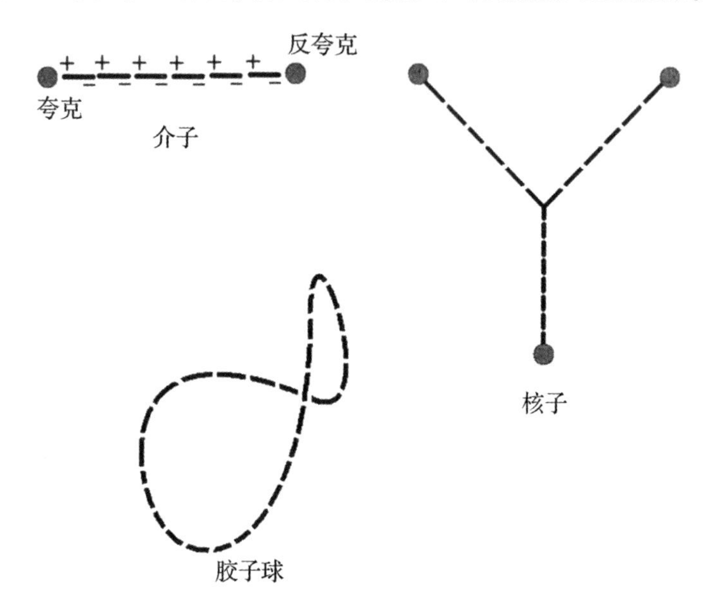

如果介子中的夸克受到一个很强的力，它将会发生什么呢？夸克将开始迅速地远离反夸克。如果它与一个原子内部的电子相类似，那么它将会飞离出去并且逃逸掉，但是这里发生的却完全不同。当它与它的另一半开始分离时，胶子间会形成一条缝，就像一根橡皮筋被拉断时它里面分子的状况。然而，胶子们会自我复制，制造出更多胶子来填充这条裂缝，以避免断裂。夸克和反夸克之间形成的弦通过这种方式阻止了夸克的逃逸。下面一系列的图描绘的就是一个介子中的高速夸克，试图逃离反夸克伙伴的过程。最后，这个夸克将耗尽能量而转向朝反夸克运动。核子内部的高速夸克也会发生同样的事情。

283

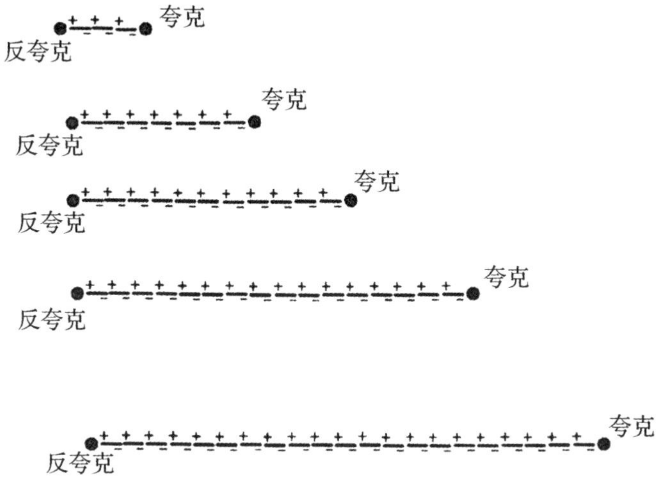

夸克
反夸克

夸克
反夸克

夸克
反夸克

夸克
反夸克

夸克
反夸克

核子、介子和胶子球的弦论并不是一项无所事事的探索。它经过了多年的验证，现在已经被认为是强子标准理论中的一部分了。令人困惑的是我们是否应该认为弦论是量子色动力学的一个结论，换句话说就是，弦是由更加基本的胶子所组成的长链，还是胶子就是弦上的一些小片段？这两者很可能都是对的。

夸克似乎与电子一样小，一样基本。它们不能旋转，不能被压缩也不能形变。尽管它们看起来没有什么内部结构，但是它们有一个复杂性的自由度。这看起来似乎有点矛盾。夸克有很多类型，它们带有不同的电荷和质量。是什么导致这些差异的仍是一个谜；这个决定差异的内部机制实在太小以至于无法观测。所以我们把它们叫作基本的，并像植物学家一样给它们起了不同的名字，至少目前是这样。

284　在第二次世界大战之前，物理学还是以欧洲为中心。物理学家用希腊语来命名粒子。光子、电子、介子、重子、轻子，甚至连强子的名字都是来源于希腊文。但是后来傲慢无礼，有时有点傻乎乎的美国人取得主导地位，命名这件事就变得随意了。夸克是来自詹姆斯·乔伊斯（James Joyce）的《芬尼根彻夜祭》中一个没有意义的单词[1]，从文学的观点上来看，这是种退步。人们用“味”这个并不恰当的单个字的词，来描述不同夸克类型之间的区别。我们可能会说巧克力夸克、草莓夸克、香草夸克、开心果夸克、樱桃夸克和薄荷味的巧克力片夸克，但是我们不那么说。夸克的六种味是上、下、奇、粲、底和顶。底和顶曾经一度被认为是不雅的，所以有段时间它们被改成了真和美[2]。

我为何要详述这些味呢？主要目的是想说明，我们对这些构成物质的基石了解甚少，而且基本粒子这个词所对应的工作只是试探性的。但是还有另一个分类方式，它对于量子色动力学很重要。每个夸克——上、下、奇、粲、顶、底——被分为三种颜色：红色、蓝色和绿色。这也正是量子色动力学中“色”字的来源。

现在我们稍停一会儿。一般意义上来说，夸克太小当然不能反射光线。彩色的夸克与巧克力、草莓和香草夸克相比，只能说傻乎乎的程度略微少了一些而已。但是人们需要用名字来叫这些东西；把夸克

---

1. 译者注：詹姆斯·乔伊斯（1882～1941），爱尔兰著名作家、剧作家和诗人，著有《尤利西斯》等，被认为是20世纪最伟大的作家之一，其作品对全世界产生了广泛的影响。《芬尼根彻夜祭》是詹姆斯·乔伊斯生前最后一部作品，在此书中作者大玩语言、文字游戏，常常使用不同国家语言，或将字词解构重组，多用“意识流”手法，极其晦涩难懂。
2. 译者注：英语bottom除解释“底”意外，在口语中也指臀部，作为学术专用名词确有不雅之处，故有人以beauty代之。粲夸克英语中为charm quark，直译不为20世纪70年代的我国学者喜欢，故用诗经“角枕粲兮，锦衾烂兮”中的粲音译之。《朱熹集传》：“粲，粟之精凿者。”可见当时学者的儒雅之风，而今日的青年才俊们早已实现了“美风东渐”矣。

称作红色、绿色和蓝色，跟把自由主义者叫作蓝色，把保守派叫作红色一样可笑。虽然，与味一样，我们可能不知道夸克颜色的来源，但是颜色在QCD中扮演的角色却要重要得多。

285

根据QCD，胶子没有味，但是它们的颜色比夸克更复杂。每一个胶子都有一个正极和负极，而且每一极都有一种颜色：红色、绿色和蓝色。胶子有9种类型[1]，这种说法有一点过于简单，但是基本上还是正确的。

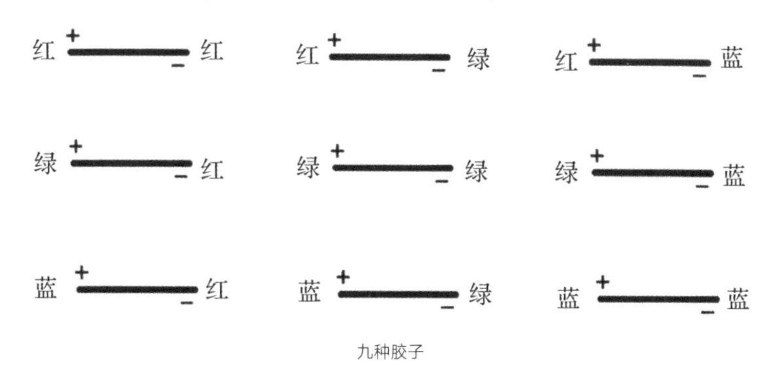

九种胶子

为什么存在三种颜色，而不是两种或四种抑或是其他种数呢？这与颜色的视觉效果依赖于三原色无关。如我前面提到的，颜色标签是任选的，而且与你我所看到的颜色无关。事实上，没有人确切知道为什么是三种；这些神秘的未知的东西告诉我们，离全面了解基本粒子还差得很远。但是从它们结合形成核子和介子的方式，我们可以知道夸克有三种且仅有三种颜色。

我这里要忏悔一下。尽管我已经当了40多年的粒子物理学家，

---

1. 内行人看到这里会注意到只有8种可区分的胶子类型。一种量子力学下的结合——带有同概率的红-红、蓝-蓝和绿-绿胶子——是多余的。

但是我实在不是很喜欢粒子物理。整个东西太混乱了：6种味、3种颜色、许多任意设定数值的常数——这不是简单优雅的东西。那为什么要一直做这个呢？理由（我确信这不仅仅是我个人的看法）是这个极其混乱的理论一定在告诉我们一些自然本质的东西。很难相信无穷小的点粒子，可以有那么多的特性和那么多的结构。从某些未发现的 286 层面上来看，一定有很多更基本的机制支配着这些所谓的基本粒子。对于这些隐藏的机制以及它里面所暗示的自然界基本原理的好奇心，迫使我在粒子物理这片痛苦的沼泽上继续前行。

随着粒子物理的日渐流行，夸克也开始被公众所熟知。但是如果一定要我猜哪种粒子能提供关于隐藏机制的最好的线索，我会将宝押在胶子上面。那黏糊糊的一对正负极会告诉我们什么呢？

在第4章中，我解释了量子场论不仅仅是一堆粒子。还有另外两个要素：传播子和角点。首先我们来看传播子，它的世界线表示一个粒子从时空的一点到另一点的运动。因为胶子有两个极，每一极都标有一种颜色，所以物理学家们通常用双线来表示世界线。要表示某一个具体类型的胶子，我们可以在每条线的边上写上颜色[1]。

量子场论中最后一个要素就是角点列表。对于我们来说，角点最重要的是它表示了单个胶子一分为二的性质[2]。模式相当简单：当一个

---

1. 对于我的一些同事来说，这个所谓的双线传播子仅仅是一个用来了解数学中可能性的技巧。对于另一些同事而言，包括我自己，这是一个关于某些微观结构深刻的线索，但是这些线索现在太小以至于无法观测。
2. 你可能会问我们，如何知道一个胶子可以分裂成为一对胶子。这个答案藏在QCD的数学中。根据量子场论的数学规则，胶子只能做两件事——分裂成两个或者发射一对夸克。实际上，它们两样都能做。

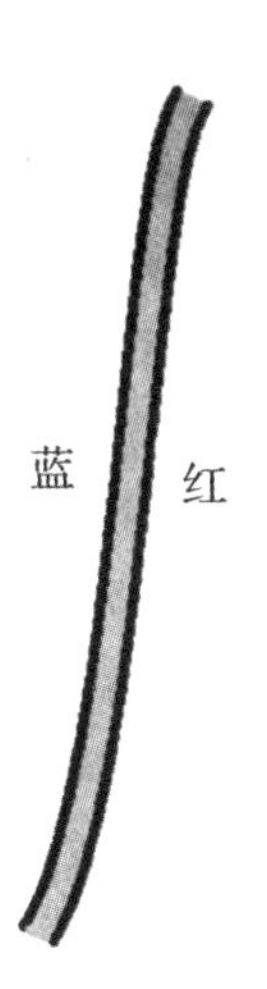

287 具有两个端点的胶子分裂时，必定会出现两个新的端点。根据QCD的数学规则，新端点必定具有同样的颜色。下面是两个例子。从下往上看，第一幅图中，一个蓝-红胶子分裂成为蓝-蓝和蓝-红胶子；第二幅图中，一个蓝-红胶子分裂成为蓝-绿和绿-红胶子。角点可以被翻转过来，显示两个胶子是如何结合成为一个胶子的。

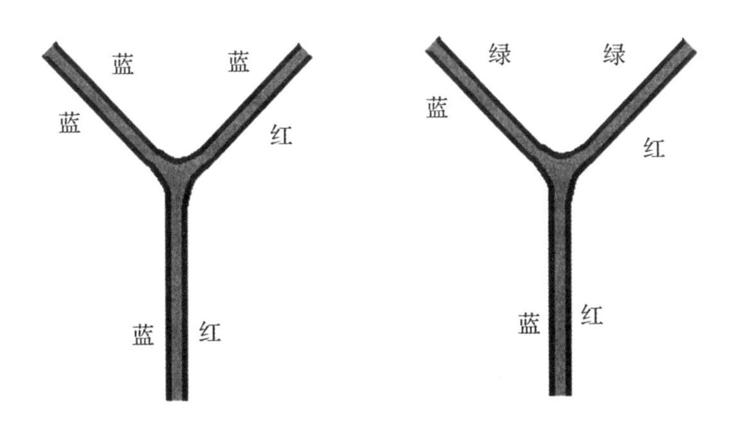

尽管这并不是一目了然的，完全理解它需要花一定的时间，但是胶子有着强烈的倾向，想要黏合在一起并形成长链：正端点链接负端点，红接红，蓝接蓝以及绿接绿。这些链就是结合夸克的弦，而且给了强子类弦的特性。

底层上的弦

288

在量子引力的研究中，有弹性的弦的想法又一次出现了。然而不一样的是，一切都变小和变快了20个数量级。这些微型的、快速的、能量极高的弦被称为基本弦[1]。

为了避免后面发生混淆，我再说一遍：弦论在现代物理学中有两种不同的应用。在强子中的应用，那个尺度在常人看起来极其微小，而在现代物理学看来却非常大。强子的三种类型——核子、介子和胶子球——都是类弦的物体，可以用弦论的数学描述，这些都是公认的事实了。那些支撑强子弦理论的实验室实验，可以追溯到半个世纪之前。这种由胶子构成的，连接强子的弦被称为QCD弦。基本弦则是与引力和普朗克尺度附近的物理相关的弦。它让人兴奋而爱辩，在博客上夸夸其谈，还在近期著书论战。

基本弦与一个质子相比就像一个质子与新泽西州相比，要小很多。对于基本弦来说，引力作用是最重要的。

---

1. 基本弦是基本粒子的终极解释，还是仅仅为还原论者探究更小物体的进程中的另一个平台，是一个争论不休的课题。不论这个术语的来源怎样，现在叫它基本弦是为了方便。

引力在很多方面与电力极为类似。带电粒子间的力学规律被称为库仑定律；引力规律被称为牛顿定律。电力和引力都遵循平方反比律。这意味着力的强度与距离的平方成反比。粒子间的距离增加1倍，其间的力将变为1/4；距离变为3倍，那么力将变为1/9；距离变为4倍，力将变为1/16，等等。两个粒子间的库仑力正比于它们所带的电荷；牛顿引力正比于它们的质量。这些是相似之处，但是它们仍有不同：电力既可以排斥（同性之间），也可以吸引（异性之间），但是引力总是相互吸引的。

一个很重要的相似之处，就是这两种类型的力都能产生波。想象289 有两个相隔很远的带电粒子，如果突然移动其中一个——假设是远离另一个电荷——那么这两者之间的力会发生什么变化呢？有人可能会认为当第一个粒子移动后作用在第二个粒子上的力将瞬间变化。如果一个作用在遥远的电荷上的力确实是瞬时变化的，没有任何延迟，那么我们可以利用这个效应，给空间中遥远的区域发送瞬时信息。但是瞬时信息破坏了一个自然界中最深刻的原理。根据狭义相对论，没有信息能超光速传递。你不可能用比光传播更短的时间传递一个信息。

实际上，当一个邻近的粒子突然移动时，作用在遥远的粒子上的力并不是瞬间改变的。一个扰动从这个被移动的粒子（以光速）传播出去。只有当扰动到达那个遥远粒子的时候，作用在该粒子上的力才会改变。这个传播出去的扰动类似一个振荡的波。当这个波最终到达时，它摇动了第二个粒子，就像一口池塘中的软木塞，随波荡漾。

如果是引力，情况是类似的。想象有一只巨大的手摇动着太阳。

太阳的运动在8分钟内是不会被地球所感知的，这个也就是光在两者间传播的速度。这个“信息”以一种曲率涟漪的方式也叫引力波的方式传递。引力波的传播速度与光速相同。质量对引力波所起的作用，犹如电荷对电磁波一样。

现在让我们再添加一些量子理论的知识。如我们已知道的，振荡的电磁波其能量是以一种不可分割的量子方式出现，这种量子被称为光子。普朗克和爱因斯坦都认为振荡的能量是以离散的单元出现，除非我们弄错了，不然这些相同的论证是可以运用在引力波上面。引力场的量子被称为引力子。

我应该在这里说明，与光子不同的是，引力子的存在只是一个实验无法检测的猜想，尽管大部分物理学家们认为它基于坚实的原理，不算是一个猜想。即便这样，对于那些已经思考过它的物理学家来说，引力子背后的逻辑是令人信服的。

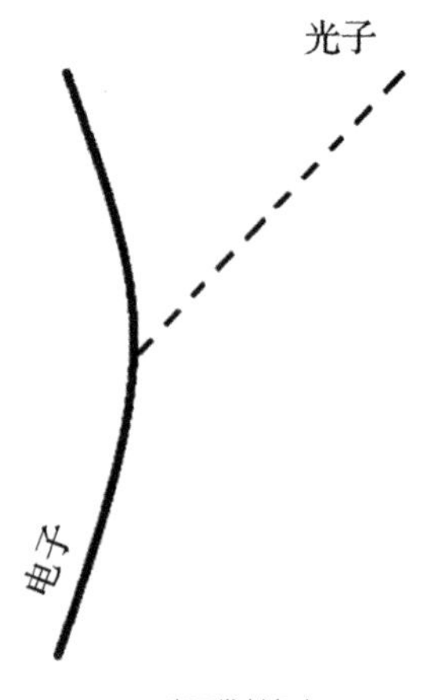

光子发射角点

290　光子和引力子间的相似性导致了一些有趣的问题。在量子场论中，电磁辐射用一个角点图解释，图中一个诸如电子那样的带电粒子，发射一个光子。

人们很自然地想到，当粒子发射引力子时会产生引力波。因为任何东西都受引力的作用，所有粒子必定有能力发射引力子。

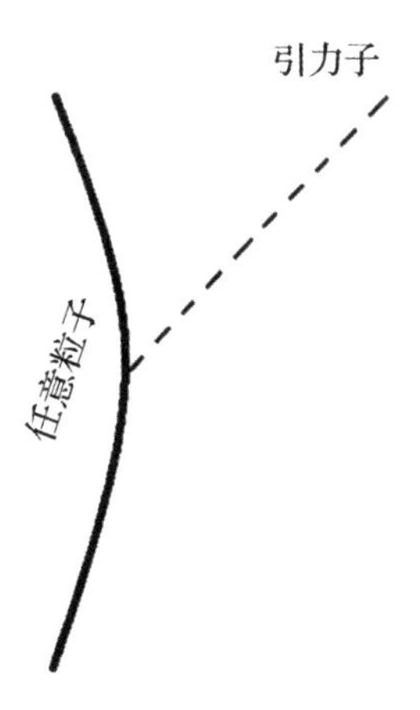

引力子发射角点

甚至一个引力子也可以发射一个引力子。

291

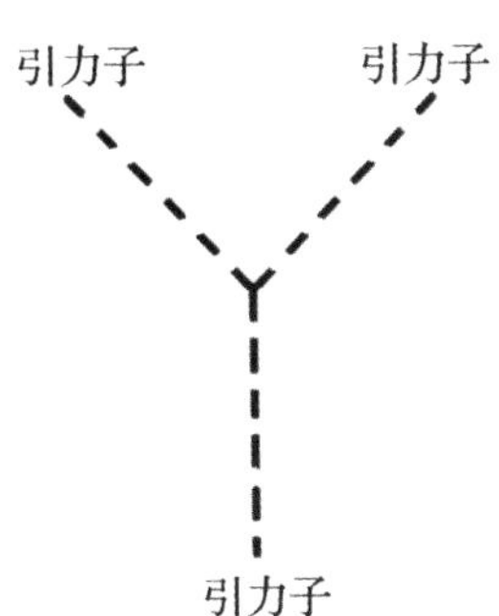

不幸的是，包含引力子的费曼图会导致数学上的灾难。近半个世纪以来，理论物理学家们尝试了解引力子的量子场论，但是不断的失败使我们相信，这是一件愚蠢的差使。

量子场论的困难

在我1994年剑桥的旅行中最快乐的时光，就是与我的老朋友罗杰·彭罗斯爵士共进午餐。彭罗斯爵士那时刚获得了爵位，我和安妮去牛津对他进行祝贺。

我们四个人——我、彭罗斯，还有我们的妻子——坐在切尔韦尔河岸上的一个舒适的室外饭店，看着乘方头浅平底船的人们从身边经过。可能你并不太熟悉这项运动，撑平底船是一项优雅的划船运动，它通过撑篙推动船缓缓前进。这项运动富于田原风味，总让我想起雷诺阿（Renoir）的《游艇上的午餐》[1]，但是还是有它的惊险之处。当一艘载有一群正在唱歌的本科生的小船经过时，那位撑篙的漂亮姑娘把篙卡在泥里了。她不想把它搞丢，于是在小船滑离的时候还死死地抓住它不放。这一幕为我们的午餐提供了一个余兴的节目。 292

同时，我们正在分食巧克力奶油冻，它是我们餐后的甜点，所以四个人的注意力都集中在这块奶油冻上面。女士们吃完了她们的部分，

1. 译者注：雷诺阿（1841～1919），法国画家，是印象派发展史上有领导地位的人物之一。自1874年印象派画家首次举办展览后，雷诺阿以人物画见长而有别于专画风景的画友。一生画了许多裸女的形象。晚年开始用雕刻表现这一题材。他创作于1881年的《游艇上的午餐》（*Luncheon of the Boating Party*）是其代表作之一，该作品描绘了十多位用餐人物的神态，似乎与作者所说的田园风味不尽相同。

我和彭罗斯还在继续享用这美味的深色的巧克力剩余的部分，同时我们在笑那个束手无策的撑船手（她自己也在笑）。我有趣地注意到，在和彭罗斯你一叉我一叉轮流吃巧克力的时候，我们都将剩下的部分切成两半。彭罗斯也意识到了这一点，于是开始了一场比赛，看谁能切到最后。

彭罗斯说道，希腊人很早就在想，物质到底是可以无限分割的，还是每一种物质都有一个最小的不可分割的小块——它们被称为原子。"你认为有巧克力原子吗？"我问道。彭罗斯说不记得巧克力是否是元素周期表上的一个元素了。不论怎么说，我们最终把巧克力奶油冻分割成了看起来像最小的巧克力原子一样的东西，而且如果我没记错的话，彭罗斯赢了。当另一条船驶过来的时候，撑船事件也愉快地结束了。

量子场论的问题在于它基于的想法是空间（时空）就像可以无限可分的巧克力奶油冻。不论你如何精细地切割，你总可以继续分割它。重大的数学难题都是关于无穷大：数字永远能够数下去，但是为什么它们不能一直进行下去呢？空间无限可分是怎么样，不能无限分割下去又是怎么样？我觉得无穷大这个概念是在数学家中造成迷乱的主要原因。

不论神智是否迷乱，一个无限可分的空间被数学家称为连续统。连续统的问题在于最小的距离上面依然可存有巨大的量。实际上，一个连续统并没有最小距离——在你细胞越变越小的无限回归之中，你也就随之消失，这种情况可以在任何一个层面发生。换句话讲，一个连续统可以在空间每一个微小的体积中，蕴藏无穷多比特的信息，[293] 不论这个体积多么小。

量子力学关于无穷小的问题特别棘手，在那里任何可以晃动的东西都在晃动，而且“每一件未被禁止的事情都是必定发生的”，甚至在绝对零度的空无一物的空间中，如电磁场等各种场都在晃动。这些晃动在每一个尺度上发生，从最大波长为几十亿光年一直到一个不超过数学上一个点的尺度。量子场的这种晃动可以在每一个微小的体积中储存无穷多的信息。这是一个挽救数学上灾难的良方。

每一个细小体积内那些可能存在的数目无限的信息，在费曼图中就表现为无限回归的子图，它们越退越小直至无穷。我先从一个简单的想法开始：传播子代表一个电子在时空上的移动，其从单个电子开始也以单个电子为终端。

电子要从a到b还有其他方式移动——例如，在移动过程中边抛边接光子的方式[1]。

1. 译者注：原文为juggling photon，指光子由电子发射，继而吸收的过程，似杂技演员用球、小刀或盘子等表演边抛边接的手技杂耍。

294

显然，这些可能性是无穷尽的，而根据费曼的规则，必须把它们都加起来才能知道实际的概率。每一幅图可以有更多的结构。每一个传播子和角点可以被一个更为复杂的结构所替代，这些结构包含着那些不受限制的嵌入图，直到它们实在太小而没法看到。但是利用高倍的放大镜，即便是再小的结构也可以继续下去，以至无穷。

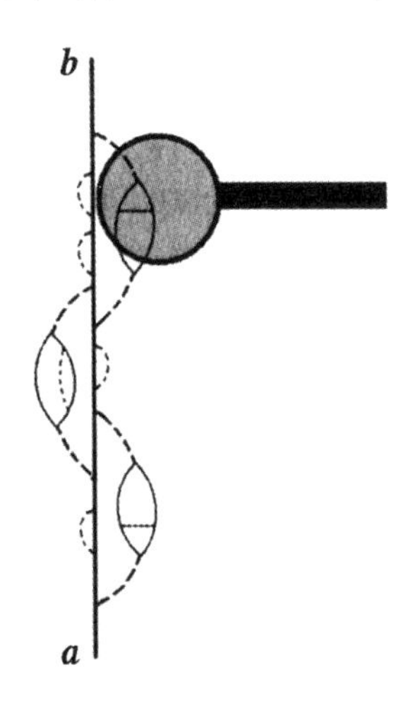

在量子场论中，关于时空连续统最令人不安的结果，就是你可以在费曼图上无限制地加入更小的结构：就像一个可以无限分割下去的巧克力奶油冻。

295

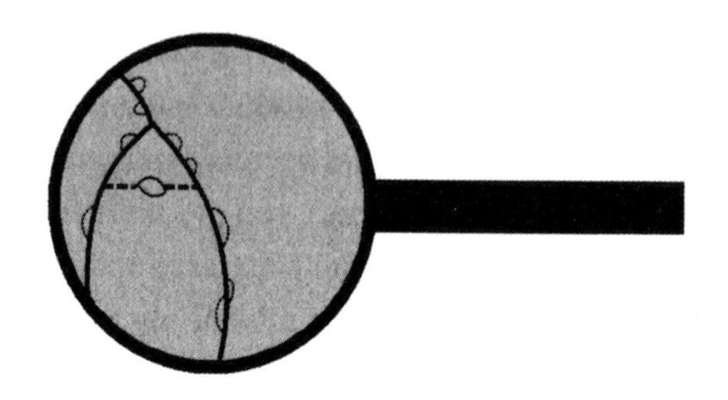

随着这些步骤的继续，你们对量子场论在数学上存在的危险，并不会感到惊讶了。把无穷多的、无限小的空间单元中的所有扰动集合成一个自洽的宇宙并不是一件容易的事情。事实上，大部分量子场论的版本是古怪且荒谬的。甚至基本粒子标准模型的最终分析可能在数学上也是不自洽的。

但是这些困难都不足以与建立引力的量子场论所遇到的困难相比。记住，引力是几何。在把广义相对论和量子力学结合的尝试中，根据量子场论的规则，人们必定会发现时空的形状一直不断地在变化。如果能够放大一个极小的空间区域，那么你可以看到空间在剧烈的抖动，空间自身扭曲成带有曲率的小突起和结的形状。而且你的放大倍数越高，那些扰动就会更剧烈。

假想的包含着引力子的费曼图反映了这种反常。这些无限变小的费曼图，最终会完全失去控制。每一种想要了解引力量子场论的尝试都会导致同样的结论：在这个最小尺度上发生了太多的事情。如果对引力应用量子场论的那些传统方法，必定导致数学上的溃败。

对于这个由空间的无限可分性而造成的灾难，物理学家们有一种办法可以将其消除：他们要求那个空间，就像一块巧克力奶油冻，不是一个真正的连续统。如果你不断地分割空间直至某一个点时，你很可能会发现一个不可再分的小块。换句话说，当结构变得很小的时候就停止画费曼图。这种分割的极限叫作截断。从更基本的观点看，一个截断无非就是把空间分割为不可再分的体像素，且不允许每个体像素上储存超过一个比特的信息。

296

截断看起来像是一种逃避，但是事出有因。经过长时间的思考后，物理学家们认为普朗克长度是空间的终极原子。只要你在尺度小于普朗克长度，或者与该尺度差不多大小的时候停止添加结构，费曼图就能正常工作，甚至是在那些包含引力子的情况下——至少在论证中是这样说的。这几乎是所有人对时空的期待——普朗克尺度上它有一个不可分的、颗粒状的、体像素的结构。

但是这些都是在发现全息原理之前。正如我们在第18章所看到的那样，用一个有限的普朗克尺度的体像素阵列来代替连续的空间是一个错误的想法。体像素空间严重高估了一个区域内所能发生的变化总数。它将使托勒密得到一个关于他图书馆所能存放的信息数的错误结论，也将理论物理学家们引向一个关于空间区域内能储存的信息总数的错误结论。

几乎从一开始人们就意识到，弦论可以解决无限小费曼图这个难题。它可以解决这个问题的部分原因，在于它摒弃了无穷小粒子这个想法。但是直到全息原理的出现，人们才意识到弦论与量子场论的截断版本或者体像素的版本有多么的不同。值得注意的是，弦论是一个典型的，描述了面像素宇宙的全息理论。

就像它的前身那样，现代弦论也有开弦和闭弦。在该理论的绝大多数但不是全部的版本中，光子是一个开弦且类似于介子，主要差别就是小了很多。在所有的版本中，引力子都是闭合的弦，类似于一个缩小版的胶子球。会不会有一些没有想到的更深刻的层面上，两种类型的弦，基本弦和QCD弦，是同一样东西呢？根据它们大小上的差异，看起来不太可能，但是弦论学家们怀疑尺寸上那么大的差异只是一种误导。在第23章，我们将看到有一种统一弦论的方式，但是现在我们暂且认为弦论的两个版本是不同的东西。

任何能形变，长度大于粗细的物体就是弦：鞋带和钓鱼线都是弦。在物理中，弦这个词还意味着有弹性的：弦可以延展也可以弯曲，就 297
像蹦极绳和橡皮筋一样。QCD弦韧性很强——你可以在介子的一端吊起一辆硕大的卡车——但是基本弦的韧性更加强。实际上，尽管基本弦非常细，但是它们却具有令人难以置信的韧度——远远强于由普通物质构成的任何东西。基本弦能吊起大约10^{40}辆卡车。这个巨大的张力使我们很难将其拉伸至任何可以观测到的长度。结果就是基本弦的大小基本上就是普朗克长度。

对于那些我们每天生活中碰到的弦——蹦极绳、橡皮筋以及被拉长的口香糖来说，量子力学并不那么重要，而QCD弦和基本弦则具有很强的量子力学特性。与其他量子客体一样，这意味着能量是以离散的不可分割的单元增加的。从一个能量值到另一个能量值只可能以“量子跃迁”的形式来跨越这个能级台阶。

能量阶梯的底层被称为基态。加入一个单元能量得到的是*第一激发态*。再迈一个能级就是*第二激发态*，如此等等。通常的基本粒子，如电子和光子，都是处于阶梯的最底层。它们只能以量子零点运动的形式振动。但是如果弦论是正确的，它们可以旋转和振动以增加自身能量（因此质量也增加了）。

一根吉他弦是用拨片来拨动而激发的，诚如你所预料的那样，吉他拨片实在太大了，它无法用来拨动电子。最简单的方法就是，用一个电子去撞击另一个粒子。实际上，我们把一个粒子当作一个“拨片”来拨动另一个。如果碰撞足够强烈，它将使两根弦都处于振动的激发态。很显然，紧接着的问题就是，“为什么实验物理学不在加速器实验室中，激发电子或光子并彻底解决粒子是不是振动的基本弦这个问题呢？”问题在于阶梯实在太高。转动或者振动一个强子所需要的能量以现代粒子物理学的标准来说是很适度的，但是激发一根基本弦所需的能量则大得使人畏惧。给电子增加一单元的能量将使其质量达到一个普朗克质量。更糟的是，能量必定集中在一个小得令人难以置信的空间内。粗略地说，我们必须要把100亿亿个质子的质量，压缩入直径是质子的100亿亿分之一的小区域内。没有任何一台已经建造的加速器能接近这个要求。这样的事情从未做到过，很可能永远都

298

做不到[1]。

被高度激发的弦，平均说来要比它们基态时大；增加的能量冲击着弦拉长了它们。如果你可以轰击弦的能量足够大，那么它会伸展变成一个剧烈晃动的各部分互相缠结的纱线球。而且没有上限，只要用更多的能量，这根弦可以被激发到任何的大小。

如果不在实验室中，在自然界里却有一种办法可以创造出这种高度被激发的弦。如我们将在第21章所看到的，黑洞，甚至那些在星系中心的巨型黑洞，是一些极其巨大，互相纠缠的“怪物弦”。

最简单的弦是基本粒子

增加能量使弦振动

增加更多的能量

还有另一个重要的令人着迷的量子力学结果。这个结果非常精妙，而且在这里阐述也可能会显得有点过于专业化。我们平常感觉的空间

1. 这就是为什么有些物理学家认为弦论是一个实验上仍未被证明的理论。这种看法有一定的道理，但是这种过失更多是在于实验物理学家而不是理论学家。那些懒鬼需要走出去，并建造星系尺度的加速器。哦，而且需要收集几百亿桶石油，以备任何一秒钟的使用。

是三维的。关于这3个维度有许多术语：如经度、纬度以及海拔；或299者是长、宽、高。数学家和物理学家通常用3个分别标记为x，y和z的坐标轴来描述这些维度。

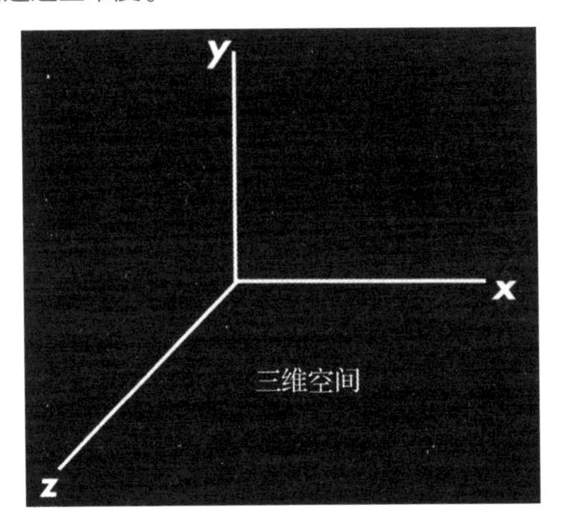

但是基本弦并不太乐意仅在这三维中活动。我的意思是说，如果这样，那么弦论中精妙的数学会变得荒诞，除非空间有更多的维度。弦论学家在许多年前发现，除非再增加6个额外的维度，不然它们的方程在数学上是不自洽的。我一直认为，如果一件事情能得到足够好的理解，那么必定可以用非技术性的语言来解释的。但是弦论所需要的6个额外维排斥了简单性，即使在35年之后还是如此。我并不敢问心无愧地说："…… 可以被证明。"

如果碰到一个能看到第四个、第五个维度的人，我会非常的吃惊，更不用说是9个维度了[1]。我不可能比你做得更好，但是我可以给通常

1. 人们常听说弦论是一个十维的。最后那个维度只是时间而已。换句话说，弦论是（9+1）维的。

用的x, y, z添加字母表中的6个字母——r, s, t, u, v, w，然后用代数和微积分摆弄这些符号。有了这九个方向，弦论在数学上的自洽性便“可以被证明”。

现在你可能要问：如果弦论需要9个维度，而被观测到的空间只有3个维度，乍一看这不就是一个证明弦论是错的证据吗？但是事情没有那么简单。许多非常著名的物理学家——包括爱因斯坦、沃尔夫冈·泡利（Wolfgang Pauli）[1]、费利克斯·克莱因（Felix Klein）[2]、史蒂文·温伯格、默里·盖尔曼和史蒂芬·霍金（他们中没有弦论学家）——都认真地思考过这个想法：空间的维数高于三维。它们显然不是什么幻觉，所以一定有某种隐藏额外维的方法。关于隐藏额外维的行话叫作紧致化；弦论学家通过紧致化过程使这6个额外空间维紧致。这些空间上的额外维可以被卷曲到一个很小的“结”中[3]，所以我们这些大型生物无法绕着它们移动，也无法发现它们。

300

一个或更多个空间维可以卷曲在微小的几何中，但因为太小而难以观测，这个概念是许多现代高能物理常见的主题。有些人认为额外维是一个臆想的产物，就像一句俏皮话所说的：“是带有方程的科幻小说。”但是这是一种由忽视所产生的误解。所有基本粒子的现代理

---

1. 译者注：泡利（1900～1958），美籍奥地利科学家，是量子力学的先驱之一，提出了以其名字命名的泡利不相容原理，并因此而获得1925年的诺贝尔物理学奖。
2. 译者注：费利克斯·克莱因（1849～1925），德国著名数学家，提出了几何中著名的埃尔朗根纲领。
3. 译者注：最简单的紧致化概念出现在卡鲁查-克莱因理论中，该理论的空间是四维的，时空是五维的。而我们日常感觉的空间之所以表现为三维，则是因为四维中有一维是圆周的缘故。沿着圆周方向的宇宙周长只有几个普朗克长度那么长。正式借助于这个新的维度，卡鲁查-克莱因理论将经典的引力和电磁力理论统一起来了。圆周显然是一种最简单的“结”，我们可以从这里体验紧致化的直观图像了。

论都利用某种额外维来提供那个缺失的机制，这使得粒子变得很复杂。

额外维这个概念并不是弦论学家发明的，但是他们使用的方式颇具创造性。虽然弦论需要6个额外维，但是我们只要给空间添加一个新的维度就可以了解其大概了。我们来研究一下额外维的最简单情形。我们给一个只有一维空间的世界——我们称它为线地——加上一维额外的紧致维。在线地上确定一个点的位置仅需要一个坐标；居住在那上面的人称其为X。

301

为了使线地世界更有趣一些，我们需要增加些物体，所以让我们假定存在着一些沿着线移动的点。

X

我们把它们看成是些小珠子，它们可以黏合在一起形成一个一维的原子、分子甚至是活的生命体。（我很怀疑生命是否能在一维的世界中生活，但是我们先把这种怀疑放在一边。）把线和珠子看成是无穷细的，这样它们就不会伸向其他的维度。或者更好的是，试着不用其他维度去想象线和珠子[1]。

一个聪明的人可以设计出很多其他版本的线地。珠子都是相似的，或者在一个更加有趣的世界中，可能存在着一些不同种类的珠子。为了追踪不同的类型，我们可以用颜色给它们做标记：红色、蓝色、绿色，等等。我可以想象无穷多种可能性：红色珠子吸引蓝色的，但是

1. 我在第15章中解释的CGHS模型就是线地，但是在线地人空间的终点带有一个质量巨大的黑洞（这无疑是危险的）。

与绿色的排斥。黑色珠子非常重，但是白色的是无质量的而且在线地以光速移动。我们甚至可以允许珠子是量子力学式的，任何一颗珠子的具体颜色都是不确定的。

一维的生活所受的局限非常大。它们只能沿着线运动，线地人总是互相撞击着。它们能够互相交流吗？很简单：它们可以发动它们身边的珠子，一个接一个的发送信息。但是它们的社交生活非常的无聊；每一个生物只有两个熟人——一个是它右边的，一个是它左边的。为了形成一个社交圈，至少应当是一个二维世界。

但是表象总是具有欺骗性。当线地人用一个高倍显微镜来观测时，它们会惊讶地发现它们的世界其实是二维的。它们所看到的并不是一个数学上理想的没有粗细的线，而是一个圆柱面。在通常的情况下，圆柱面实在太细了以至于线地人观察不到，但是在显微镜下面，小得多的物体，甚至比线地原子更小的东西都可以被发现。这些物体足够小，所以它们可以在两个维度上运动。 302

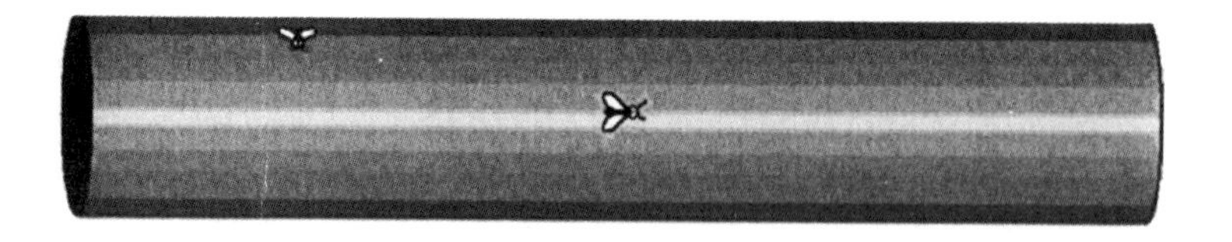

就像他们大人国的兄弟那样，这些线地小人国的居民可以沿着圆柱面的柱长方向移动[1]，但是他们因为足够小，所以还可以绕着表面移

1. 译者注：这里的大人国和小人国都出自乔纳森·斯威夫特（Jonathan Swift）的著名寓言小说《格列佛游记》（*Gulliver's Travels*）。斯威夫特（1667～1745），被公认为英语最杰出的讽刺作家，他通过描写假想的大人国和小人国，讽嘲时政，正如他自己所说，目的在于"使世人烦恼而不是供他们消遣"。

动。他们可以在两个方向同时移动，绕着圆柱面螺旋运动。哦，有意思，他们甚至可以彼此通行，而不发生碰撞。他们有理由声称他们是生活在二维的空间中，但是有一点很奇怪：如果他们沿着额外维走一条直线，那么他们不久就又会回到原来的地方。

线地人需要给那个新的方向起一个名字，他们叫它Y。但是不像X，他们在Y上移动没多远就会回到出发点。线地人的数学家们就说Y方向是紧致的。

上面所给出的圆柱体的图，就是通常一维世界上增加了一维紧致方向后的样子。给一个已经有3个维度的世界增加6个额外维已经远远超出了人类大脑的想象能力了。物理学家、数学家区别于其他人的，并不是他们可以看到任意维度，而只是他们经过数学上艰辛的再训练——再次重新装备自己的大脑——来“看到”这些额外的维度。

单个额外维并不会提供很多种变化的可能性。在紧致方向上的移动，就像绕着一个圈走，但自己却没有发现。但是两个额外维就允许了无穷多种变化的可能性。这两个额外维可以形成一个球面，一个圆

303

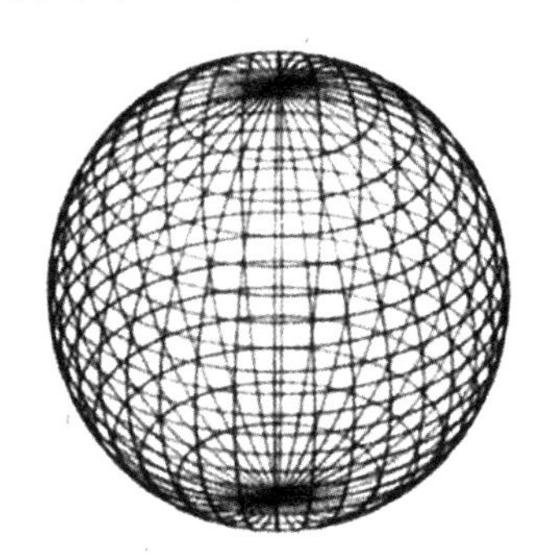

环面(一个炸面圈的表面),[1]

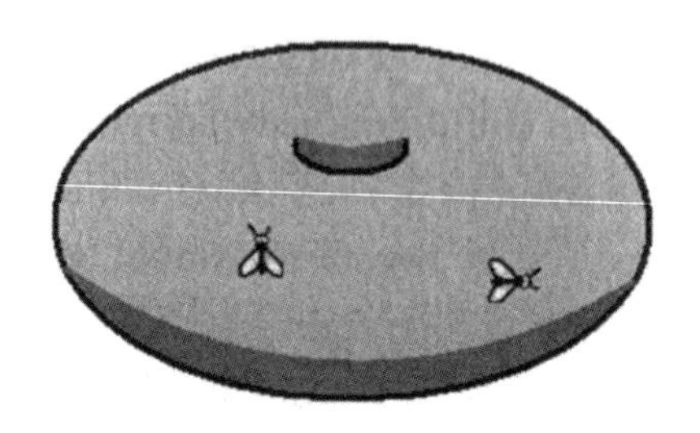

一个带有2个或3个孔的炸面圈

或者甚至是一个被称为克莱因瓶的诡异空间。[2]

画出两个额外维并不是那么的困难——我们刚才就画过了——但是随着维数增加,去想象它们变得越来越难。到你增加到弦论所需要的六维时,不借助数学而凭空想象是不可能的。这种弦论学家用来紧致化这6个额外维的特殊的几何就被称为*卡拉比-丘流形*[3]。而且

1. 译者注:原文donut=doughnut,常译作炸面圈或糖钠子。作为数学专用名词,应译作环形圆纹曲面。

2. 译者注:克莱因瓶是将圆柱面的两端按照下属方式黏合起来所得到的拓扑空间,这种黏合方式与将圆柱面的两端黏合成环面的方式在方向上相反。它是单侧的,又是闭的,如果适当地剖作两片,就能得到两条麦比乌斯带。

3. 译者注:流形是一个数学专用名词。流形是指装备了一族局部坐标系的拓扑空间,这些坐标系之间由属于指定类的坐标变换相互联系。卡拉比-丘(成桐)流形是一类特殊的流形,它们是指具有平坦的里奇度规的三维复流形。

304

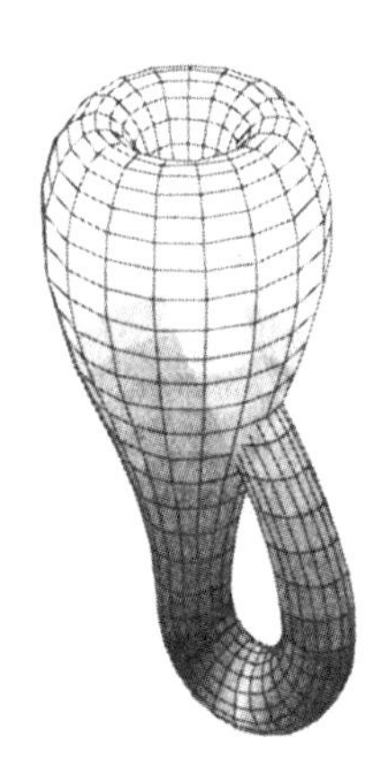

这种流形有几百万种，没有两种是一样的。卡拉比-丘流形极其复杂，它带有几百个孔以及难以想象的椒盐卷饼式的扭曲[1]。然而，数学家们可以通过切片的方法，降低它们的维度并画出它们，这类似于嵌入图。这就是一幅典型的卡拉比-丘空间的二维片层图。

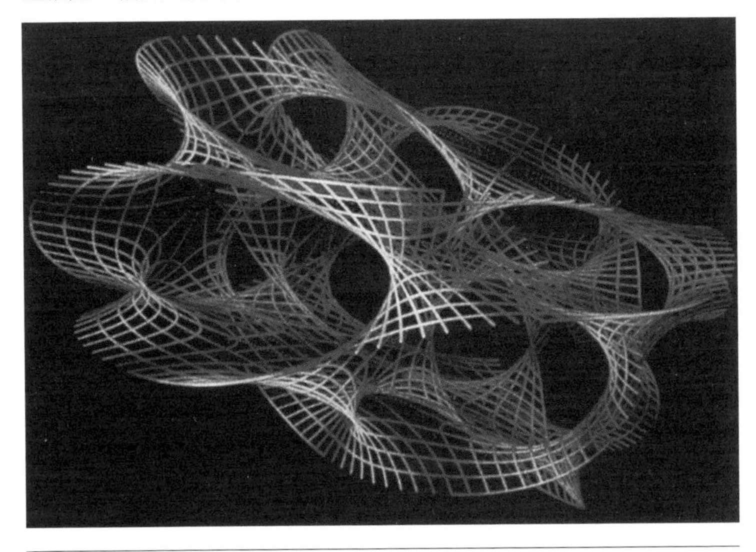

1. 译者注：椒盐卷饼（pretzel）是一种形状颇为复杂的脆饼，形状类似蝴蝶，又称为蝴蝶脆饼。

我将试着向你们展示普通空间中每一个点上都加入一个卡拉比-丘流形后的样子。首先，我们来看那些通常的维度，像人这类的大型生物可以在其上面移动。（我把它画成了二维的，但是到现在你们应该能够在脑中加上第三维。） 305

在三维空间的每一个点上还有其他6个紧致维，一些极小的物体可以在其上面移动。出于无奈，我所画的只能是分立的卡拉比-丘空间，但是你应该把它们想象成是分布在普通空间的每一个点上。

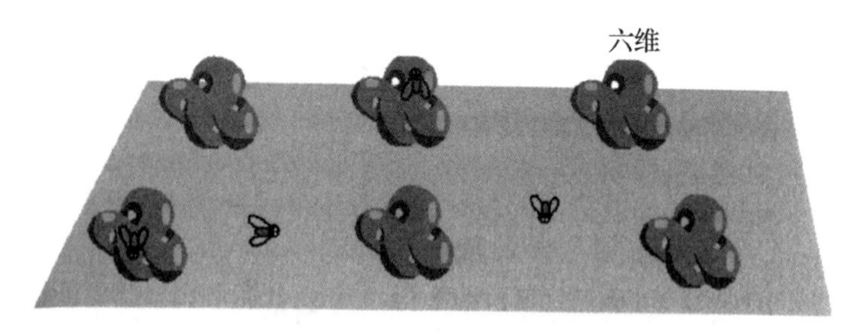

现在让我们回到弦上面。一根普通的蹦极绳可以往很多方向伸展——例如，沿着东西轴，南北轴抑或上下轴。它也可以以很多角度伸展，如朝北但是偏西10°。但是如果有额外维，会增加更多的可能性。特别是，弦可以绕着紧致方向延伸。一根闭弦可以绕着卡拉比-丘空间缠一圈或更多，而不沿着空间中的那些通常的方向延伸。 306

我想使问题更加复杂一点。弦不仅缠绕紧致空间，同时还在摆动，而且这种摆动会沿着弦传播，就像一条蛇那样。

将一根弦缠绕在一个紧致维上并使其摆动是需要能量的，所以由这些弦描述的粒子，要比通常的粒子重。

作用力

我们的宇宙不仅有空间、时间和粒子，还有作用力。作用在带电粒子上的电磁力，可以移动小片的纸和灰尘（回想一下静电力），但更重要的是，这些力使原子中的电子保持在它围绕原子核的轨道上面。作用在地球和太阳之间的引力，使地球在它的轨道上运动。

307

所有作用力根本上都是起源于单个粒子间的微观作用力。但是这些粒子间的作用力是从哪儿来的呢？对于牛顿而言，普适的质量间的引力是自然界的一个客观事实——一个他可以描述但无法解释的事实。在19世纪和20世纪，物理学家们，如迈克尔·法拉第、詹姆斯·克拉克·麦克斯韦、阿尔伯特·爱因斯坦和理查德·费曼，以他们深刻的洞察力用一些更为简单的基本概念来解释什么是作用力。

根据法拉第和麦克斯韦的理论，电荷并不是被直接地互相推拉；空间中电荷间有一种中间媒介在传递力。想象一个被两个相隔很远的球拉伸的“机灵鬼”[1]——那些玩具软簧。

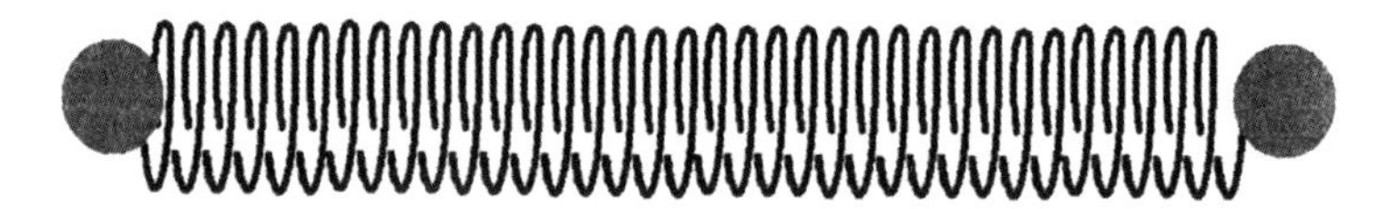

每一个球都只是在与机灵鬼相邻的那个部分作用上力。然后机灵鬼的每一个部分会把力作用到与它相邻的部分。这个力就这样顺着机灵鬼被传递下去直到与它拽动另一端的物体。看起来两个物体在互相推拽着，但这是一个由机灵鬼的软簧作为媒介而产生的假象。

当问题变成带电粒子时，中间媒介就是充满空间的电场和磁场。虽然看不见，但这些场却是真实的：它们是些光滑的、看不见的空间扰动传递着电荷之间的力。

爱因斯坦在他的引力理论中，甚至走得更远。有质量物体弯曲了其邻近时空的几何，并且通过这样的方式，它们扭曲了其他物体的轨

1. 译者注：原文slinky是商标名，“机灵鬼”是一种玩具，内装螺旋软簧，借助簧力会翻跟头、下阶梯。

迹。这种几何的弯曲也可以被认为是一种场。

308

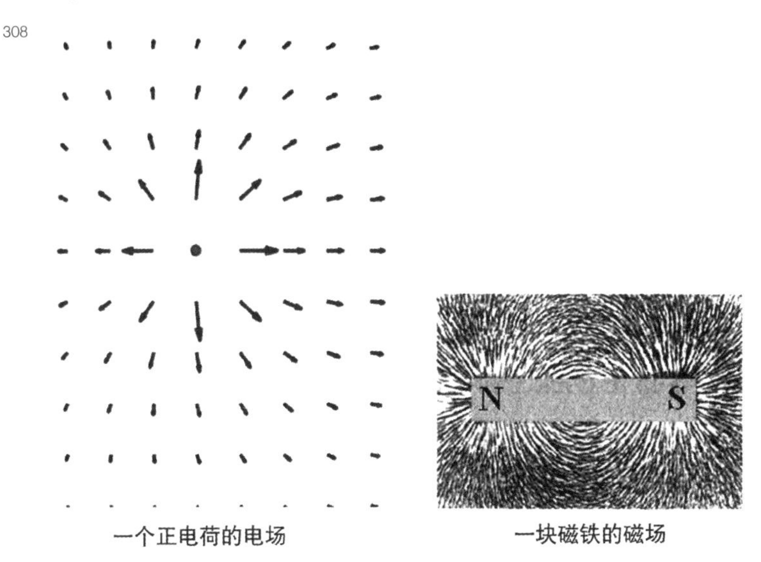

一个正电荷的电场　　一块磁铁的磁场

人们可能会认为这个问题已经结束了，直到理查德·费曼带着他关于作用力的量子理论出现，该理论乍看起来似乎与法拉第、麦克斯韦、爱因斯坦的场论完全不同。他的理论从带电粒子可以发射（抛）和吸收（接）光子这个概念开始。对于这个想法并没有什么争议，人们很早就知道当一个电子打在X射线管中的障碍物上时就会发射X射线。在那片光量子论文中，爱因斯坦首先描述了这种吸收的逆过程。

费曼把带电粒子描述成光子的杂耍者，不停地抛、接光子，也在其周围的空间制造大量的光子。一个静止的电子是一个完美的杂耍演员，不会掉一次棒。但是就像一个在火车车厢里的杂耍演员那样，突然的加速可能会失落东西。电荷可能会被拽离它原来的位置，因而在一个错误的位置吸收光子。这个遗漏的光子飞出去成了辐射光。

回到火车上，那个杂耍演员的拍档上了车，然后他们两个打算一起做一些团队协作的抛接杂耍。每一个杂耍演员接到了自己投出去的东西，但是当他们离地越来越近时，每个人时不时地会接到另一个人抛出去的球。同样的事情也发生在两个离得很近的电荷间。围绕在电荷周围的光子云混在了一起，而且一个电荷可能会吸收另一个电子所发射的光子。这个过程被称为*光子交换*。

309

光子交换的结果就是，电荷彼此施加作用力。只有通过精妙的量子力学才能知道力是吸引的还是排斥的。结果就是一句话，当费曼做了那些计算时，他发现了与法拉第和麦克斯韦所预言的一样的东西：同性相斥，异性相吸。

比较电子和杂耍演员的抛接是很有意思的。杂耍者每秒钟抛接的次数约为几次，但是一个电子每秒钟大约能发射和吸收10^{19}次。

根据费曼的理论，不止是电荷，所有物质都在抛接。每种物质都发射和吸收引力子，引力场的量子。地球和太阳被引力子云所包围，这些引力子混合并且交换。结果就是引力使得地球保持在自己的轨道上运动。

单个电子多久会发射一个引力子呢？答案出人意料：并不是很经常。一般来说需要比整个宇宙年龄更长的时间来使电子辐射一个引力子。这就是为什么根据费曼的理论，基本粒子间的引力强度比电磁力小得多。

所以哪个理论是正确的：法拉第、麦克斯韦、爱因斯坦场论还是费曼的粒子抛接理论？它们彼此听起来是那么不同。

但是它们都是正确的。关键就是在第4章中解释过的波和粒子之间的量子互补性原理。波是一个场的概念：光波无非就是有一个快速波动的电磁场。但是光又是粒子，即光子。所以费曼关于力的粒子图像和麦克斯韦的场图像是量子互补性原理的另一个例子。由抛接粒子云所制造的量子场被称为一种凝聚。

一个关于弦的笑话

给你讲一个最近在弦论学家间很流行的笑话。

310　两根弦走进了一个酒吧，然后要了几杯啤酒。服务生对他们其中一个说："嘿，好久不见。最近怎么样？"然后他对另一根弦说："你是新来这里的，是吗？你跟你朋友一样是闭弦吗？"第二根弦回答道："不，我是一个磨散的结。"

好吧，你希望从一个弦论学家身上得到什么东西呢？

这个笑话到此结束，但是故事得继续下去。那个服务生感到有点晕晕乎乎。大概是因为吧台后面有太多秘制的饮料，也有可能是这两个顾客不断闪烁的量子扰动使他发晕了。但是，这并非是普通的晃动，弦似乎运动得非常奇怪，好像有某种隐藏的力在用力拽它们，想把它们结合到一起。每当一根弦突然移动一下时，另一根会紧接着在它的高脚凳上被拽一下，反过来也同样。但是看起来并没有什么东西连接着它们。

服务生对这种诡异的行为很好奇，想找到某些线索，就盯着它们之间的空间看。起初他所能看到的只是微弱的闪烁，一个令人眩晕的几何上的扭曲，但是看了1分钟之后，他发现不断有一些小东西从两个客人身体上脱落下来，形成它们之间的一个凝聚物。正是这个凝聚物推搡着它们。

弦发射和吸收其他的弦。我们以一个闭弦为例子。除了只在零点附近做晃动，一个量子弦可以分裂成为两根弦。我将在第21章中描述这个过程，但是现在一个简单的图像可以给你一个概念。这就是一幅闭弦的图。

这根弦微小地摇动着直到一个耳朵形状的附加物出现。

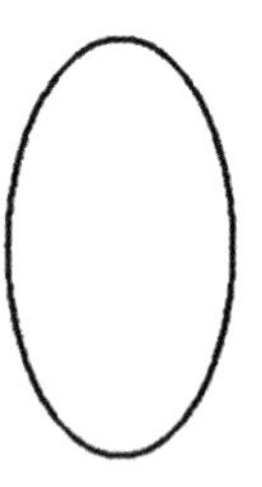

这根弦已经可以分裂了，放出它自己的一小部分。

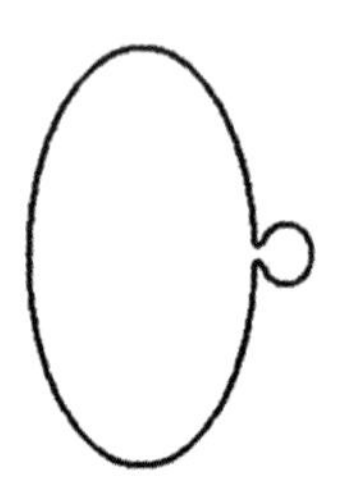

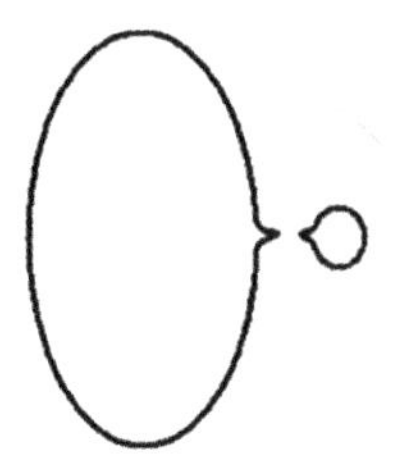

反过来也是可能的：当一根较小的弦遇到另一根大一些的弦，它将会通过逆过程而被吸收。

服务生看到的是那些小的弦的凝聚物——就像飘浮的量子云——包围着他的客人。但是当他看得不是那么仔细的时候，这个模糊的凝聚物看起来仅仅发生弯曲，他的视线就像一个弯曲的时空区域所作的。

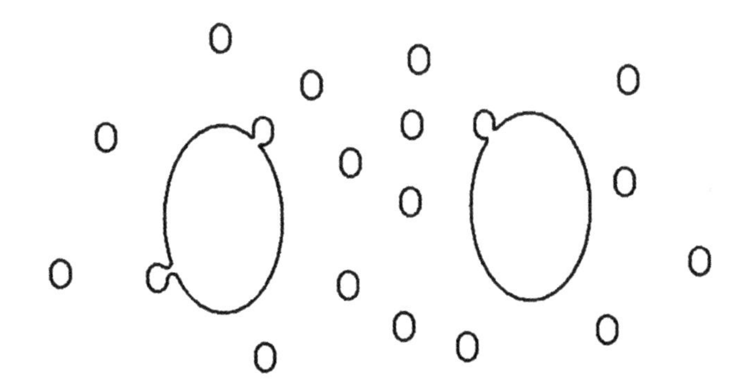

312　这些细小的闭弦圈是引力子，它们云集在较大的弦附近并形成一种凝聚物来模拟引力场的效应。引力子是引力场的量子，在结构上与核物理中的胶子球类似，但是引力子的尺寸是后者的$1/10^{19}$。如果它真的存在的话，有人会问这一切对于核物理来说又意味着什么。

弦论学家的热情，让一些其他领域的物理学家们觉得很气愤。弦论学家认为："弦论中漂亮、优雅、自洽、坚实的数学会导致一个令人吃惊的、难以置信的结果，该结果能自动导出引力，所以它必定是对的。"但是对于那些持怀疑态度的、不是弦论圈子里的人来说，即使弦论中一些东西已被证明，弦论并非好到足以让我们得到一个令人信服的理论。如果弦论是关于自然界的正确理论，那么证实它的方式就是通过令人信服的实验预言和经验检测，而不是逻辑。他们是对的，但是弦论学家也是对的。真正的问题在于对这些尺寸是质子的100亿亿分之一的物体进行实验是极其困难的。但是不论弦论最终是否能得到实验数据的证实，在这个自洽的数学实验室中，我们可以检测各种关于引力与量子力学结合的想法。

假定引力会出现在弦论中，我们可以假设当弦的质量足够大的时候，就会形成一个黑洞。所以弦论是一个框架，在那里霍金的佯谬是可以得到检验的。如果霍金是对的，那么黑洞不可避免地导致信息丢失，弦论的数学会证明这个结论。如果霍金是错的，那么弦论会告诉我们信息是如何逃离黑洞的。

在20世纪90年代的早期，我和赫拉德·特霍夫特之间曾有3次互访，两次在斯坦福，一次在乌得勒支（如果我没记错的话）。特霍夫特基本上是不相信弦论的，尽管他曾写过一篇有重大影响的文章解释了弦论和量子场论之间的关系。我不能确定他讨厌的根源是什么，但是我能猜到其中部分原因在于，从1985年开始美国所建立的理论物理学机构，居然清一色地由弦论学家所主导。特霍夫特，这个永远的针锋相对者，相信（我也是）多样性的力量。你对待问题的方式越是不同，那么你的思想风格就越不同，解决科学上真正难题的机会就会越多。

313

然而对于特霍夫特来说，更重要的是他的怀疑不只在于反感，那种物理学被狭小的一群人掌管所带来的反感。我所能说的就是，他承认弦论的价值，但是他排斥弦论是“终极理论”的主张。弦论的发现是一个偶然，而且它的发展道路一直很崎岖。我们从未有过一组总的方程或者一组确定的精简的方程。即使到了今天，它包含了一个相互联系的数学网络，这些数学以引人注目的方式聚合在一起，不过它们并不能增加以牛顿引力理论、广义相对论和量子力学为特征的原理约定集合。而是，就像一个非常复杂的拼图玩具，我们只能很模糊地感受到这整幅图。记住在这章开头所引用的特霍夫特的话：“试想我给你一把椅子，同时又跟你解释说，椅子还没有腿，坐板、靠背和扶手也许一会儿会送过来；不论我真正给了你什么，我还能称其为椅子吗？”

弦论确实还不是一个完整的理论，但是就现况而言，它是我们最好的数学向导，指引我们通向量子引力的终极原理。而且，我想补充的是，它是黑洞战争中最有力的武器，特别是证明特霍夫特他自己的那些信念。

在接下来的三章中，我们将看到弦论如何帮助解释和确认黑洞互补性原理、黑洞熵的起源以及全息原理的。

第 20 章 最后的螺旋桨

314

对于大部分物理学家来说，特别是那些广义相对论的专家，黑洞的互补性原理实在是太疯狂了，这不可能是真实的。他们并没有对量子效应所产生的含糊性感到不舒服；普朗克尺度上的含糊是完全可以接受的。但是黑洞互补性原理所提议的东西要激进得多。根据观测者的运动状态，一个原子可能是一个微观的小物体，或者它可能弥散在一个巨大黑洞的整个视界面上。人们确实无法接受这么含混的东西，连我自己也觉得很奇怪。

就像我在1993年圣芭芭拉会议结束后几周中所思考的，这种奇特的行为，让我想起以前看到过的一些东西。24年前，那时弦论还属幼年时期，我正被这些微小的类弦物的某种未知特性所困扰。我那时称这些代表基本粒子的弦为“橡皮筋”。

根据弦论，世界上每一个物体都是由一维的有弹性的弦构成，这些弦能拉伸、弹拨和绕转。我们把粒子看作一个比普朗克尺度大不了多少的微型橡皮筋。如果一根橡皮筋开始晃动和振荡，假设橡皮的各个部分之间没有摩擦力，那么这种晃动和振荡会永远继续下去。

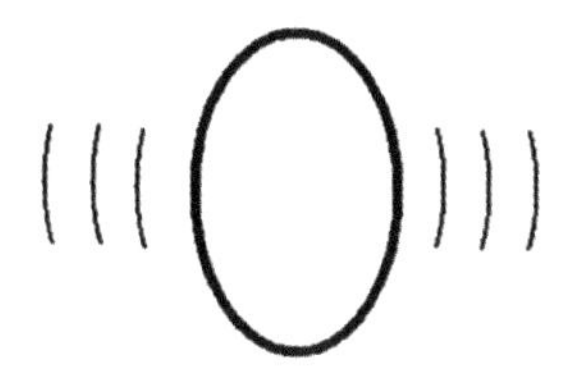

315　增加弦的能量会使弦振荡得更加剧烈，有些时候看起来像是一团巨大的剧烈振荡的纱线。这些振荡是热振荡，它们给弦增加了真实的能量。

但是我们不能忘记量子晃动。即使在一个没有能量的系统中，即系统处于其基态，晃动也不能完全被去除。这些基本粒子的复杂运动是奇妙的，但是通过类比，我可以告诉你其中的一些奥妙。首先我要讲的是关于狗哨和飞机螺旋桨的故事。

由于某些原因，狗对高频率声音很敏感，甚至是许多人不能听到的频段。也许是狗的耳鼓更轻盈些，所以能够察觉更高频率的振动。因此，如果你想叫你的狗，但是又不想打扰你的邻居，那么你可以使用一个狗哨。狗哨的声音频率很高，人的听力系统对它没有反应。

现在设想爱丽丝跳进一个黑洞，并且吹响她的狗哨，来给她留给鲍勃照看的雷克斯[1]发了一条信息[2]。这个频率对于鲍勃的耳朵来说太高了，起初他什么都没有听到。但是想一下，一个信号若在视界附近发出将会发生什么呢？从鲍勃的角度来看，爱丽丝和她所有的身体机能，似乎都在慢下来，其中也包括她哨子声音的频率。虽然这个声音一开始超出了鲍勃的听域，但是随着爱丽丝慢慢靠近视界，鲍勃渐渐可以听见哨声。假定爱丽丝的狗哨覆盖了整个高频段，有些甚至超过了雷克斯的听域。鲍勃会听到什么？起初什么也听不到，但是不久后，他便慢慢听到一些哨子发出的最低频率的声音。随着时间推移，更高一点的也能听到了。最后鲍勃能听到爱丽丝哨子所吹出的整个交响乐曲。当我跟你讲关于飞机螺旋桨的故事的时候，你脑子里面要留着这个故事的印象。 316

你应该看过飞机螺旋桨逐渐变慢直到停止的样子吧。开始的时候那些叶片是看不见的，你只能看到中间的毂。

但是当螺旋桨慢下来，频率低于每秒钟30转后，可以看到叶片了，整个装置也变得更大了。

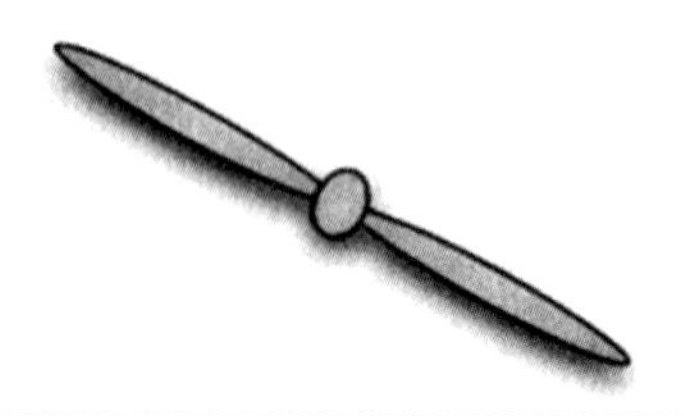

---

1. 雷克斯（Rex）是文中爱丽丝养的狗。
2. 严格地说，声音是不能在没有物质的空间中传播的。要么你可以回到那个用下水孔作类比，要么你可以用一个紫外闪光灯来代替爱丽丝的哨子。

现在设想一只带有“复合”螺旋桨的飞机。我们称其为爱丽丝的飞机。每只叶片的尖上有一个轴，上面装了一只“第二级”的螺旋桨。这只第二级的螺旋桨要比原先的那只转得快许多——我们先定为快10倍。

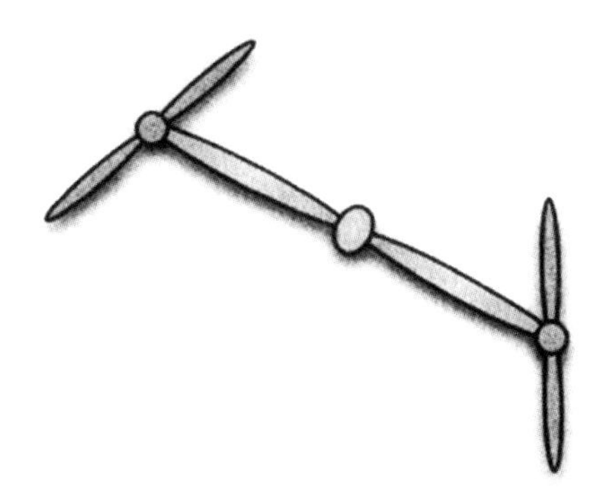

317　当第一级螺旋桨可以看到的时候，第二级螺旋桨还是看不到的。随着桨的转速变慢，第二级螺旋桨也看得见了。这个结构似乎还可以继续下去。第三级螺旋桨被装在了第二级螺旋桨的末端。那些螺旋桨的转速是第二级螺旋桨的10倍。这需要更长的时间把速度降下来，但是这个复合式的螺旋桨将不断延伸开去，其面积越来越大。

爱丽丝的飞机并不仅停留在第三级上面。它的螺旋桨将无限制地扩展开去。随着它不断变慢，人们便可以看到越来越多的螺旋桨。整个装置越变越大，最终变得巨大无比。但是除非螺旋桨完全停止，否则你所能看到的螺旋桨的级数永远是有限的。

很容易想到，下一步就是爱丽丝驾驶她的飞机径直地飞向一个黑洞。这时鲍勃会看到什么呢？根据我已告诉你的，特别是关于黑洞

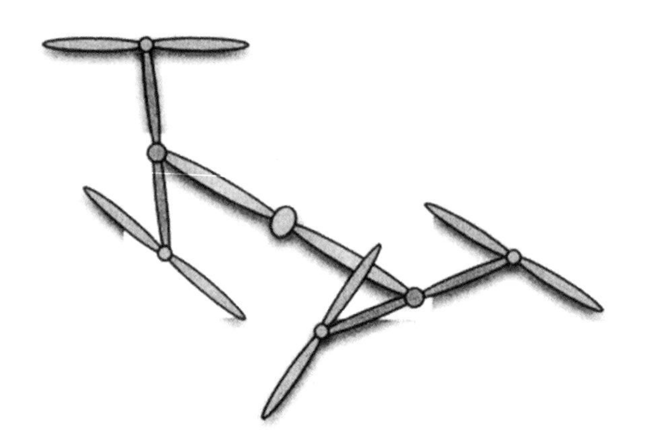

和时间机器，你自己便可以得出结论。随着时间的推移，螺旋桨会慢下来。最终，第一级螺旋桨出现了，接着可以看到越来越多的螺旋桨，逐级涌现出来，最终覆盖整个视界。

这就是鲍勃将会看到的。但是随着螺旋桨一起运动的爱丽丝将看到什么呢？没有任何特别的事情。如果她正在吹她的狗哨，那么这个声音对她来说还是听不见的。如果她朝螺旋桨看，那么叶片还是转得太快以至于她的眼睛或相机都看不见。她将看到你和我在看一个高速旋转的螺旋桨时所看到的——仅是桨的中心毂，而没有其他别的东西。 318

你可能会认为这样的图像有些不对劲。爱丽丝可能看不见高速转动的螺旋桨，但是如果说它们是不可观测的似乎又有点儿太过分了。毕竟，它们可以轻易地把她切成碎片。实际上，对于真实的螺旋桨来说，这是真的，但是我现在所描述的模型更加的微妙。回忆一下第4章和第9章，我解释说自然界中有两类晃动：量子晃动和热晃动。热晃动是危险的；它们可以把能量转移到你的神经末梢或者是做一份牛排。如果温度足够高的话，它们可以撕裂分子或原子。但是不论你让你的牛排待在一个冷的、没有东西的真空的空间中多久的时间，电磁场的量子扰动并不会有什么效用，它还是完全生的。

在20世纪70年代，黑洞理论学家们如贝肯斯坦、霍金特别是威廉·温鲁（William Unruh）证明了在一个黑洞视界附近，热晃动和量子晃动以一种奇怪的方式混合在一起。对于穿越视界的人来说晃动似乎是无害的量子扰动，而对于选在黑洞外面的任何东西来讲晃动就变成了极其危险的热扰动。就像爱丽丝那些转动的螺旋桨是量子晃动（对于爱丽丝来说看不见），但是当它们在鲍勃的参考系下变慢时，它们就变成了热晃动。如果鲍勃悬在视界表面的话，爱丽丝无法察觉的这些温和的量子运动，对他来说是极其危险的。

到现在你可能对黑洞互补性原理已经有所了解。实际上，这与我在第15章中所解释的关于一个原子掉入黑洞的情况非常相似。因为这是5章前的东西了，这里快速地回顾一下。

设想当爱丽丝掉向视界时，她回头看后面紧跟着的原子。原子看起来很正常，甚至当它穿越视界的时候。它的电子继续以平常的速度绕着原子核旋转，而且它看起来并没有比其他原子更大——大概就是这页纸的10亿分之一的大小。

319　对于鲍勃来说，他看到原子在接近视界的时候慢了下来，而且与此同时热运动把它撕成了碎片并散落在一块不断变大的面积上。原子看起来就像一架微型的爱丽丝的飞机。

我的意思是原子有螺旋桨，螺旋桨上又有螺旋桨，这样无限循环下去吗？出乎你们的意料，我就是这个意思。基本粒子一般被想象成非常小的物体。爱丽丝的复合螺旋桨的中心看起来也很小，但是整个装置，包括所有级结构，极为巨大甚至是无穷大的。我们在说粒子很小的时候，我们有没有可能搞错了？实验上是怎么说的？

在思考关于粒子的实验观测的时候，把每一个实验都想象成一个类似于给运动物体照相的过程是很有益处的。捕捉高速运动的能力取决于相机记录图像的速度。快门的速度是时间分辨率上一个重要测量量。显然，快门速度将对爱丽丝的复合螺旋桨的摄影过程起关键作用。一台较慢的照相机能抓住的只是螺旋桨的中心毂。一台快一些的照相机可以捕捉到另外一些高频率的结构。但是，即便是最快的照相机也只能捕捉到复合螺旋桨的某个部分——除非是在当飞机掉入黑洞的时候拍摄它。

在粒子物理实验中与快门速度相应的是碰撞粒子的能量：能量越高，快门越快。对于我们，不幸的是，快门速度严格地受制于粒子加速至高能的能力。理想情况下，我们可以分辨在比普朗克时间小的时间区域上发生的事情。这需要一些正在加速到比普朗克质量还大的粒子——原则上很简单，但是实际是不可能做到的。

我们在这里稍作停留，想一下现代物理所面临的巨大困难。为了观测最小的物体和最快的运动，20世纪的物理学家依赖于越来越大的加速器。第一台加速器只有桌面大小，非常简易，可以用于探测原子的结构。原子核则需要更大的机器，有些跟建筑物一样大。夸克只有用那些有几英里长的加速器才能被发现。现在最大的加速器，瑞士日内瓦的大型强子对撞机，周长约有20英里，但是还是太小，无法把320 粒子加速到普朗克质量。多大的加速器才能分辨出普朗克频率下的运动呢？这个答案是令人沮丧的，简单来说：为了加速一个粒子到普朗克质量，加速器至少要与我们的星系一样大。

简而言之，用现代技术来看普朗克运动，就好比用一个曝光时间为1000万年的相机来给转动的螺旋桨拍照。基本粒子看起来很小，这是因为我们所看到的只是中心部分，显然是情理之中的事情。

如果实验不能告诉我们，粒子是否具有边远的高频振荡的结构，我们必须依赖于我们最好的理论。在20世纪的下半叶，研究基本粒子最有力的数学框架就是量子场论。量子场论是一个令人兴奋的领域，开始的时候它假设粒子很小，可以被看成仅仅是空间上的一些点。但是这样的图像不久就崩溃了。粒子很快地被更多的粒子所包围，这些粒子飞速地过来又飞速地离开。而这些新过来的和新离开的又被甚至更快出现和消失的粒子所包围。用快门速度更快的照相机，就可以看到粒子越来越多的内部结构——振荡越来越快的粒子出现和消失。一个慢速的照相机看到的分子就是一团模糊。只有在快门速度快到能抓住原子运动的时候，它才会显示出一群原子的样子。这个故事在原子层面上不断地重复着。对于原子核周围那一团电荷所形成的模糊，只有在更快的实验中才能分辨出来是电子。原子核分辨成为质子和中子，它们又分辨成为夸克，以此类推。

但是，这些曝光越来越快的照片，并不揭示一个占据越来越多空间的膨胀的结构，而这正是我们在找寻的主要特性。反而，它将告诉我们越来越小的粒子形成像俄罗斯套娃式的层次结构[1]。这不是我们解释粒子在视界附近行为所需要的。

弦论则要有前途得多。弦论所说的东西是与直觉违背的，所以多年来物理学家们都不能了解它。弦论所描述的基本粒子，那些假设的细小弦圈，就像复合的螺旋桨一样。我们从一个慢速的快门开始，这时一个基本粒子看起来就像一个点；可以看成是螺旋桨的中心。现在加快快门的速度，直到曝光时间只比普朗克时间长一点点。图像所显示的粒子就是一根弦。 321

若把快门速度提得更高，你所看到的是正在扰动和振荡着的弦上的每一个部分，所以这个新的图像看起来更加的混乱，铺开的面积也更大。

1. 译者注：俄罗斯套娃（Russian matryoshka）是俄罗斯特产木制玩具，一般由多个一样图案的空心木娃娃一个套一个组成。

但是这仍不是尽头，过程还将不断地重复。每一个小弦圈、弦的每一次弯曲，都会分解为扰动更加剧烈的弦圈和波形曲线。

当鲍勃注视着一个类弦粒子掉向视界时，他看到了什么？起初，振荡很快而看不清楚，他所看到的只是一个微小的类毂的中心。但不久之后，接近视界时的特有性质开始起作用了，弦的运动显得慢了下来。他渐渐地可以看到越来越多振荡的结构，就跟他看爱丽丝的复合螺旋桨一样。随着时间的推移，速度更快的振荡可以被看到了，弦看

起来越长越大，并且布满了黑洞的整个视界。 322

但是如果我们随着粒子一起掉下去又会怎样呢？那么，这是一个很正常的时期。高频的扰动还是高频的扰动，远远超过我们低速相机的频率范围，处在视界附近没有给我们什么优势。就如同在爱丽丝的飞机的情况中，我们能看见的就是细小的毂。

弦论和量子场论都认为事物会随着快门速度的增加而变化。不过在量子场论中，物体是不会变大的。与此相反，它们似乎会分裂成为越来越小的物体，更小的俄罗斯套娃。但是当各个组分接近普朗克长度时，一个全新的模式就出现了：爱丽丝飞机模式。

在拉塞尔·霍本（Russell Hoban）的寓言《老鼠和他的孩子》中[1]，323 有一个很好玩的（不是特意的）故事，可以用来比喻量子场论是如何工作的。曾经在它们噩梦般的历险中，这两只玩具机械鼠，鼠爸爸和儿子发现了一罐令他们无比着迷的梵僧牌狗粮[2]。在罐头的标签上画着一只狗拿着一罐狗粮，这罐狗粮的标签上又画着一只狗拿着一罐狗粮，如此等等。为了看到“最后一只可以看到的狗”，老鼠们一层一层地往下看，但是它们永远不能确信自己已经看到了它。

东西里面藏着东西，东西里面又藏着东西——这就是量子场论的故事。然而，与梵僧牌的标签不同，物体是移动的，它们越小移动

---

1. 译者注：拉塞尔·霍本（1925～ ）：美国奇幻小说、科幻小说以及儿童读物作家。这部《老鼠和他的孩子》是他儿童文学的代表作。
2. 译者注：原文为Bonzo Dog Food，其中bonzō 一词为日语，来源于汉字梵僧。

得越快。所以要看到它们，你需要一个很厉害的显微镜和一个速度很快的照相机。但是注意一件事情：不论是分解分子还是那罐梵僧牌狗粮似乎都不是越来越大，就像越来越多的结构被发现一样。

弦论则不同，它的方式更像是爱丽丝的飞机。随着事物的速度减慢，越来越多的弦状的"螺旋桨"就会进入视线。它们占据空间中越来越多的位置，整个复杂的结构跟着增长。当然，爱丽丝的飞机是一个类比，但是它抓住了弦论的许多数学特性。弦，跟其他任何东西一样，有量子晃动，但是方式却很特殊。就像爱丽丝的飞机，或者她的狗哨的乐曲版本，弦以许多不同的频率振动。大部分的振动速度太快而无法被发现，即便是用强大的粒子加速器所提供的高速快门也无法捕捉。

当我在1993年开始意识到这些的时候，我也开始理解霍金的盲点。对于大部分量子场论出身的物理学家来说，带有晃动结构的、不断变大的、无边界粒子的概念是极其怪异的。具有讽刺意味的是，唯一暗示了存在着这些可能性的人，就是这个世界上最伟大的量子场论学者，我的战友赫拉德·特霍夫特。虽然他用他自己的方式陈述了这个想法——不是用弦论的语言，但是他的工作也表达了随着检测时间的分辨率的提高，物体会变大的想法。相比之下，霍金的策略锦囊中装的是梵僧牌狗粮而不是爱丽丝的飞机。对于霍金来说，量子场论和它的点粒子是微观物理的全部和终结。

324

第21章 数黑洞

325

一天早上，我从楼上下来吃早饭。我的妻子——安妮对我说，你把T恤穿反了，把编织的V形穿在背面了。后来当我从外面慢跑回来的时候，她笑着说："现在是把里面穿在外面了。"于是我就开始琢磨，穿一件T恤有多少种方式？安妮嘲笑着说："你们物理学家就喜欢思考这种愚蠢的问题。"为了证明我超凡的智慧，我马上声明，穿一件T恤有48种方式。首先，你可以将你的头穿过4个洞中的任意一个。现在剩下了3个洞给你的躯干。挑完一个给脖子一个给躯干，还剩两个机会给你的左臂。一旦你选择了你的左臂，那么只有一个选择留给了你的右臂。所以这就意味着4×3×2=24种方式可以选择。但是你可以把T恤里外反着穿，这样又是另外的24种，所以我很自豪的宣布我解决了这个问题：48种方式来穿一件T恤。安妮并不感到吃惊。她回答道："不，有49种，你还忘了一种。"我很困惑地问道："我遗漏了哪一种？"她说："你可以把它揉成一个球然后随手一扔……"你知道我的意思了吧[1]。

物理学家们（或许还包括数学家们）对于数数目非常在行——

1. 从写这个开始，安妮已经发现了至少10种其他的方式来穿一件T恤。

特别是数可能性。计算可能性是了解熵的中心思想，但是在黑洞的问题中，我们究竟应该计算什么呢？肯定不是一个黑洞能用多少种方式来穿一件T恤。

326　为什么计算黑洞有多少种可能性那么重要呢？毕竟，霍金在他计算得到熵等于普朗克单位下视界面积的时候已经给出答案了。但是关于黑洞的熵仍有许多的困惑。下面就来告诉你个中原因。

霍金认为关于熵就是隐含信息的整个想法——如果你知道细节的话，信息是可以计算的——在考虑黑洞的时候一定是错的。他并不是唯一这么说的人。几乎所有的黑洞专家都得出同样的结论：黑洞的熵是不一样的，与计算量子态个数没有任何关系。

为什么霍金和相对论学家们会有这么激进的一个想法呢？问题在于霍金的论证颇具说服力，他认为人们可以朝黑洞里面不断地丢信息，但却没有任何信息会流出来——就像把无数个小丑塞入小丑车中一样[1]。如果熵是通常意义上的熵，即，所有可能被隐藏在黑洞中的可能的信息的总数，那么这些被隐藏的信息总数一定是有限的。但是如果有无穷多的比特掉进了黑洞，那么这将意味着黑洞熵的计算无法囊括所有隐藏的可能性——而且这也意味着，物理学中一个最古老的最受信任的分支——热力学，需要一个革命性的新基础。因此，了解黑洞熵是否真的计算了一个黑洞所可能有的结构，就变得非常紧迫。

1. 译者注：小丑车原文为clown car，是指马戏中的小丑表演的一个节目，以一辆车为道具。

在这一章中，我将告诉你们，弦论学家是如何计算的，以及他们是如何给出一个关于贝肯斯坦–霍金熵的量子力学基础的——一个能排除信息丢失的可能性的基础，这些工作仍在进展中。这是主要的成就，而且它在反对霍金观点的征途上，走了很长一段路，黑洞不能吞噬信息。

但是，首先让我解释一个观点，这是由赫拉德·特霍夫特最早提出来的。

特霍夫特的猜想

327

自然界中有许多不同的基本粒子。说物理学家们并不完全了解，是什么使得它们彼此不同，这并不为过。但是如果不去问一些深层的问题，我们还是可以从经验的角度，去观察所有这些由实验上得知的或是从理论上预言的粒子。为了将它们都展示出来，我们把它们都画在一根轴上面，画一幅类似于基本粒子谱的图。横轴表示质量，左边端点是最轻的物体，朝右边质量逐渐增加。竖线表示具体的粒子。

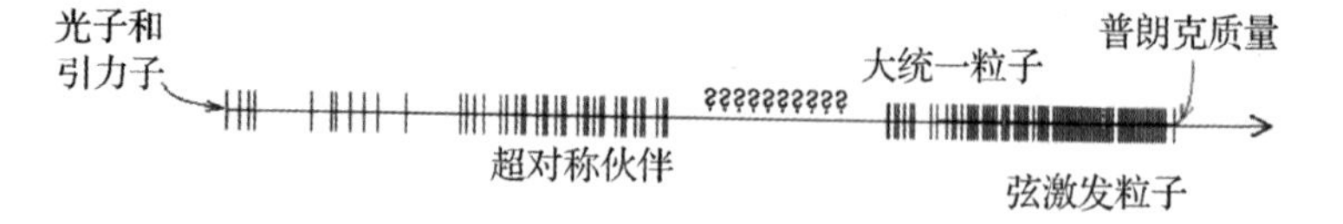

在能量较低的那端是那些人们熟悉的粒子，我们已经确定它们的存在。其中有两个没有质量并以光速移动的是光子和引力子。接下来是中微子、电子和一些夸克、μ轻子、另外一些夸克、W玻色子、Z玻色子、希格斯玻色子以及τ轻子。这些名字和细节并不重要。

在质量稍大些的一段上，有这么一群粒子，虽然它们的存在只是一个猜测，但是许多物理学家（包括我）都认为它们很可能存在[1]。由于这里我们并不太关心这些粒子，所以将这些假想的粒子统称为*超对称伙伴*。在超对称伙伴后面是一个很大的空白区，我用问号标注了出来。这并不是说我们知道这是一个空白区，只是没有什么特别的理由来假设，在这个区域上存在着什么粒子。而且，没有一个在建的或者是预期要建的加速器，可以有足够的能量去产生这么大质量的粒子。所以这个缺口是一片未知领域。

328 然后当质量标度远大于超对称伙伴的时候，我们看到的是大统一粒子。这些也是假想的粒子，但是我们有充分的理由相信它们的存在——在我的观点中，它们比超对称伙伴更有存在的理由——但是人们最多也只能是通过间接的方式发现它们。

在我的示意图中最具争议的粒子就是弦激发粒子。根据弦论，这些粒子是一些*激发态*的普通粒子，它们质量极大，并不断地旋转和振动。接着，最右处是*普朗克质量*。在20世纪90年代早期，大多数物理学家们都期待，普朗克质量是基本粒子谱的终结。但是赫拉德·特霍夫特却持不同的观点。他认为一定有一些物体具有更大的质量。普朗克质量虽然在电子和夸克的质量尺度上看起来非常巨大，但其实也只不过与一小粒尘埃差不多重。显然，存在着许多更重的物体——保龄球、蒸汽机车头以及圣诞节水果蛋糕都是其中之一。但是在这些更重的物体中，给定质量下尺寸最小的那些是特殊的。

---

1. 在未来的几年，欧洲的名为LHC（大型强子对撞机）的加速器开始运行的时候，我们将会知晓结果。

考虑一块质量大约是1千克的普通砖块，我们常说“如一块砖头一样坚硬”，即使砖块看起来很坚硬，但是实际上它们里面几乎是空的。给一个足够的压力，它们可以被压缩到一个更小的体积。如果压力足够大，一块砖能被压缩到一根大头针甚至是一个病毒那么小。但是它里面仍然几乎是空的。

但是存在着一个极限。我的意思并不是说，一个基于现在技术局限的实际操作上的极限。我讲的是自然规律和基本物理原理的极限。质量为1千克的物体所能占据的最小的直径是多少？普朗克尺度显然是一个猜想，但是它并不是正确的答案。一个质量为1千克的物体可以一直被压缩，直到它形成一个质量为1千克的黑洞[1]。这时便再也无法压缩。对于一个给定的质量，这已经是可能存在的体积最小、密度最高的物体。

那么1千克的黑洞其尺寸有多小呢？答案可能要比你想象的还要小。这样一个黑洞的史瓦西半径（视界的半径）大约是1亿个普朗克长度[2]。这个半径听起来很大，但是实际上只有单个质子的100亿分之一。它跟一个基本粒子差不多大小，所以为什么不能把它看成一个基本粒子呢？ 329

1. 这里有一个技巧性很强的地方，值得注意。压缩一块砖或者其他物体会增加它的能量，因为$E=mc^2$，所以它的质量也会增加。但是我们可以用许多方式来抵消这个。我们想要的是可能存在的最小的质量为1千克的物体。

2. 译者注：史瓦西（Karl Schwarzschild，1873～1916），德国天文学家，他在实测和理论两方面的贡献对20世纪天文学的发展起了极为重要的作用。他在16岁时发表的《天体轨道理论》一文中已表现出卓越的科学才能。后任格丁根大学天文台台长，波茨坦天体物理观测台台长，创立了精确的照相光度测量方法。它的恒星运动假设是天文学中用现代统计方法得到的最重要的结果之一。史瓦西对量子理论和广义相对论也作出了重要贡献，他求出了引力场的爱因斯坦方程的第一个严格解，用它可描述指点周围空间的几何性质。他用这个解建立了黑洞的基础理论。第一次世界大战时，他在德军中服务，在军中去世。

特霍夫特就是这么做的。或者至少他说，它与基本粒子不会在任何一种重要的方式上，存在着本质上的不同。接着他提出了下面这个大胆的想法：

> 粒子谱并不会在普朗克质量终结。它会以黑洞的形式向着无限大的质量继续。

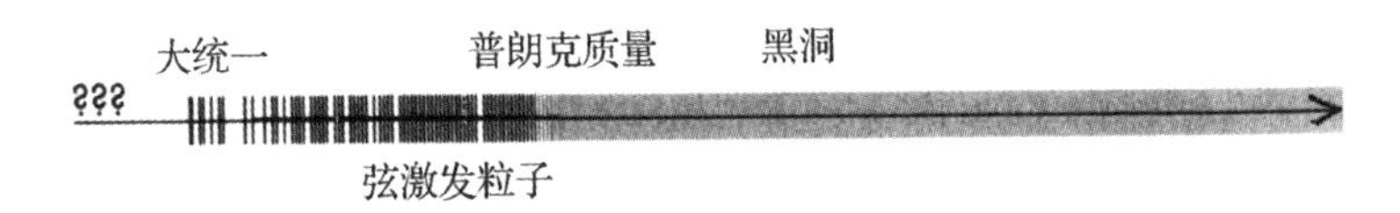

特霍夫特还认为，黑洞不应该有任意的质量值，应该像普通粒子一样，仅仅能取一些离散值。然而，这些可能的值，在普朗克质量上方如此稠密，间隔很近，看起来就像模糊的一片[1]。

330　从普通物质（或者弦激发粒子）到黑洞的转化，并不是像我在图中所展示的那样界限分明。弦激发粒子极可能在普朗克质量附近变成了黑洞谱，两者之间没有任何明显的区别。这不是特霍夫特个人的猜测，正如我们将要看到的，我们确实有很好的理由相信它。

数弦和黑洞

爱丽丝的飞机是一个隐喻，隐约地指出了旁观者眼中所看到的

1. 为什么谱会那么稠密？是因为熵的缘故。当质量增加，视界的面积也会增加；因此黑洞的熵也会随之增加。但是记住：熵就是隐藏信息。当我们说黑洞的质量是1千克时，意思其实是1千克左右。一个更加精确的陈述是：质量是1千克，但带有一定误差。如果有很多可能的黑洞质量都带有误差，那一定有很多的信息，是我们无法描述的。这些遗失的信息就是黑洞的熵。考虑到黑洞的熵随着质量的增加而增加，特霍夫特认为黑洞质量在谱上稠密分布，看上去是模糊一片。

会是什么样。爱丽丝从驾驶舱内看出去，在视界附近并没有看到任何异常的东西。但是从黑洞外面看过来，飞机似乎有越来越多的螺旋桨，慢慢布满整个视界。爱丽丝的飞机也可以用来比喻弦论是如何工作的。当一根弦掉向黑洞的时候，一个外部的观测者会看到弦上越来越多的部分显现出来，并慢慢占据整个视界。

黑洞的熵意味着黑洞有一个隐藏的微观子结构，这个结构与一浴缸热水中的水分子相似。但是就它自身而言，虽然熵可以提供一个关于视界原子数量的粗略计算，但是它并没有给出关于视界原子的本质的线索。

在爱丽丝的视界中，视界原子就是螺旋桨。也许真有一个量子引力的理论是基于螺旋桨的，但是我想弦论的观点更好一些，至少现在是如此。

关于弦有熵的想法，可以回溯到弦论的最早期。具体的细节很数学化，但是主要的想法很容易理解。我们先考虑一根最简单的弦，它代表了一个给定能量的基本粒子。更具体一点，我们假定其为光子。一个光子的在（或是不在）是1比特的信息。

但是现在我们对这个光子做一些处理。我们假定它就是一根很小的弦，摇动它、用其他弦撞击它或将它放入一个滚烫的煎锅上面[1]。它开始振动、旋转以及伸展，就像一根小的橡皮筋。如果加入足够的能

1. 并把温度升到10^{33}开。

量，那么它就会变成一团巨大的乱麻：一个猫都能够抓住的纱线团。这不是量子晃动，而是*热晃动*。

一个缠结的纱线团不久变得极为复杂，很难描述其细节，但是我们仍然能得到一些粗略的信息。纱线的总长度可能是100码。这团乱纱线可能可以形成一个直径大约为6英尺的球。虽然没有给出细节，但是这种描述是有用的。这些未指明的细节就是隐藏信息，它们给出了这个弦球的熵。

能量和熵——听起来像关于热学的话题。实际上，一个由缠结的弦球所形成的处于极高激发态的基本粒子，是有温度的。这也是在弦论早期就已经知道的事情。这些缠结的被激发的弦，从很多方面上听起来很像黑洞。在1993年，我曾认真地考虑过黑洞会不会只是由一些巨大的随机纠缠在一起的弦形成的球状物，而不是别的什么东西。这个想法听起来很迷人，但是其细节则是完全错误的。

一团缠结的弦

黑洞

比方说，一根弦的质量（或者能量）与其长度成正比。如果1码长的纱线具有1克的质量，那么100码长的纱线则应该是100克，1000

码长的纱线则是1000克。

但是一根弦的熵也与其长度成正比。设想在一根弦弯转和扭曲的地方沿其运动。每一次的弯转和扭曲都是几个比特的信息。一个简化的图像:假设弦就是晶格上面一系列刚性的联结,每一个联结要么是水平的,要么是垂直的。 332

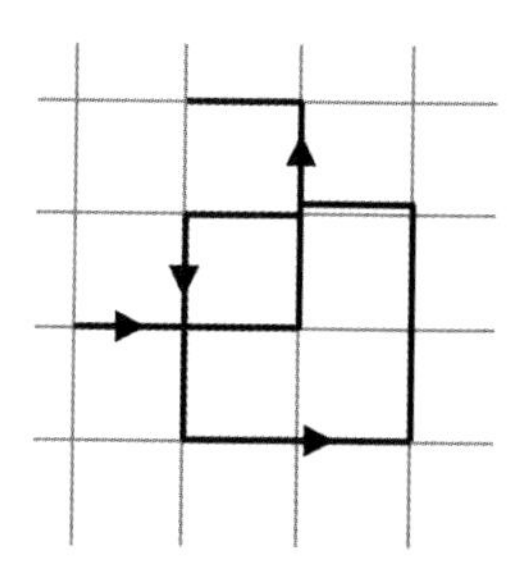

从一个单个联结开始,它可以向上、向下、向左或是向右,有着4种可能性,这等于2比特信息。现在加入一个联结。它可以在同一个方向上继续,向右转弯,或者180°转弯。这样就多了2比特。每一个新的连接都会增加2比特。这意味着隐藏的信息与弦的总长度成正比。

如果这团缠结的弦的质量和熵,都与其长度成正比,那么这就不需要用任何复杂巧妙的数学,即可证明熵是与质量成正比的。("~"是正比例的数学记号)。

熵 ~ 质量

我们知道一个普通黑洞的熵是随其质量的增加而增加。但是对于黑洞来说，这种熵~质量特殊的关系并不正确。为什么呢？只要跟着正比例这根线索，我们就可以找出原因：熵与视界的面积成正比；面积正比于史瓦西半径的平方；史瓦西半径正比于质量。把它们结合起来看，你将看到熵并不正比于质量，而正比于黑洞质量的平方。

熵 ~ 质量平方

如果弦论是正确的，那么万物皆由弦构成的。万物指的是所有东西，应该包括黑洞。对此我很失望，倍感挫折，那是1993年夏天我所处的状况。

333　事实上，我傻透了。我错过了一些很明显的事情，但是直到那年的9月份我才发现它们，当时我去新泽西访问了一个月。美国最重要的理论物理研究中心中有两个在新泽西州，罗格斯大学和普林斯顿大学，它们相隔大约20英里。我打算在每个研究所都做一个报告，两个报告的名字都叫“弦论是如何解释黑洞熵的”。这个安排使我陷入了困境，我希望能在报告之前找出错误的地方。

我不知道我是不是唯一一个不断出现同一个噩梦的物理学家。在45年前我刚入行的时候开始，它就以各种形式出现。在梦里面，我要去做一个关于某些新研究的、很重要的报告，但是当报告越来越临近的时候，我却发现没什么好说的。我没做笔记，甚至不记得话题，压力和恐惧不断袭来。有时候我甚至发现自己穿着内衣站在听众前面，或者更糟，连内衣都没有穿。

这次不是做梦。两个报告中的第一个是在罗格斯大学。时间慢慢临近，我感到越来越大的压力，要把报告讲正确，确保它没有错误。那时只剩3天了，我意识到自己的愚蠢，我忽略了引力作用。

引力把物体拉在一起并压缩它们。我们以一块巨大的石头为例，比方说地球。没有引力，它可能仅仅是能把各部分黏在一块儿，就跟其他那些石头一样。但是引力有一个强大的效应，它把地球的各个部分都拽在一块，将核压缩到一个更小的尺寸。这种引力的吸引作用还有另一个效应：它将改变地球的质量。引力带有的这种负势能减少了地球的一部分质量。所以地球的实际质量要小于它各个部分的总和。

我应该停在这里，解释一下这个与直觉相悖的事实。我们回想一下可怜的西西弗斯，他一次又一次地把他的巨石推向山顶，然后又看着它滚落下来。能量转换的西西弗斯循环如下：

化学能→势能→动能→热能

不考虑化学能转换成势能的时刻（西西弗斯所吃的蜂蜜），从这块在山顶的巨石的势能开始算这个循环。尼亚加拉大瀑布中的水也具 334 有势能[1]，当物质掉到一个更低的高度时，势能就会变小。最终，它转换成了热能，但是热能以辐射形式进入了空间。所以净结果就是巨石和水在它们降低自己高度的时候失去了势能。

1. 译者注：尼亚加拉瀑布（Niagara Falls）位于加拿大和美国交界的尼亚加拉河中段，号称世界七大奇景之一，与南美洲的伊瓜苏瀑布及非洲的维多利亚瀑布合称世界三大瀑布。

如果组成地球的物质（被引力）往地球的中心挤压，那么将会发生同样的事情：它失去了势能。丢失的势能以热能的形式出现，最终以辐射的形式射向了太空。由此推出：地球损耗了一部分净能量，所以也损失了一部分净质量。

因此，一旦引力作用被适当引入的话，我怀疑一根缠结的长弦其质量可能也会因为引力作用而减小，而不再与它的长度成正比。下面就是我设计的思想实验。假定有一个控制器可以用来逐渐调节引力的强弱。如果我们通过控制器单向地减小引力，那么地球将会变大也会变重。如果我们反向调节控制器增加引力，那么地球就会缩小而且变轻。如果再调大一些，引力会变得更强。最终会变得足够大以至于地球会坍缩成一个黑洞。最重要的是，黑洞的质量将会比地球的质量小很多。

我所假设的那个巨大的弦球，也会发生同样的事情。但是在之前思考弦球和黑洞间联系的时候，我忘了去开启引力控制器。所以在新泽西中部，一个没有其他事情可做的夜晚，我就开始思考如果打开引力控制器会怎样。在我想象的过程中，我可以看到弦球把自己压成一个密集的、缩小了的球。但更重要的是，我意识到这个新的、更小的弦球其质量比它开始的时候小很多。

还有一点。如果弦球的大小和质量变了，它的熵会变吗？幸运的是，当你缓慢调节控制器的时候，熵是严格不变的。这也许是熵的最基本事实：如果你缓慢地改变一个系统，能量可能会变化（以它通常的方式），但是熵还是保持不变。这个经典力学和量子力学的基础理

335

论被称为绝热定理。

我们重新再做一遍这个思想实验，把地球换成一团巨大而混乱的弦。先将引力控制器调节到0。

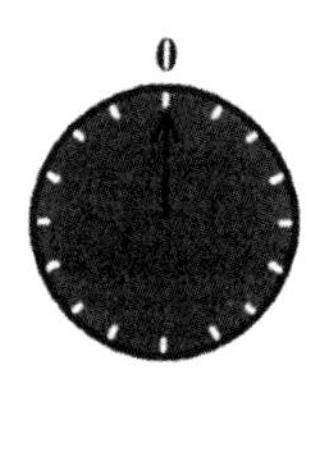

在没有引力的情况下，弦与黑洞并不相似，但它还是有熵和质量。接着，慢慢把引力调大。弦的各个部分开始相互拉拽，弦球开始收缩。

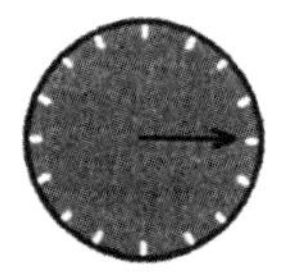

继续增大引力，这根弦将越变越紧，最终形成黑洞。

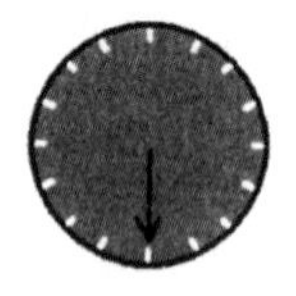

重要的是质量和大小都已经变小，但是它的熵并没有改变。如果我们把引力调回零又将发生什么？黑洞开始膨胀并最终变回一个巨大的弦球。如果我们缓慢地来回调节引力的大小，物体会在一个巨大的松散的弦球和一个紧致的黑洞间依次更替。但是只要我们慢慢地调节，熵还是保持不变。

336　在那时我突然顿悟了，意识到在关于黑洞的弦球图像的问题上出错的并不是熵。为了解释引力效应，质量必须要修正。我在一张纸上做了些计算，终于有了些头绪。当弦球收缩变成一个黑洞时，质量以某种特定的方式变化着。最后，熵和质量的关系为：熵~质量^2。

但是这个计算并不完全，这很令人沮丧。记住那个小波浪形“~”意思是“成正比”，而不是“相等”。熵是否完全等于质量平方呢？还是等于质量平方的2倍呢？

黑洞视界呈现的图像是一团纠缠在一起的弦，通过引力作用平坦地贴附在视界面上。而我和费曼在1972年西区咖啡屋中，所想象的同样的量子扰动将导致弦上有些小片段会探出视界表面，而且这些小不点儿将成为那些神秘的视界原子。粗略地说就是，黑洞外的人将看到许多弦上的片段，其每一根的两端都牢牢地附在视界面上。在弦论的语言中，这些视界原子是附在某种胚上的开弦（有端点的弦）。实际上，这些弦上的片段可以从视界上掉出来，而且这可以解释一个黑洞是如何辐射和蒸发的。

看来约翰·惠勒是错了：黑洞是有毛发的。梦魇终于结束了，现在我的报告终于有东西可以讲了。

弦相遇的时候

基本弦可以相互穿越。下面的图就给了这样一个例子。设想一根你面前的弦远离你而去，而另一根离你较远的弦向你靠过来。它们会 337 在某一点上相遇，如果它们是普通的蹦极绳，那么它们就会缠在一起。

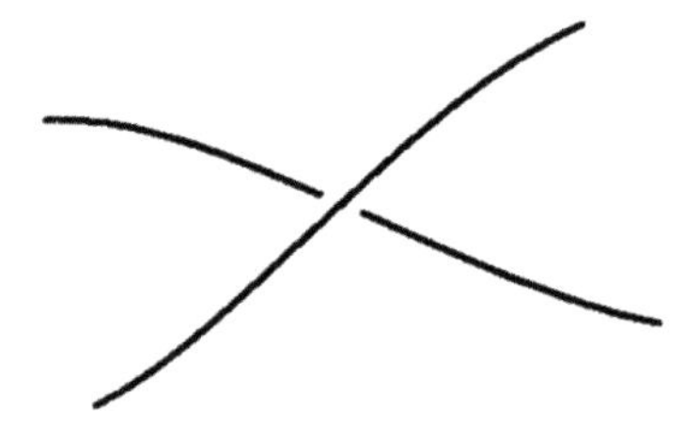

但是弦论的数学规则允许它们穿越彼此，而且以下一幅图所呈现的方式结束。

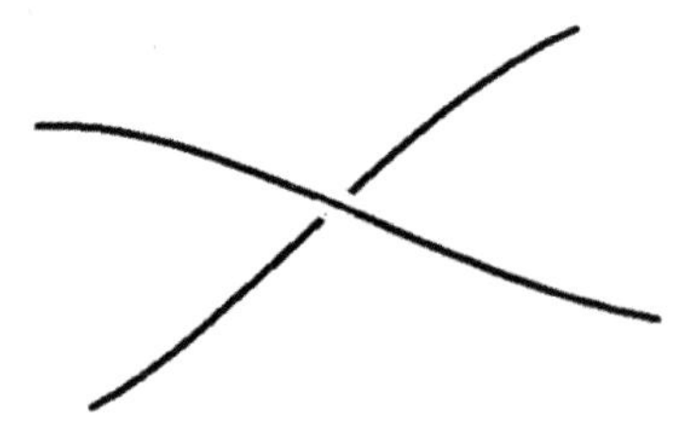

如果要对真实的蹦极绳做这些，你必须切断其中一根，然后在它们穿越后重新接上它。

在两根弦相互接触的时候还有另外的情况可能发生。除了相互穿越，它们还可以下图所示的方式重组它们自己。

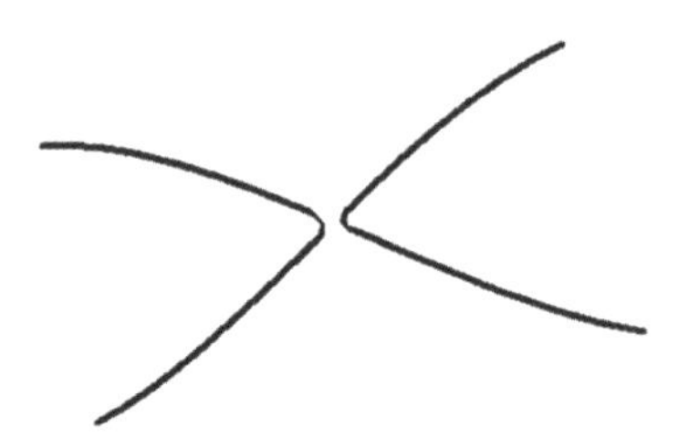

如果要在蹦极绳上实现这种方式，你需要将两根绳子都剪断，然后以这种新的方式重新连接。

当两根弦相互穿越的时候，穿越的方式是这两种中的哪一种呢？答案是有时候是这种，有时候是那种。基本弦是量子物体，在量子力学中没有任何东西是确定的——所有事情都是可能的，但是有确定的概率。例如，90%是穿越彼此，剩下的10%是它们重组。它们重组的概率被称为弦的耦合常数。

338

根据这个理论，我们集中来看在弦上的露在黑洞视界外面的一个小片段上。这个小片段被扭曲而且将要穿越它自己。

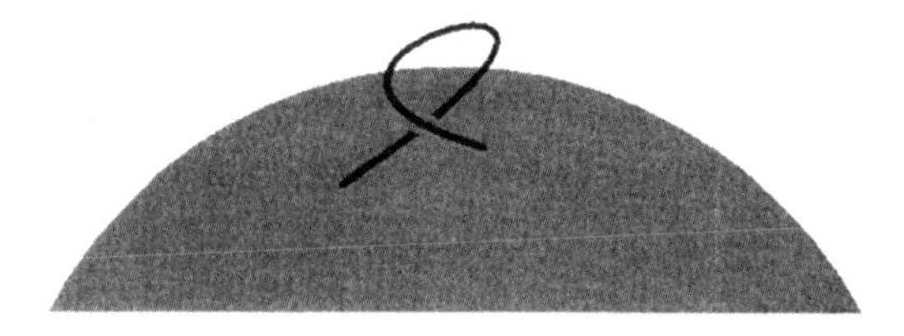

90%的情况下，它穿越它自己然后什么东西都没有发生。

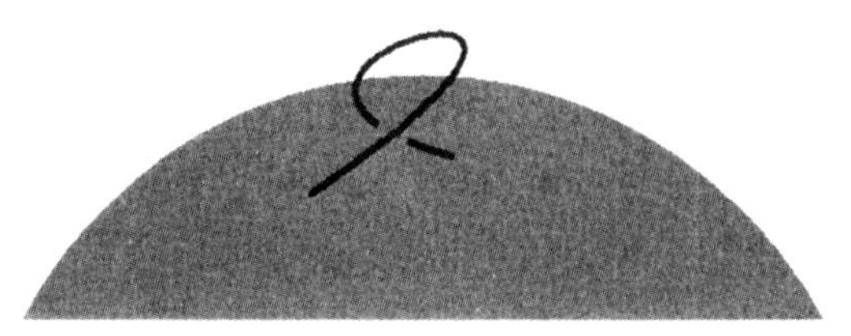

但是10%的情况下，它可能会重组，而且当它重组时，一些新的东西就产生了。一个小弦圈脱落下来。

这个微小的闭合的片段就是一个粒子。它可以是一个光子、一个引力子或者任何其他粒子。因为它在黑洞的外部，所以它有机会逃逸，而且当它逃逸时，黑洞就会损失一部分的能量。弦论就是这样解释霍金辐射的。

回到新泽西

339

新泽西的物理学家们是一群思想锐利、极有主见的人。爱德华·威顿（Edward Witten），普林斯顿高等研究所的头号人物，不只是一位伟大的物理学家，还是一位全球首屈一指的数学家。有些人可能会说闲谈和空想并不是他所擅长的（虽然我发现他的冷幽默和广泛的好奇心非常有意思），但是每个人都会承认他思想的严谨是他最强的地方。我说的不是数学上那种没必要的严格性，而是清晰、认真、仔细思考过的论证。跟威顿谈论物理有时候很费劲，但却总是物有所值的。

在罗格斯大学的讨论和交流具有异乎寻常的高质量。在罗格斯大学有6位非常有成就的理论物理学家，他们中的每一个都深受敬仰，不仅在弦论圈中，在更为广泛的物理界亦是如此。他们都是我的朋友，其中有3个特别要好。我在汤姆·班克斯（Tom Banks）、史蒂夫·申克（Steve Shenker）和内森·“内蒂”·塞伯格（Nathan “Nati” Seiberg）还很年轻的时候就认识他们了，而且我很喜欢他们这个群体。这6个罗格斯大学的物理学家都有着令人生畏的智力。这两所研究所以严谨闻名，你休想带着那些尚未成熟的想法从那里逃脱。

现在，我知道我自己的论点，离完全成熟还很远。黑洞互补性原理，爱丽丝的飞机，用弦做的比喻，再结合一些粗糙的估算：我的图像就是将它们整合在一起。但是在1993年并没有什么工具能把这些想法变成严格数学。然而，我所坚持的这些想法却与新泽西那些强势的物理学家们，产生了共鸣。特别是威顿的反应，他或多或少直接接受了这个关于黑洞视界的假设，即，黑洞视界是由一些弦的片段所构成。他甚至算出了弦是如何在一个类似黑洞蒸发的方式中蒸发的。申克、班克斯和他们的伙伴迈克尔·道格拉斯都为如何精确化这些想法，提出了非常有用的建议。

340

其中有一位在那里做访问的弦论学家，我并不太熟悉。康朗·瓦法（Cumrun Vafa），一个哈佛的年轻教授，从伊朗跑到美国来普林斯顿研究物理。1993年的时候，他被认为是世界上最具创造力和数学技巧的理论物理学家之一。虽然主要是研究弦论，但是他对黑洞物理也颇具造诣，当我在罗格斯大学解释熵是如何在一个具有弦结构的视界上产生的时候，他也是听众之一。我们随后的谈话是具有决定性意义的。

极端黑洞

我在报告中说道，如果一个电子掉入黑洞中，这个黑洞将带电，这点大家都明白。这个电荷很快地遍及视界，并将导致一种排斥作用，把视界略微往外推出一点。

但是并没有理由放一个电子就停下来。你想让视界带多少电荷，视界就能带多少电荷。你让它带的电荷越多，视界向外移动得就越多。

康朗·瓦法指出有一种非常特殊的带电黑洞，其引力的吸引作用和电的排斥作用正好相平衡。这种黑洞被称为是极端的。根据瓦法所说的，极端黑洞将会是一个理想的实验室，可用来检验我的想法。他认为它们可能是一把通向精确计算的钥匙，那里宽松的正比记号（~）将被坚实的等号（=）所取代。

让我们更深入地了解一下这个带电黑洞的想法。荷电球通常是不稳定的。因为电子相互排斥（记住规则：同性相斥，异性相吸），如果一个电荷云恰巧形成，它通常会马上被电的排斥力撕裂。但是如果电荷球质量足够大，引力便可以抵消电所产生的排斥力。因为宇宙中所有东西都会因引力而相互吸引，这就会出现一个引力和电力的竞赛——引力把电荷拉到一起而电力把它们推开。一个带电的黑洞是一场拔河比赛。

341

如果荷电球质量很大，而所带的电荷很少的话，引力将赢得这场拔河比赛，该球将收缩。如果质量很小而带的电量很大，那么电排斥力将会获胜，该球将膨胀。当电荷和质量处于某种合适的比例时，它们将达到平衡。这时，电的排斥力和引力相互平衡，这场拔河比赛将成为平局。这就是极端黑洞。

现在设想我们有两个控制器，一个是引力的，一个是电力的。起初，把两个控制器都打开。当引力和电力处于完全平衡时，我们就会得到一个极端黑洞。倘若我们减小引力而不减小电力，那么电力将会赢得这场拔河比赛。但是，如果我们按一定比例同时减小它们，那么这种平衡将持续下去。每一边都在变小，而任何一边都不会占得优势。

如果我们最终把控制器都调到0，那么引力和电力都消失了。剩下的是什么呢？一根各个部分之间没有相互作用的弦。在整个过程中，熵是不变的。但是故事的高潮是质量居然也没有变化。这两个电力和引力相互抵消，没有起什么作用，这是一个用技术化的方式来说明，能量始终保持着它开始时的量。

瓦法认为*如果*我们知道如何在弦论中构造这些极端黑洞，那么我们就能以很高的精度来研究其在引力和电力变化时的情况。他说这应该是可行的：利用弦论，来精确地计算那个数值因子。对于这一点，我完全没有能力去计算。为了将所有想法结合起来，精确地计算数值因子成了弦论学家追逐的圣杯[1]，也是实现我想法的一条途径。但是没有人知道，如何用弦论所提供的配件，去组装一类合适的带电黑洞。

---

1. 译者注：原文为Holy Grail，耶稣受难前在最后的晚餐上使用的杯子，相传饮过该杯子斟的水可以长生不老，很多人穷其一生就是为了找寻这只圣杯。

弦论有点像一套非常复杂的装配式玩具[1]，带有许多不同的零件，[342] 这些零件可以通过某种自洽的模式拼凑在一起。后面我将告诉你们一些这种数学上的“轮子和齿轮”，但是在1993年用来铸造极端黑洞的一些重要的零件还没有被发现。

印度物理学家阿肖克·森（Ashoke Sen）是第一个尝试组装极端黑洞并检验黑洞熵的弦论理论的人。在1994年他已经非常接近了，但是还不足以完成这件事情。在理论物理学家中，森的地位很高。他是一位深刻的思想家，也是一个技巧上的奇才。森是一位害羞而带着很重孟加拉口音的小个子，他的讲演以思路清晰闻名。他用完美的教法论技术，在黑板上写下每一个新的概念。每一个概念在他的讲述下都像水晶一样清澈，这也是他一贯的风格。他的学术论文也有着同样的清晰度。

我并不知道森正在做一些黑洞的工作。但是在我结束剑桥的旅行，返回美国后不久，有人——我记得是阿曼达·佩特——给了我一份他正在读的论文。这是一篇技术性的长文章，但是在最后的几段中，森用了弦论的想法，就是我在罗格斯大学上描述的那些，来计算一类新型的极端黑洞的熵。

森的黑洞是由我们在1993年所了解的一些零件所组成——基本弦和6个额外空间维。森接下去做的事情很简单，但是非常聪明，发展了我早期的一些想法。他基本的想法就是考虑一根处于极高激发态

1. 译者注：原文为Tinkertoy，是一种装配式玩具的商标名。由一堆细小零件构成的一种极其复杂的拼装类玩具。在美国颇为流行，用来训练孩子的想象力和动手能力。

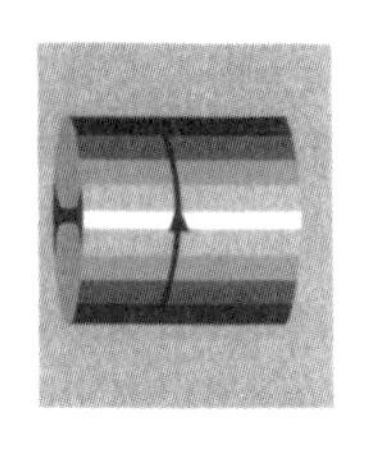
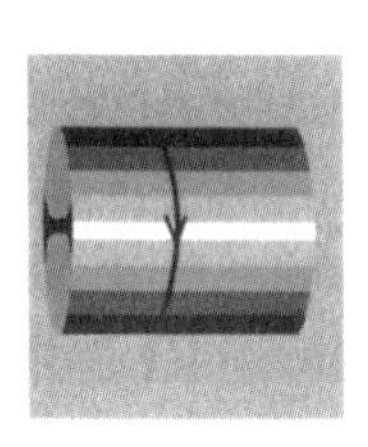

343 的弦，而且这根弦在一个紧致方向上缠绕了许多圈。在这个简化的柱面世界中——线地的增粗版本——一根缠绕着柱面的弦就像是一根被套在塑料管子上面的橡皮筋。

这样的弦比普通的粒子要重一些，因为它需要能量来缠绕在柱面上。在典型的弦理论中，这根缠绕着柱面的弦其质量可能比普朗克质量大几个百分点。

接着森用单根弦在柱面上缠绕两圈。

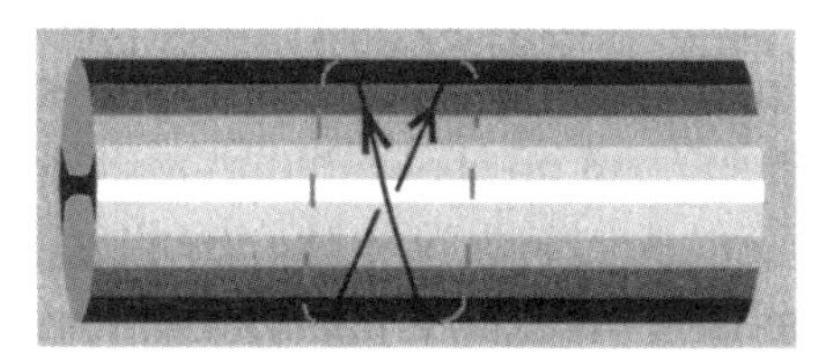

如果一个弦论学家说这根弦的绕数是2，那么这根弦要比缠绕一次的弦来得重。但是如果弦在这个紧致的方向上缠绕不是一次、两次而是数十亿次会怎样呢？

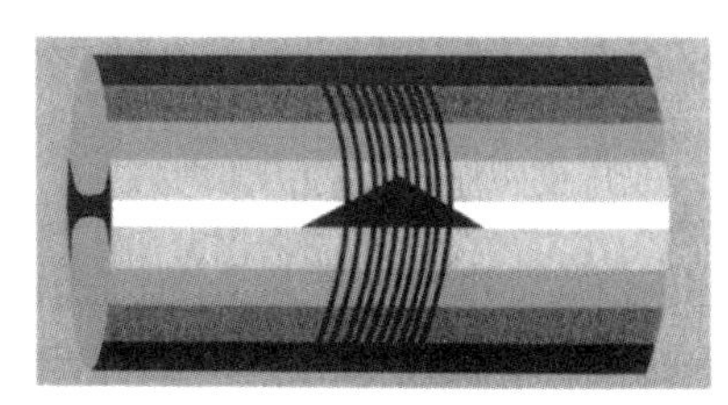

没有极限限定弦在这个紧致的空间方向上能绕多少次。最终，它将变成一个跟恒星甚至星系一样重的东西。但是它所占据普通的空间——普通的非紧致的三维空间——很小。所有的质量都被禁锢在如此小的一个空间中，那么一定会形成黑洞。

森还用了一个技巧：沿着弦摆动，而它就是1993年前后弦论中剩下的那个配件。正如我一年前所说的那样，信息被隐藏在摆动的细节中了。

一根具有弹性的弦上面的摆动并不是固定不变的。它们沿着弦运动就像波一样，有一些顺时针移动，有一些逆时针移动。两个摆动朝着同方向沿着弦互相追逐并不相撞。然而，如果两个波以相反方向移动，那么它们必将相撞，情况就会变得非常混乱和复杂。所以森选择用步伐一致的不会相撞的顺时针波，来储存所有隐藏的信息。 344

当所有零部件被装配起来，各个控制器被开启，森的弦没有其他的选择，只能变成黑洞。但是不同于普通的黑洞，在环形紧致方向上的绕缠使得这类极端黑洞非常特殊。

极端黑洞是带电的。那么电荷在哪里？答案已经知道好多年了：在一个紧致方向上缠绕一根弦会带来电荷。每绕一圈就会带来一个单元的电荷。如果弦是朝一个方向绕转，那么它带正电；如果它朝另一个方向绕转，那么它将带负电。森的那些巨大的绕法多样的弦，可以看做是由引力聚在一起的一个荷电球——换句话说就是一个带电黑洞。

面积是一个几何概念，时空的几何是由爱因斯坦的广义相对论所决定的。唯一能知道黑洞视界面积的方式，就是用爱因斯坦引力方程计算它。森，一个解方程的大师，很轻松地解出了这个关于他造出来的特殊黑洞的方程，并计算了视界的面积。

灾难！当方程被解出，视界面积被求出后，答案居然是零！换句话说，视界缩小到了仅仅是一个空间点，而不是一个巨大的球壳。所有的熵都被储存在那些摆动中，像蛇一样的弦似乎集中到了一个极小的空间点中。这不仅仅是黑洞的麻烦，它也与全息原理有着直接的矛盾：一个空间区域的最大的熵就是它以普朗克单元为单位的面积。一定是什么地方出错了。

森很清楚地知道哪里出了问题。爱因斯坦方程是经典的，这意味着他们忽略了量子扰动。除去量子扰动，在氢原子中的电子会掉向原子核，而整个原子的大小不会超过一个质子。但是由不确定性原理导致的量子的零点运动使得原子要比原子核大10 000倍。森意识到同345 样的问题可能发生在视界上。虽然经典物理预言它将收缩成一个点，但是量子扰动将使它膨胀到我所说的一个*延伸视界*。

森做了必要的修正：他粗略地估算了一下，发现熵和延伸视界的面积确实是成正比的。这是弦论关于视界熵的另一次胜利，但是如以往那样，这次胜利并不完全。我们仍离目标很远，还是不能精确地确定量子扰动会使视界延展多少。虽然森的工作是那么的出色，但是仍然只能以一个宽松的“～”结束。森最多也只能说，黑洞的熵是与视界的面积成正比的。虽然已经很接近了，但是仍然没有拿到那根最后的钉子。那个“盖棺定论”的计算还没有做。

这类差不多的计算是不可能说服史蒂芬·霍金的，它们的胜算并不会比我的论证高。然而，完整的结果正在接近。根据瓦法的提议，制造一个巨大经典视界的极端黑洞，需要一些新的装配部件。幸运的是，这些必要的零件将在圣芭芭拉被发现。

波尔钦斯基的D-胚

D-胚应该被称为是P-胚，这里的P就是波尔钦斯基（Polchinski）的首字母[1]。但是在波尔钦斯基发现这个胚的时候，P-胚这个术语已经被用在了一个不相关的东西上了。所以波尔钦斯基就用19世纪德国数学家约翰·狄利克雷（Johann Dirichlet）的名字给它们命名，称它们为D-胚。狄利克雷与D-胚并不直接相关，但是与他关于波的数学研究相关。

英语“胚”（brane）这个词在字典中并不存在，只在弦论中使用。它来自一个普通的单词——膜（membrane），一个可以延伸、可以弯曲的二维曲面。波尔钦斯基1995年关于D-胚的发现，是近年来物理学上最重要的事件之一。它不久就对从黑洞到核物理的所有东西，都产生了深远的影响。

346

1. 译者注：英文p-brane一词是指D维空间中的p维客体，国内最早的译名1980年出现在上海科技出版社发行的《科学》杂志上，译为p-胚。牛津英语词典并未收录brane一词，而汉语若要创造新字的话，不像使用拼音文字的语言那么容易。近年来，有学者将brane译成膜，但产生了诸如0维膜、1维膜和2维膜都是膜，这样的笑话。

最简单的胚是0维的，被称为0-胚。一个粒子或是一个空间点是0维的，因为在一个点上面没有地方可以移动，所以粒子和0-胚是同义词。我们升高一维，来看1-胚，它是1维的。一根基本弦就是1-胚的一个例子。膜——2维的物质面——是2-胚。那么3-胚呢——有这样的东西吗？想象一块橡皮的立方体充满了一个空间区域。你可以称其为*充满空间的*3-胚。

我们似乎有点偏离了方向。很明显，我们没有办法把一个4-胚填入3维的空间中。但是如果空间具有紧致维呢——例如有6个紧致维呢？在这种情况中，4-胚中的一个方向可以沿着紧致方向延伸。实际上，如果总共有9维，那么空间可以是9维以及9维以下的任意维度。

一个D-胚不仅仅是一种胚，它有一个非常特殊的特性——基本弦可以在上面终结。考虑D0-胚的情况。D意味着是一个D-胚，而0意味着是0维的。所以D0-胚是一个基本弦可以在其上终结的粒子。

D1-胚通常被称为是D-弦。这是因为一个D1-胚是1维的，它自身就是一种弦，虽然我们不应该将它和基本弦搞混[1]。一般来说，D-弦要比基本弦重得多。D2-胚是膜，类似于橡皮纸，但是，同样具有基本弦可以在上面终结的特性。

D-胚只是一个波尔钦斯基在弦论中添加的一个随意的奇想？仅

1. 弦论里面有两种弦，这一点看起来有点奇怪和随意。实际上，这一点也不随意。数学上有一种被称为对偶性的极为强大的对称性，联系着基本弦和D-弦。这些对偶性与保罗·狄拉克在1931年首次假设的电荷和磁单极子之间的对偶性非常相似。它们在许多纯粹数学领域中有着深远的影响。

仅是因为他觉得可以那么做？我想，在他开始的一些探索工作中可能是这样的。理论物理学家常常会发明一些新的概念只是为了摆弄摆弄 347 它们，看看它们能导出什么结果。实际上，1994年波尔钦斯基第一次向我展示D-胚这个概念的时候，讨论的真正精神是："看，我们可以在弦论里面加一些新的东西。这不是很好玩吗？我们可以研究一下它们的特性。"

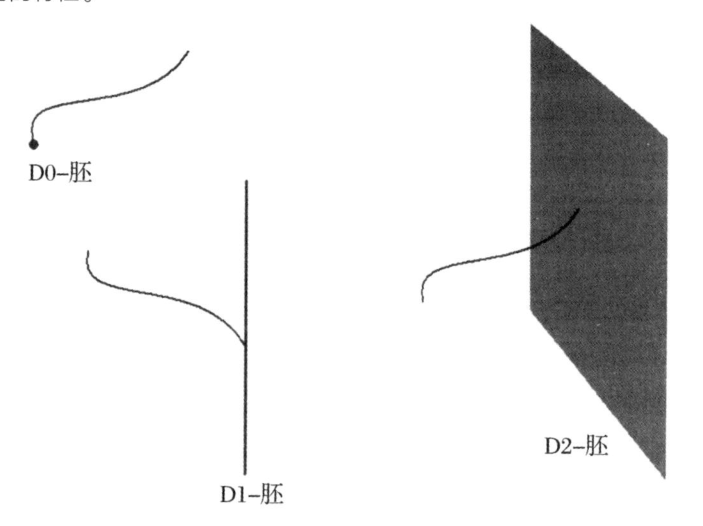

但是在1995年的某个时候，波尔钦斯基意识到D-胚弥补了弦论在数学上的一个很大的漏洞。实际上，它们的存在是一个必要补充，使不断扩大的逻辑和数学网络得以改进。为了构造一个更好的极端黑洞，D-胚是所需要的那个缺失的神秘零件。

取得成功的弦论数学

在1996年，瓦法和安迪·斯特鲁明格突然发动了袭击。通过结合弦和D-胚，他们可以构造出一个带有较大且明确经典视界的极端黑洞。因为一个极端黑洞被认为是一个大型的经典物体，量子晃动只有在视界上面才有一些不可忽视的效应。现在没有了摆动，弦论可以更好地给出霍金公式中所蕴藏着的隐藏信息的总量，而且没有不确定的因子2或者是π，也没有正比记号。

348

这并不是你那类基础的传统黑洞。这个斯特鲁明格和瓦法用弦和D-胚所构建的黑洞，听起来像一个精心安排的梦魇，但是它是人们所寻找的大型经典视界中最简单的结构。所有弦论的数学技巧都被用上了，包括全部的额外维、弦、D-胚、还有许多其他的技巧。首先，这些弦被嵌在许多D5-胚上，这些胚撑满了6个空间紧致方向中的5个。除了被嵌入在D5-胚上，它们还在其中一个紧致方向上，缠绕了大量的D1-胚。然后它们增加弦的数量，弦的两头都被按在D-胚上面。又一次，弦上那些露出来的片段将变为包含着熵的视界原子。(如果你有一点迷糊的话，不要担心。我们进入了一个新领域，人类大脑无法轻易重新装备的领域。)

斯特鲁明格和瓦法沿用了他们早先用过的步骤。首先，他们将控制器读数调到0，这样引力和其他作用力将会消失。没有了这些力的干扰，我们可以精确计算在开弦的扰动中能储存多少熵。这些技巧性很高的计算要比以往任何东西都要来得复杂而精妙，但是他们施展了数学绝技，成功了。

下一个步骤就是解这类极端黑洞的爱因斯坦场方程。计算这个面积并不需要不确定的伸展步骤。正如我与大家共同所愿，斯特鲁明格和瓦法发现视界的面积和熵并不仅仅是成正比的；那些黏在胚上的弦，其上的摆动中所隐藏的信息，与霍金的公式完全一致。他们已经找到了它。

就如以往常发生的那样，几乎同时，有好几组人突然想出同一个新的想法。斯特鲁明格和瓦法在做他们的工作的同时，最聪明的新一代物理学家中的一个，当时还只是一个普林斯顿的学生，胡安·马尔达西纳（Juan Maldacena）完成了他的学位论文。胡安·马尔达西纳的博士论文的导师是柯特·卡兰（CGHS中的C）。马尔达西纳和卡兰也将D5-胚和D1-胚以及开弦结合。在几个星期中，斯特鲁明格和瓦法，卡兰和马尔达西纳各自发表了他们的论文。他们的方法不太一样，但是他们的结论完全证实了斯特鲁明格和瓦法所说的。

349

事实上，卡兰和马尔达西纳能够在先前的工作上走得更远一些，而且还可以计算准极端黑洞。一个极端黑洞在物理上是很奇怪的一个东西。它是一个带有熵的物体，但是没有热能，没有温度。在大部分的量子力学的体系中，一旦所有能量都被抽走，那么一切东西都被牢牢地钉在了位置上。例如，如果把一块冰块的所有热能都抽走的话，那剩下的将是一块完美的不带有任何瑕疵的水晶。任何水分子的重新分布都需要能量，所以重新分布会增加热能。所有热能都被抽走后的冰，不含过剩的能量，没有温度，没有熵。

但是也有例外。某些特殊的系统有许多能量取相同最低值的状态。换句话说，即便是所有的能量被抽走后，仍有许多种重组系统的方式来隐藏信息，并且这不增加能量。物理学家们说这些系统有着退化的基态。带有退化基态的系统具有熵——它们可以隐藏信息——甚至是在绝对零度。极端黑洞是这些特殊的系统的一个理想的例子。不像普通的史瓦西黑洞，它们处于绝对零度的时候，就意味着它们不蒸发。

我们回到森的例子中。在这种情况下，弦上的摆动都朝着一个方向运动，因此它们不会相互撞击。但是假设我们加一些反方向运动的摆动。如你所预期的，它们与原来的那些摆动相撞并制造了一些混乱。实际上，它们加热了弦，提高了温度。不像普通的黑洞，这些准极端黑洞不会完全地蒸发，它们把它们过剩的能量排出去，并回到极端的状态。

卡兰和马尔达西纳能用弦论来计算准极端黑洞蒸发的速率。弦论用来解释蒸发过程的方式是令人着迷的。当两个摆动朝着两个相反的方向移动并相撞时，如下图：

350

它们会形成一个单个的，更大的摆动，看起来就像这样：

一旦这个更大的摆动形成，便没有东西可以制止它脱离出来，粗略看起来，这与我和费曼在1972年所讨论的东西没什么不一样的。

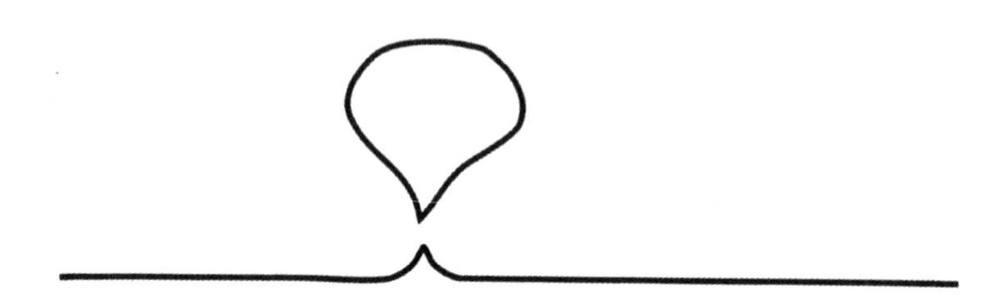

但是卡兰和马尔达西纳所做的东西，要比与费曼那次谈话来得多。他们对蒸发的速率做了非常具体的计算。令人吃惊的是，他们的结果与用霍金20岁时的方法所得到的结果完全一致，只有一个重要的区别：马尔达西纳和卡兰所做的只是用了传统的量子力学的方法。如我们在前面章节中所讨论的，尽管量子力学是以统计为基础的，但是它并不允许信息丢失。因此，没有可能信息会在蒸发过程中丢失。

而且，其他人也有相似的想法。来自孟买Tata研究所（也是阿肖克·森所在的研究所）的两组完全独立的印度物理学家——素密·达斯（Sumit Das）和萨米尔·马图尔（Samir Mathur），以及高塔姆·曼达尔（Gautam Mandal）和斯彭达·瓦迪亚（Spenta Wadia）——也做了一些类似的计算。 351

总的来看，这些工作取得了巨大的成功，而且它们都实至名归的。黑洞熵可以通过储存在弦上摆动中的信息来解释，这个事实与包括霍金在内的许多相对论学家的观点冲突。霍金把黑洞看成是一个吞噬信息的东西，而不是一个储存信息的容器。斯特鲁明格-瓦法的计算成功证明了一个数学结果可以改变天平的倾向。这是信息丢失终场一幕的开场。

人们都注意到了这戏剧性的一幕。许多人包括我在圣芭芭拉的那些朋友，都突然跳上了我们的船，背叛了另一派。如果我先前觉得这场黑洞战争可能会打成平手，那么当乔·波尔钦斯基和加里·霍洛维茨——以前他们在这场战争中是中立的——变成我的盟友时[1]，这些怀疑就烟消云散了。在我的印象中，这是一个分水岭。

弦论可能是自然界的正确理论，也可能不是，但是它证明了霍金的论证是错误的。把戏已被拆穿了[2]。但是令人吃惊的是，霍金和许多广义相对论界的学者还是不肯就此罢休。他们继续被霍金早年的论证所蒙蔽。

1. 波尔钦斯基和霍洛维茨用了我在1993年所用的方法计算了弦论中出现的多种黑洞（有极限的和其他的）的熵，每一种情况的答案都与贝肯斯坦-霍金辐射一致。
2. 译者注：原文为俚语 the jig was up，直译为舞曲已经跳完，一切都完了，常用来形容成功已无望。

第22章 南美赢得胜利

352

如果要罗列一批杰出的物理学家，大部分人并不会想到南美洲。甚至连南美洲人自己都不太相信有那么多著名的理论物理学家来自阿根廷、巴西和智利。达尼埃莱·阿马蒂（Daniele Amati）、阿尔贝托·希林（Alberto Sirlin）、米格尔·维拉索罗（Miguel Virsasoro）、黑克托尔·鲁宾斯坦（Hector Rubinstein）、爱德华多·弗拉德金（Eduardo Fradkin）和克劳迪奥·泰特尔鲍姆（Claudio Teitelboim），这仅仅是一些在这个领域中有重要影响的人物。

泰特尔鲍姆最近把名字改成了克劳迪奥·本斯特（Claudio Bunster）（参看第8章有关脚注）。他是一个非同一般的人物，跟任何其他我所知道的物理学家都不一样。他的家庭与智利社会党主席萨尔瓦多·阿连德（Salvador Allende）以及诗人、社会活动家[1]、诺贝尔奖得主巴勃罗·聂鲁达（Pablo Neruda）有着非常紧密的关系[2]。泰特

---

1. 译者注：阿连德（Salvador Allende Grossens, 1908～1973），早年受马列主义影响，参与创建智利社会党。1970～1973年任智利总统，推行国有化和土地改革。由于改革过于激进，侵犯了中小庄园主、小业主的利益，因而陷入困境。1973年9月在皮诺切特等军人发动的政变中殉职。

2. 译者注：聂鲁达（Palbo Neruda，1904～1973），智利诗人，曾任智利作协主席。早期著有抒情诗集《20首爱情诗和一支绝望的歌》，有浪漫主义的倾向。《地球上的居所》有浓厚的超现实主义色彩，并流露悲观情绪。西班牙内战时期创作的《心中的西班牙》，转向现实主义。后期作品有《要素之歌》《葡萄园和风》《歌唱新中国》等。获得1971年诺贝尔文学奖。

尔鲍姆的兄弟，塞萨尔·本斯特（Cesar Bunster）是1986年9月7日
353 行刺前法西斯独裁者奥古斯托·皮诺切特（Augusto Pinochet）将军的领头人[1]。

泰特尔鲍姆身材高大，皮肤黝黑，体魄强健，双目炯炯有神。尽管有一点结巴，但是他有着一个伟大的政治领袖的魅力和潜在感召力。事实上，他就是一个科学家小团体中的反法西斯领袖，确保了科学能在智利的那些黑暗岁月中存活下来。我确信他在那个时代处境很危险。

泰特尔鲍姆能力极强，也有一点点疯狂。虽然他是智利军方的敌人，但是他却迷恋着各种军品。在回智利之前，他生活在得克萨斯，会常常去参观那些刀和枪的展览，甚至在今天他也常常穿着军装。我第一次去智利看望他时，他打扮成士兵的样子，把我吓得魂不附体。

那是1989年，皮诺切特的独裁政治还处于鼎盛时期。当我和我的妻子，以及我的朋友威利·菲施勒，在圣地亚哥下飞机时，我们被粗鲁地赶进了一条很长的等待护照检查的队伍。排在这条队伍中的都是些配备着重型武装，穿着军队制服的士兵。入境检查的工作人员是全副武装的军人，其中一些带着大型自动化武器。完成入境检查不是一件容易的事情：这条长长的队伍似乎一动不动，而我们已经是筋疲力尽了。

1. 译者注：皮诺切特（Augusto Pinochet,1915～2006），1973年发动军事政变推翻阿连德政府。1974～1990年任智利总统，下野后仍长期担任陆军总司令。执政时，残酷镇压民主人士，但在经济上实施改革，使经济得以持续稳定发展。1998年卸任陆军总司令后曾多次被传讯，但均因“健康原因”未果。

突然，我看到一个戴着太阳眼镜穿着一身军装的高个子（或者是那种被看作军装的衣服）冲过封锁区径直地奔向我们。是泰特尔鲍姆，他正在给士兵们下达命令，看起来好像是一个将军。

当他走到我们跟前时，他抓住我的手臂并骄傲地护卫我们穿过卫队，并以一种非常威严的态度向士兵们挥手示意，要求他们让道。他抓住我们的行李，并快速地带我们离开了机场，走向他那辆非法停靠 354 的土黄色吉普车。然后我们极速驶离机场，开进了圣地亚哥，拐弯时车的两个轮子都离地了。每当有士兵经过我们身边时，泰特尔鲍姆都会鸣笛致敬。“泰特尔鲍姆，”我低声地说，“你为什么弄出哗哗声？你会让我们都死掉的。”但是没有人把我们拦下来。

我最后一次在智利的时候[1]，皮诺切特时代已被一个民主政府所取代，泰特尔鲍姆与军队有了真正的联系，特别是空军。那是泰特尔鲍姆在他的小研究所内举办的一次关于黑洞的会议。他动用了他在空军的影响力，把我们其中的一些人，包括我和霍金，用飞机接到了智利的南极基地。我们在那里过得很愉快，但是令人印象最深的事情就是空军将军们招呼我们的方式，其中也包括他们的首长。一个将军倒茶，另一个递上开胃食品。泰特尔鲍姆在智利显然是一个很具影响力的人物。

但正是在1989年，在去往智利安第斯山脉的一辆旅行巴士上，泰特尔鲍姆第一次告诉我了某种*反德西特黑洞*。今天，它们被称作BTZ黑洞，意思为巴纳多斯-泰特尔鲍姆扎-内利黑洞。马克斯·巴

---

1. 就在这本书最后编辑的时候，我又一次访问了智利，这一次是为了去庆祝克劳迪奥·本斯特60岁生日。书后面我和霍金的照片就是在这次宴会上照的。

纳多斯（Max Banados）和若热·扎内利（Jorge Zanelli）是泰特尔鲍姆的亲密伙伴，他们三个的发现，在黑洞战争中产生了深远的影响。

天使与魔鬼

黑洞物理学家们永远喜欢把一个黑洞封装在一个盒子里，并像保护珍贵的宝石一样保护它。是为了防止什么呢？防止蒸发。把它封装在一个盒子里就像给一壶水盖上盖子。粒子将会在盒子的各个盒壁间355（或是水壶的盖子）不断反弹，并回到黑洞（或水壶）而不会被蒸发到外部空间。

当然，没有人真会把一个黑洞放入一个盒子中，但是这个思想实验却蛮有意思。一个稳定的、不变的黑洞，将比那些蒸发的黑洞简单得多。但是会出现一个问题：没有真实的盒子可以永远包裹黑洞。就像其他任何东西一样，真实的盒子是有随机晃动的，而且迟早会有意外发生。这个盒子将会与黑洞产生某种联系，而最终被黑洞吞没。

这时反德西特（AdS）空间出现了。首先，不管它的名字是什么，反德西特空间确实是一个时空连续统，其维度中包含着时间维。威廉·德西特（Willem de Sitter）是一个荷兰的物理学家、数学家和天文学家，他发现了爱因斯坦方程的一个4维解，并用他的名字命名了这个解。数学上，德西特空间是一个以指数式膨胀的宇宙，其膨胀方式与我们的宇宙很相似[1]。德西特空间是一个很久以前的想法，而不是

1. 近年来，天文学家和宇宙学家发现我们的宇宙是加速膨胀的，每100亿年尺度上扩大一倍。这种指数增长的方式被认为是由宇宙常数所引起的，或者是媒体所称的“暗能量”。

一个什么新鲜的东西，但是近年来，它对于宇宙学家来说却极为重要。它是一个带有正曲率的弯曲的时空连续统，这意味着三角内角之和大于180°。但是所有这些都不是重点。在这次讨论中，我们感兴趣的是反德西特空间，而不是德西特空间。

反德西特空间并不是德西特的反物质双胞胎兄弟发现的。“反”表示空间曲率是负的，意味着内角之和小于180°。关于AdS最有意思的事情，就是它有着许多球状盒子内壁的特性，一个不能被一个黑洞吞噬的盒子。这是因为AdS的球状墙面对于任何靠近它的东西都会施加一个强大的作用力——一个不可抗拒的排斥力，其中也包括黑洞的视界。这种排斥力足够强，以至于墙面和黑洞之间不可能产生任何联系。

总的来说，普通的时空有4个维度：3个空间维和1个时间维。物理学家们有时候称之为4维，但是这样却模糊了空间和时间之间的明显的不同。一个关于时空的更加精确的描述就是（3+1）维。 356

平地和线地都是时空连续统。平地是一个仅有2个空间维的世界，但是居住在上面的人，也会感觉到时间。他们会很正确地将自己的世界称为（2+1）维。线地人生活在（1+1）维的时空中，他们只能够在一根轴线上移动，但是他们也是能够感觉到时间。（2+1）维和（1+1）维的好处就是能够容易地画出它们的图像来帮助我们的直觉想象。

当然，没有什么可以阻止数学物理学家去创造一个带有任意空间维的世界，虽然大脑没有能力看到这些维度。有人可能会想，有没有

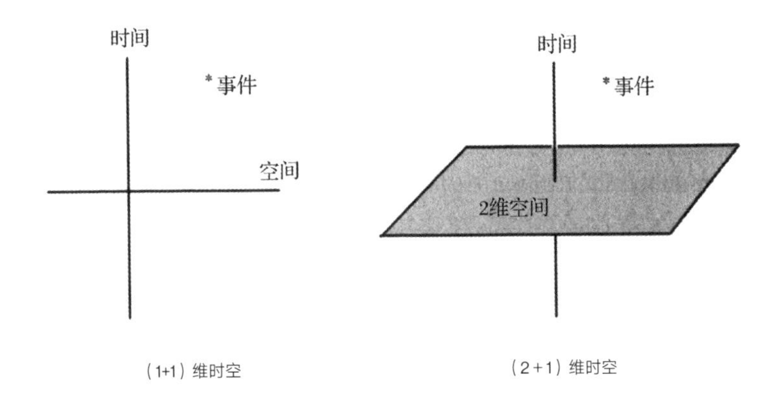

（1+1）维时空　　（2+1）维时空

可能可以更改时间维度的数量。在一个完全抽象的数学感觉中，这个答案当然是肯定的，但是如果从物理学家的观点来看，这似乎没有什么意义。时空维数是单一的一维看起来是正确的。

反德西特空间也有多种维度。它可以有任意数目的空间方向，但是只有一个时间方向。巴纳多斯、泰特尔鲍姆和扎内利所研究的 AdS 空间是（2+1）维的，这使得用图来解释变得比较容易。

357 **不同维度上的物理**

三维空间（*不是时空*）在我们的认知中似乎是根深蒂固的。没有人可以不借助于抽象数学的帮助，想象出四维空间。你可能会认为一维或二维的空间比较容易构造图像，而且某种意义上确实如此。但是如果你再想一会儿，你就会意识到当你在想象线和平面的时候，你总是在认为它们是嵌入三维空间的。这当然是我们大脑进化的方式的缘故，与任何特殊的三维数学特性无关。[1]

量子场论，基本粒子的理论，在一个维数较低的世界中跟它在三维空间中一样成立。我们所能说的，基本粒子完全有可能是在二维空间（平地）甚至是一维空间（线地）的。事实上，在维数减少后，量子场论的方程要简单一些，而且这个领域中我们所知道的许多东西，首先是在这些世界模型的量子场论研究中发现的。所以巴纳多斯、泰特尔鲍姆和扎内利它们研究一个空间维数只有2的宇宙没有什么奇怪的。

反德西特空间

解释AdS的最好的方式，就是用泰特尔鲍姆在智利的旅行巴士上所用的方式：用图。我们先忽略时间，并从一个空圆盒子中的普通空间开始。在三维中，一个球形的盒子意味着内部是一个球；在二维中，这甚至更加简单，内部就是一个圆。

358

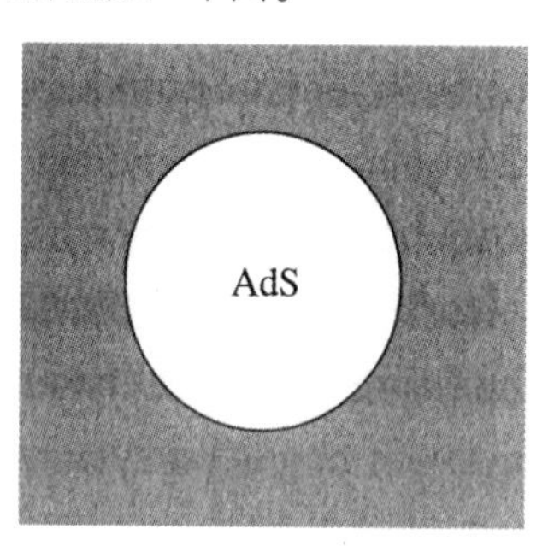

1. 物理世界可以是一维或二维的吗（我这里说的是空间，不是时空）？我并不确定——我们不知道可能决定这些问题的所有原理——但是从一个数学的观点来看，量子力学和广义相对论在一维和二维上都是自洽的，就如同它们在三维上一样。我不是想说，智慧生命能够存活在这些另类的世界中，只是说这种物理学似乎也是可能的。

现在我们加入时间维。我们用竖轴表示时间，盒子里面的时空连续统类似于一个柱体的内部。在下面的图中，AdS就是柱体中没画上阴影的内部。

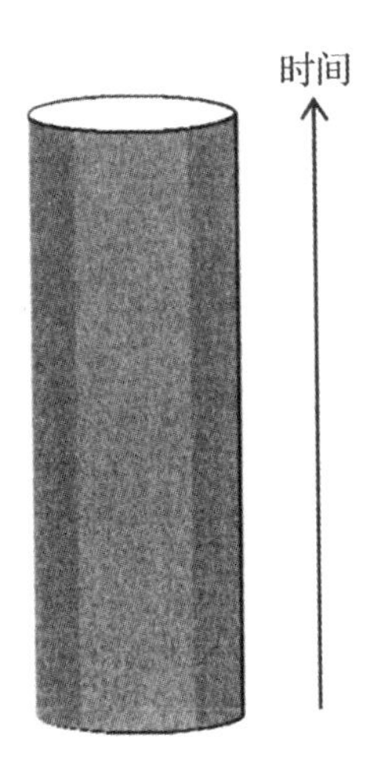

想象一下给AdS切片（记住，它只有一个时间维），方式与我们给黑洞切片构成一个嵌入图相同。真正能称为空间的，是切出来的空间性截面。

我们再仔细检查一下这个二维片层，如你所期望的，它是弯曲的，就像地球的表面一样。这意味着如果要在一个平面上画出它，你必须要延展和弯曲这个曲面。我们不可能不失真地在一张平的纸上画出这幅地图。在一幅麦卡托地图上，靠近北部和南部的边缘上的区域看起来就要比赤道附近的区域大很多[1]。格陵兰岛看起来就像非洲那么大，尽管它的面积只有非洲面积的1/15。

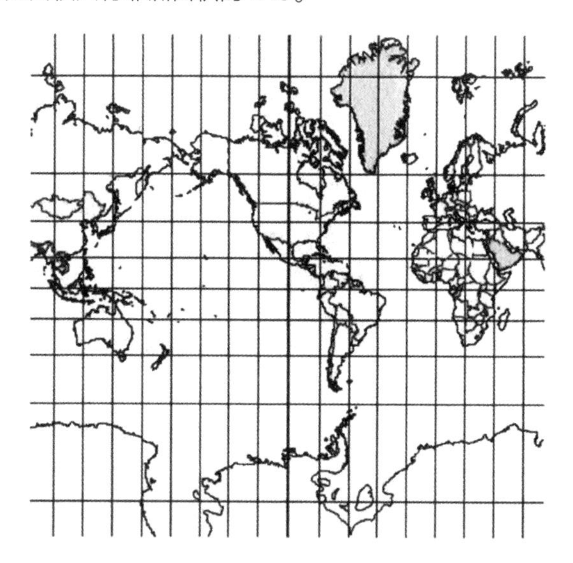

AdS中的空间（或者时空）是弯曲的，但不像地球的表面，它们的曲率是负的。如果将它们平展到一个平面上会出现“反麦卡托”效果：会使边缘看起来非常小。埃舍尔（Esher）那幅著名的《圆的极限Ⅳ》，就是一幅带有负曲率的弯曲空间的地图[2]，精确地展示了二维 360

1. 译者注：麦卡托地图（Mercator），是指用一种等角的圆柱形投影法绘制的地图，是地图学家麦卡托在1569年将这种投影法应用在地图的绘制上，故此得名，该投影法也被称为麦卡托投影法。
2. 译者注：埃舍尔（M. C. Escher），荷兰画家，图形艺术家。圆的极限是他以彭罗斯点阵（Penrose Tile）为模式来画的一系列主题作品。

AdS片层的样子。

我发现《圆的极限Ⅳ》具有催眠作用。(这使我想起了《老鼠和他的孩子》以及其中主人公对最后一只可见狗的永久找寻，见第20章。)这些天使和魔鬼无休止地一再出现，直至消失在无限分形的边界中。是埃舍尔跟魔鬼做了一笔交易，让他能够画出天使无数？还是，361 只要我拼命看，就能看到最后一个可见天使？

稍停一会儿，重新整理一下你的大脑，将那些天使和魔鬼都想象成一样大小。这并不是一个简单的智力体操，但是它有助于你回想起格陵兰岛的面积与阿拉伯半岛几乎完全一样，尽管前者在麦卡托地图上看起来要比后者大8倍。显然，埃舍尔对这类思维练习特别在行，但是通过实践你也可以掌握它的要领。

现在让我们再花一些时间，总结一下在反德西特空间中的图像。跟以往一样，我们用竖轴表示时间。每一个横向片层代表一个在特定时刻的普通空间。这里将AdS看作是由无数个空间片层构成的——一根被切成无限多个薄片的意大利蒜味香肠——如果把这根香肠不断地往上堆叠就可以形成一个时空连续统。

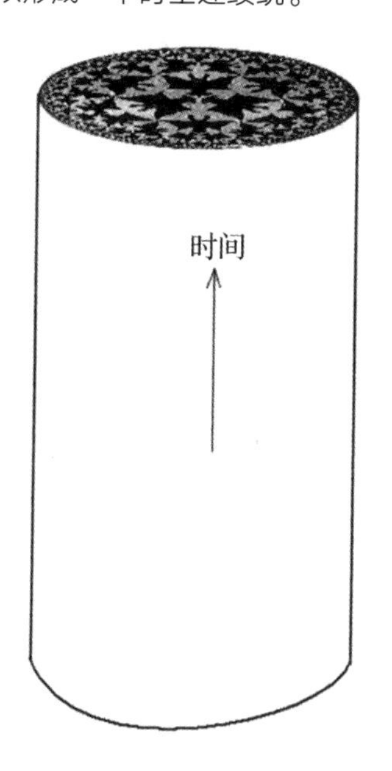

AdS中的空间以一种离奇的方式弯曲着，但是并没有时间那么怪异。回忆前面第3章，在广义相对论中，不同位置上的时钟走的速率是不同的。例如，一只靠近黑洞视界的钟会越走越慢，这也使得黑洞可以被看成是一个时间机器。在AdS中，时钟也表现得很怪异。设想每一个魔鬼都戴着它们自己的手表。最接近中心的魔鬼们，环视一

362

下四周那些相对离中心远一些的邻居们，会发现一些奇怪的事情：距离较远的地方上的时钟，走的速率是他们自己的表的2倍。假设这些魔鬼都有新陈代谢，离得比较远的邻居的新陈代谢也会更快。事实上，每一次时间测量的结果，看起来似乎意味着加速，而且当测量一些更远的地方，时钟似乎走得还要快。每一个连续的环层都会比里面的那个走得快，直到靠近边界上的时钟走得太快，以至于中心附近的魔鬼看到的是一团正在旋转的模糊。

AdS时空的曲率产生了一个引力场，将所有东西都推向中心，即使在那里并没有什么东西。这个诡异的引力场的一个表现是，如果一个有质量的物体被移向边界的话，它将会被推回来，就跟弹簧上发生的基本一样。如果不外加任何作用，这个物体将会无休止地来回振动。第二个效应实际上就是硬币的另一面。一个向着中心的拉力和一个背着边界的推力是等价的。这个推力是一种不可抗拒的排斥力，使包括黑洞在内的所有东西都与边界没有任何联系。

造出来的盒子是用来放东西进去的，所以我们在盒子中放入几个基本粒子。不论我们把它们放在哪里，它们将会被拽向中心。单个粒子最终将绕着中心振荡，但是如果有两个或两个以上的粒子，它们可能会碰撞。引力——不是那个AdS中诡异的引力，只是普通的粒子间的引力吸引作用——可能会使它们聚成一团。加入更多的粒子会增加中心的压力和温度，这个聚团可能会被点燃而形成一颗恒星。如果再加入更多的质量，那么将会导致一个灾难性的坍缩：一个黑洞将会形成——一个黑洞被捕获在一个盒子里面了。

巴纳多斯、泰特尔鲍姆和扎内利并不是第一个研究AdS中黑洞的人；这个荣誉应该给唐·佩吉和史蒂芬·霍金。但是BTZ发现了最简单的例子，这个例子很容易想象，因为其空间只有二维。这里有一幅关于BTZ黑洞的图像。黑色的区域的边界是视界。

除了一个例外，反德西特黑洞具有所有普通黑洞应该有的特点。如往常一样，视界里面藏着一个让人非常讨厌的奇点。增加质量会导致黑洞尺寸的增加，并把视界推向边界。

但是与普通黑洞不同，AdS黑洞并不会蒸发。视界是一个无穷尽的热源，不断地辐射光子。但是这些光子没有地方可去。它们又会再一次掉入黑洞，而不是蒸发到外部的空间中。

质量增加，AdS黑洞变大

364

再说一点反德西特

设想放大《圆的极限IV》边界上的点，使它膨胀，以至于边界看上去完全是平直的。

我们可以一次次重复上述做法，直到最后边界看上去是笔直而且无限的，这并不需要我们对每一层的天使和魔鬼都进行放大处理。我不是埃舍尔，我没法复制他这幅优美的作品，但是如果为了简化起见，我们用方块取代魔鬼，这幅图就会变成某种格状图案，越接近这种格状图案的边界，其方块就越小。我们可以把AdS看成是一堵有无限多砖块的墙。当你每下一层，砖块都会变大一倍。

当然，在反德西特空间中并没有真实的线，就像地球表面上没有经线和纬线一样。它们只是用来告诉你的眼睛，尺度是怎么因空间的曲率而变形的。 365

埃舍尔的画和我这个粗糙的版本表示的都是二维空间，但是真实的空间是三维的。想象空间添加一维后的样子并不困难。我们要做的就是把用三维的立方体取代方块。在下面的图中，我将给出一堵三维的“砖墙”，不过在你脑中要想象这堵墙在水平方向和垂直方向都是无限延伸的。

与以往一样，给这幅图加入时间维：给每一个方块或者立方体配上自己的时钟。时钟运行的速率，取决于他们在哪个层面上。我们每接近边界一层，时钟都会被加速一倍。相反的，如果我们沿着墙往下

走，那么时钟将会变慢。

366

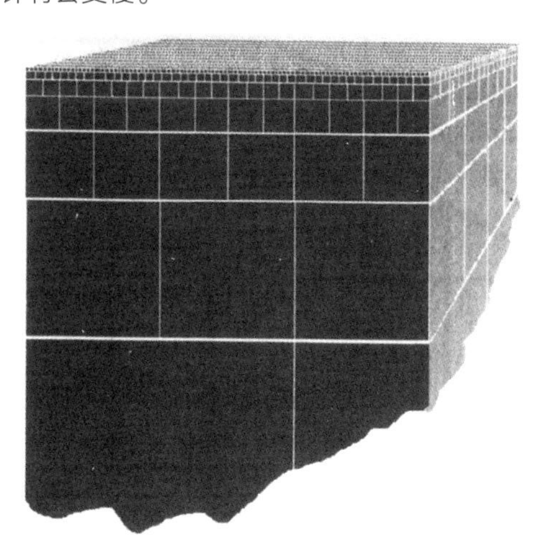

从数学的角度来看，没有理由把空间停在三维。通过堆砌各种大小不一的四维的立方体，我们可以构建4+1维反德西特空间，或者任意其他维数的空间。但是画一个四维的立方体是极其复杂的。这里我们尝试一下。

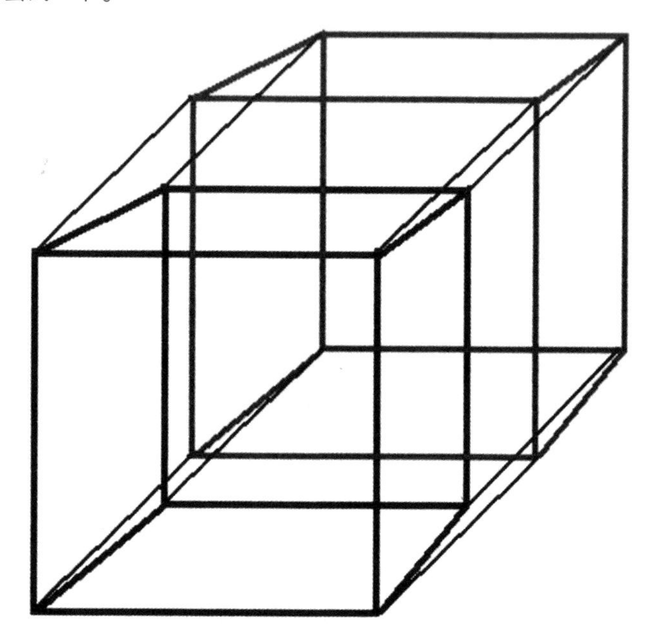

这种把它们堆在一起形成四维版本AdS的尝试，会导致令人沮丧的混乱。 367

盒中乾坤

保持黑洞不辐射是研究盒子中物理的好理由，但是盒中世界的这个想法远不止于此。真正的目的是要了解全息原理并使它在数学上变得精确。这里就是我在第18章中解释全息原理所说的："平常经验下的三维——充满了星系、恒星、行星、房子、巨石和人的宇宙——是一幅全息图，一幅在遥远的二维面上编码的关于现实的图像。这个新的物理学规律被称为全息原理，它认为一个空间区域中的所有东西都可以用边界上的信息来描述。

全息原理的不精确性，部分原因在于有东西是可以穿越边界的；毕竟这只是一个数学上假象的表面，没有任何真实的东西，所以物体是可以进出该区域的。这使得“空间区域内的每一样东西都可以用边界上的信息所描述”，这个论述变得让人困惑。但是在一个墙壁难以渗透的盒子中的一个世界将不会有这个问题。新的表述是：

> 一个外壳难以渗透的盒子中，所有东西都可以用储存在墙上的像素的信息来描述。

1989年在智利的旅行巴士上，我不明白克劳迪奥·泰特尔鲍姆，为什么要对反德西特空间那么兴奋。一个盒子中的黑洞——那又怎么样？我花了8年才了解到这一点，这一次是通过另一个南美洲的物理学家，一个阿根廷人。

368 马尔达西纳的惊人发现

胡安·马尔达西纳与克劳迪奥·泰特尔鲍姆在各方面都不同。他不高而且冷静许多。我很难想象他穿着一套假军服，迅速地穿越危险的圣地亚哥的样子。而作为一个物理学家，他并不缺少勇气。在1997年他冒险提出了一个极其大胆的想法，一个与我在泰特尔鲍姆车上听到的一样疯狂的想法。事实上，马尔达西纳认为，两个看起来并不相似的数学世界实际上是相同的。一个（4+1）世界有四维的空间和一维的时间，而另一个是更像我们所生活的世界的（3+1）维。我将简化一下这个故事，对每一种情况都降低一维，使它变得更容易想象一些。根据这样的简化，我可以说平地的某种虚构的版本，或多或少都会与一个（3+1）维的反德西特世界相等价。

这怎么可能呢？关于空间最明显的特征就是维数。无法确定空间维数，是一个极其危险的感知混乱。把二维错误地看成三维显然是不可能的，至少在理智和冷静的时候，或者你会那么想。

马尔达西纳的发现其过程是一条崎岖而曲折的路。他在极端黑洞，D-胚和一些叫作矩阵理论的东西之间徘徊[1]，并最终以一个对全息原理非同寻常的证明结束。

整套论证是从波尔钦斯基的D-胚开始。我们还记得一个D-胚是一个实物物体，可以是空间的一个点，一条线，一个面或者是一块充填空间的三维物体，这取决于其维度。D-胚区别于其他东西的特性就是基本弦可以在其上面终结。更具体点，我们考虑D2-胚[2]。考虑一个在三维空间中飘浮的平坦的二维平面，就像一块飞毯。开弦把它们的两头都连在D-胚上面。它们可以在D-胚上面滑动，但是它们不能

369

1. 这里的矩阵理论与S-矩阵没有关系。它是马尔达西纳发现的一个先辈和近亲，包含了一个诡异的维数增长。这是第一个与数学相关的确认全息原理的例子。矩阵理论是由我和汤姆·班克斯、威利·菲施勒和史蒂夫·申克在1996年发现的。

2. 在马尔达西纳起初的工作中，他的注意力主要在一个包括四维空间的例子上。它被称为是（4+1）维的AdS。处理四维空间而不是通常的三维的理由是技术层面的而且对于本章节后面的部分也不是很重要，但是它与跋中的一些部分有关。

跳入第三维。弦上的这些部分，就好比在一块没有摩擦的冰上滑冰的人，但是不能抬起他们的脚。从远处看起来，弦上的每一个部分就好像一个在二维世界中移动的粒子。如果有更多的弦，它们可能会碰撞，并结合形成更加复杂的东西。

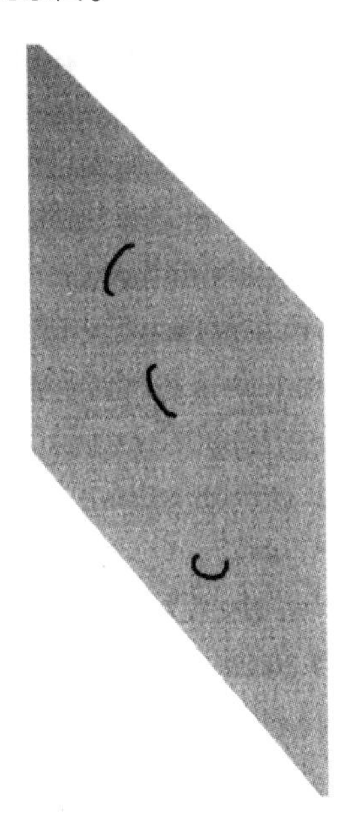

D-胚可以独自存在，但是它们黏性很强。如果把它们轻轻地带到一块，它们将黏在一起并形成一个有若干层的复合胚，就像下图所示的一样。

370　我已经证明了D-胚是各自分立的，但是当它们结合在一起的时候，缝隙就消失了。一组结合在一起的D-胚被称为是D-胚垛。

开弦在一个D-胚垛上面的移动，比在单个D-胚上的运动有着更

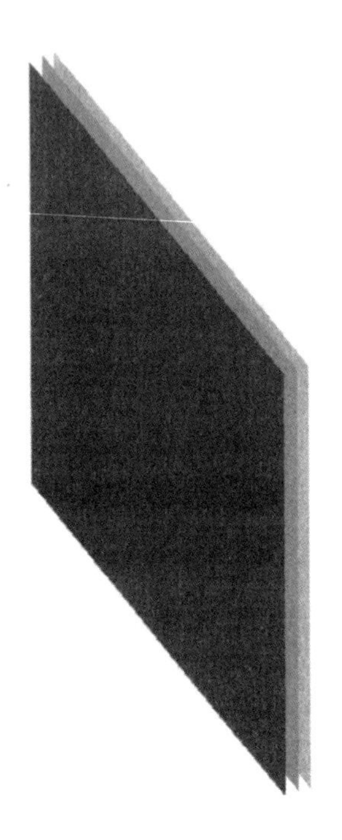

丰富和多变的特性。弦的两端可以黏在垛中不同的胚上，就仿佛一块滑板在略有不同的两个平面上滑行。要追踪这些不同的胚，我们可以给它们定个名字。例如，在上面显示的垛中，我们可以分别称它们为红色、绿色和蓝色。

在D-胚垛上滑动的弦其端点必定连在一个D-胚上，但是现在出现了若干种可能性。例如，一根弦的两端可以都连在红色胚上。那么这根弦为红-红弦。类似的还有蓝-蓝弦和绿-绿弦。但是弦的两端也可以被连在不同的胚上面。因此，还有红-绿弦、红-蓝弦，等等。实际上，在D-胚垛上移动的弦有9种不同的可能性。

371　如果若干条弦被连在这些胚上，会有一些有意思的事情发生。

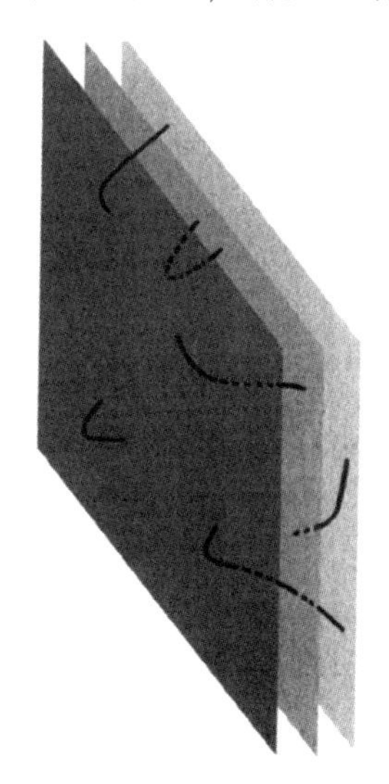

在D2-胚垛上的弦看起来跟普通的粒子很相似，虽然是在一个只有二维的世界中。它们之间相互作用，当它们相撞时会散射，它们也会给相邻的弦施加作用力。一根弦还可以分裂成为两根弦。这里有一组图，描述了一根单个胚上的弦是如何分裂成为两根弦的。时间的顺序是从上到下发展的。

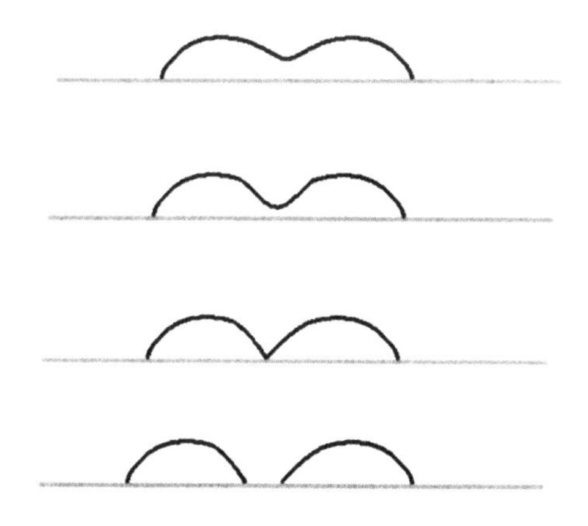

一开始弦上的点与胚以某种方式相关联。在这种方式中所有的端 372 点必须都是连在胚上面的，但是允许弦分裂成两根。而这幅图从下往上来看，就是一对弦结合形成一根单独的弦。

这组图画的是在3D-胚垛上的弦。这组图描述了一根红-绿弦与一根绿-蓝弦相撞。这两根弦结合并形成了一根单根的红-蓝弦。

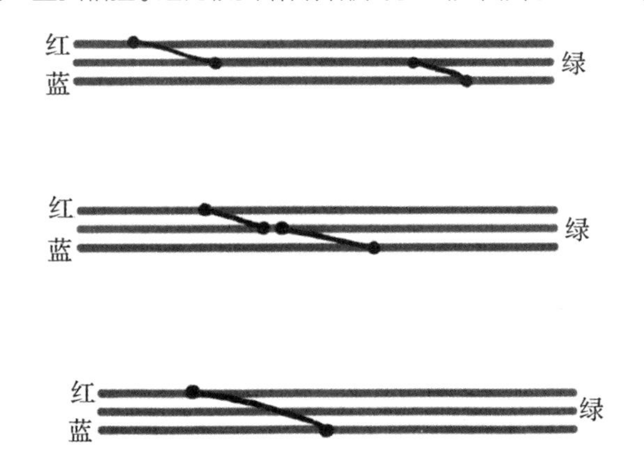

一根红-红弦不能与一根绿-绿弦相结合，因为它们的端点永远不存在相接处。

你是不是感觉你曾经见过这些？如果你读过第19章，你就见过。支配着连接在D-胚垛上的弦的规则与量子色动力学中胶子的规则完全一样。在第19章中，我曾说过一个胶子就像一根带有两极的磁棒，每一端被标上一种颜色。相似的还不只是这些。上面的图，很像QCD中胶子的顶角图。

“D-胚上的物理”和通常世界的粒子物理的相似性令人兴奋和着

迷，而且还极其有用。在下一个章节中我们将会看到这些。物理学家们将描述同一个系统的两种不同的方式称为“是相互对偶的”。光是波或粒子的对偶描述就是一个例子。物理学中到处都是对偶关系，所以对于马尔达西纳发现两种D-胚上面弦的对偶描述，并没有什么特别值得惊奇的。什么是新的呢，是闻所未闻的呢[1]？就是这两种描绘的世界带有不同空间维。

373

我已经暗示了其中一种描述为（2+1）维平地版本的QCD。它描述了平坦空间的质子、介子和胶子球，但是不像真实的QCD，这里不包含有引力。与之对偶的另一半，即，描述同样的东西的另一种方式，描绘了一个三维空间的世界，但并不是任意的三维空间，而只是反德西特空间。马尔达西纳认为平地中的QCD与（3+1）维反德西特宇宙是对偶的。而且，在这个三维世界中，物质和能量行使的引力，就像在真实世界中一样。换句话说，一个（2+1）维包括了QCD而不含引力的世界等效于一个（3+1）维的带有引力的宇宙。

这是为什么呢？为什么一个只有二维的世界，会与三维的那个完全一样呢？那个额外的空间维是从哪里来的呢？关键在于反德西特空间的形变使得边界附近的物体看起来比在空间内部的物体要小。形变不仅会影响这些想象中的魔鬼，而且也会影响穿过空间的真实物体。例如，如果一个人把一个1米大小的字母A投影在边界上，那么这个图像会随着物体靠近或远离边界而缩小或放大。

1. 几乎从未听闻，但不是完全。矩阵理论是一个更早的例子。

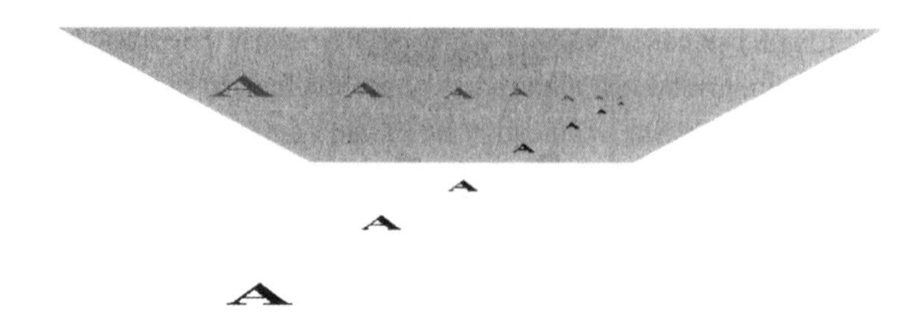

从三维空间内部的角度来看，这只不过是一个幻象，就像在麦卡托地图上巨大的格陵兰岛。但是在对偶描述中——平地理论——在这个正交的第三维上面并没有距离这个概念。取而代之的则是一个尺寸的概念。这是一个非常令人意外的数学联系：在对偶的平地这一半中放大或缩小，与在对偶的另一半中的第三个方向上来回移动完全一样。 374

这应该看起来很眼熟，这一次是来自第18章，我们发现这个世界是某种全息图像。马尔达西纳的两种对偶的描述是全息原理的应用。每一样发生在反德西特空间内部的事情，“是一幅全息图，一张关于在遥远的二维面上的关于现实的图像”。一个三维的带有引力的世界等价于一幅空间边界上的二维的量子全息图。

我不知道马尔达西纳是否把他的发现和全息原理联系起来了，但是威顿不久就那么干了。就在马尔达西纳发表论文的2个月之后，威顿在互联网上发表了他的论文，题目就是“反德西特空间和全息原理”。

威顿论文中特别吸引我的就是关于黑洞那个章节。反德西特空

间——原初的版本，而不是那个平坦的砖墙那个版本——就像一罐头汤。水平穿过罐头的片层代表了空间，罐头的竖轴代表时间。罐头外面的包装纸是边界，而内部则是时空连续统。

375

纯AdS就像一个空的罐头，但是如果将里面填入"汤"——物质和能量，会变得更加有趣。威顿解释道，如果往罐头里面注入足够多的物质和能量，一个黑洞就会产生。这就会出现一个问题。根据马尔达西纳的观点，那里必定有第二种描述——一种对偶的描述——在那里不需要参考罐头内部的东西。这种描述用的是粒子的二维的量子场论语言，类似于胶子在包装纸上的移动。汤里面存在着一个黑洞，一定等价于边界上的全息图上的某些东西，但是到底是什么东西呢？在边界理论中，威顿认为汤中的黑洞，等价于一种普通的基本粒子的热流，这种粒子基本上可认作是胶子。

当我看到威顿文章的时候，我知道黑洞的战争已经结束了。量子场论是量子力学的一种特殊的情况，量子力学中的信息永远不会被毁灭。不论马尔达西纳和威顿还干了什么，他们确切地证明了信息永远不会被丢失在一个黑洞的视界后面。弦论学家们会马上意识到这一点，而相对论学家们要花长一点的时间。但是战争已经结束了。

虽然这场黑洞的战争应该在1998年早些时候结束的，但是史蒂芬·霍金就像一个在丛林中游击多年，却不知道战争已经结束的不走运的士兵。这个时候，他成了一个悲剧式的人物。56岁，智力不再处于巅峰，与外界几乎不能再交流，霍金并不知道到底发生了什么。我很确定，这并不是因为他的智力局限。从我跟他在1998年之后的一些接触中，很明显发现他的脑子依旧极其敏捷。但是他的生理能力恶化得非常严重，他几乎完全被锁进了自己的脑袋。不能写一个方程，与他人合作也非常困难，他一定知道，他无法去做物理学家们为了解不熟悉的新理论，通常要做的事情。所以霍金继续战斗了一段时间。

在威顿发表了他的论文不久之后，另一个会议在圣芭芭拉召开，这一次是为了庆祝全息原理和马尔达西纳的发现。宴会之后的派对的发言人是杰夫·哈维（CGHS中的H），他带领大家和着《玛卡莲娜》的旋律[1]，唱起了《马尔达西纳》之歌，跳起了胜利之舞。

376

取胚伊始

乃BPS[2]。

1.“玛卡莲娜”是一首20世纪90年代中期很流行的拉丁舞曲。
2. BPS是D-胚的一个标志性的技术。BPS是发现这个特性的3个作者的首字母的缩写——博戈莫利内（Bogomol’nyi）、普拉萨德（Prasad）和萨默菲尔德（Sommerfield）。

操之近之，
是ADS。

胚之何谓，
非我所知。

呃！马尔达西纳！

杨米尔斯，
超对称场。

幺正规范，
大哉之数。

球面引力，
流之未央。

377

君言相同，
乃有全息。

黑洞之谜，
D胚D熵。

D胚有热，
热是能量。

呃！马尔达西纳！

胡安告成，
斗志昂扬。

洞察黑洞，
战绩彰彰。

色动力学，
尽可估量。

胶子球谱，
尚待议商。

呃！马尔达西纳！[1]

1. 作词：杰夫·哈维。

378

第 23 章 核物理？开玩笑吗

持怀疑态度的人会指出我所告诉你的都只是纯粹的理论，关于黑洞的量子特性的所有事情，从熵、温度和霍金辐射一直到黑洞互补性原理以及全息原理，都没有实验数据可以证实。不幸的是，在今后很长的时间内，他们所说的可能都是正确的。

也就是说，一个完全没有预料到的联系，最近被建立起来了，一个连接黑洞、量子引力、全息原理和实验核物理，这些一直被认为无法被科学验证的理论之间的联系被建立起来了。从表面上来看，要来检验类似全息原理和黑洞互补性原理这样的理论，核物理似乎是一个最没希望的平台。一般认为核物理并不属于前沿。它是一个古老的领域，而且包括我在内的大多数物理学家，认为它已经被发掘殆尽，无法再教给我们任何关于基本原理的新东西。从现代物理学的观点来看，原子核就像一个柔软的果浆软糖——硕大的扁球里面大部分地方是空的[1]。它们能告诉我们普朗克尺度下的物理是怎样的呢？出人意料的是，它们似乎能告诉我们很多东西。

---

1. 用普朗克单位计算一个核子的质量密度是一件很有意思的事情。质子的半径大约是 10^{20} 而质量大约是 10^{-19}。这使得每体积单位上的质量约为 10^{-79}。

弦论学家一直对原子核很感兴趣。在弦论之前的历史几乎都是关于强子的：质子、中子、介子和胶子球。就像原子核一样，这些由夸克和胶子构成的粒子很大。但是就在这比普朗克尺度大几百亿亿倍的尺度上，自然复制了它自己。关于强子物理学的数学，与弦论的数学几乎一样。如果考虑到它们的尺度是那么不同：核子要比基本弦大10^{20}倍，振荡也要慢10^{20}倍，这一切简直不可思议。这些理论为什么会是相同的，难道会完全不相关？然而，有一个办法可以使这些都明晰起来。如果普通的亚原子核尺度下的粒子确实与基本弦类似，那么为什么不在核物理实验室中去测试弦论的那些想法呢？实际上，这已经做了近40年了。 379

强子和弦之间的联系，是现代粒子物理学的支柱之一，但是直到最近，仍然无法检验黑洞物理学的原子核类比。但是这种状况正在发生改变。

在长岛，大约离曼哈顿70英里，布鲁克海文国家实验室的核物理学家们正在用重原子核做撞击实验。相对论性重离子对撞机（RHIC）把金的原子核加速到接近光速——只要在它们碰撞的时候速度足够快，便可以制造出大量的能量，温度高达太阳表面温度的10亿倍。布鲁克海文的物理学家们对核武器或其他核技术并不太感兴趣。他们的动机纯粹出于好奇心——对于新的物质形式的特性的好奇。这些热的核物质的行为是怎样的？它们是气体？液体？它们会结合在一起，还是立刻蒸发变成分离的粒子？极高能粒子的粒子流会从中逃逸出来吗？

如我所说的，核物理和量子引力是发生在完全不同的尺度上面的，它们怎么可能相互有联系呢？我所知道的最好的类比涉及一部史上最烂的电影，一部露天电影时代的老的恐怖片。电影的主角是一只巨型的苍蝇。我不知道这部电影是怎么拍摄的，我想是拍了一只普通的家蝇，然后放大到撑满整个屏幕。这幅图像用非常慢的速度投影，这使得这只苍蝇看起来像一只巨大而可怕的鸟。效果是恐怖的，但是更重要的是，它很好地示意了引力子和胶子球之间的关系。都是闭弦，但是引力子要比胶子球小得多，运动速度也快得多。强子似乎很像基本弦变大和减慢后的图像，但是这里不是像苍蝇一样的几百倍，而是令人难以置信的10^{20}倍。

380

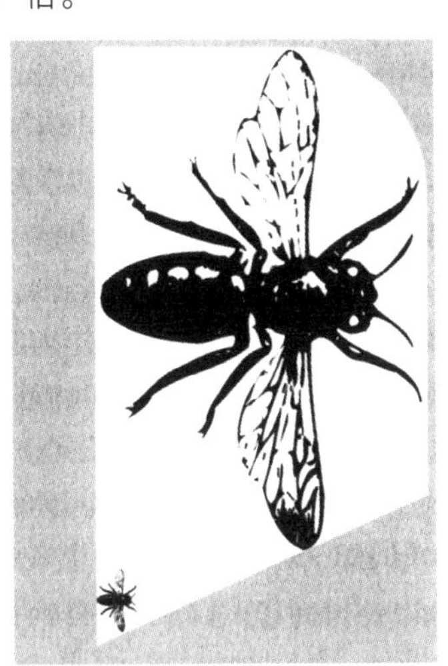

所以，如果我们不能用极高能量的普朗克尺度粒子的碰撞来制造出黑洞，也许我们可以用它们放大后的版本——胶子球、介子或核子做碰撞——产生一个放大版的黑洞。但是等一下，这样就不需要大量的能量了吗？是的，它不需要，为了理解原因，我们需要回忆一下在第16章中20世纪的大小和质量间反直觉的关系：小的是重的，大的是轻的。核物理发生的尺度要比基本弦理论的尺度大很多，这意味着，集中在一个大得多的体积内，相应现象所需要的能量要少很多。当我们代入数字并进行计算后，在RHIC的普通的核碰撞中，一些非常类似于慢速的放大的黑洞的东西应该形成。

为了了解RHIC是如何制造黑洞的，我们必须回到全息原理和胡安·马尔达西纳的发现。马尔达西纳以一种前人没有预见过的方式，发现两种不同的数学理论实质上是相同的——用弦论的行话讲就是“互相对偶”。存在一种带有引力子和黑洞的弦理论，不过是在（4+1）维的反德西特空间（AdS）中。（在第22章中，为了方便想象，我降低了维数。在这章中，我恢复那个去掉的维度。）

四维空间对于核物理来说，它太大也太烦了，但是记住全息原理：发生在AdS空间中的所有事情都可以用少一维的空间的数学理论完备描述的。因为马尔达西纳是从四维空间开始的，所以全息的对偶理论只有三维，这是我们每天生活的空间的维数。这个全息描述，真是类似于任何一个我们用来描述传统物理学的理论吗？ 381

这个答案是肯定的：全息对偶在数学上与关于夸克、胶子、强子和原子核的量子色动力学（QCD）非常相似。

AdS中的量子引力⟷QCD

对我来说，主要兴趣在于马尔达西纳是如何证明全息原理，以及如何把量子引力的工作方式表述清楚的。但是马尔达西纳和威顿看到了另一次机会。他们意识到全息原理是一条双通道的路，我必须说这是一个非常聪明的看法。为什么我们不反过来去看呢？即用我们所知道的引力的知识——在这种情况下，是AdS中（4+1）维的引力——告诉我们关于普通量子场论的东西呢。对我而言，这可是一个完全没有想到的脑筋急转弯，一个全息原理带来的额外的从未想过的奖赏。

要完成这些，还需要一点点工作。QCD与马尔达西纳的理论并不是完全相同，但是主要的差异可以通过对AdS的一种简单修正来消除。回顾AdS，让我们从一个非常接近边界的位置来看（最后一个可见的魔鬼的地方）。我把那个边界叫做UV-胚[1]。UV的意思为紫外，这个术语也用来形容短波长的光。（这些年来紫外这个词，开始代表那些在小尺度上的任何现象。在这里，这个词讲的是埃舍尔画中边界附近渐渐缩小成无穷小的天使和魔鬼。）UV-胚这个词中，胚这个字确实是用词不当，但是因为它已经那么叫了，所以我也就用它了。UV-胚是一个接近于边界的面。

382

想象一下离开UV-胚进入内部，在那里魔鬼以平方的速率无限地变大，时钟也以平方的速率无限地变慢。当我们走向AdS深处的时侯，UV-胚附近那些既小又快的物体，变得又大又慢。但是AdS并不是描写QCD的正确的理论。虽然区别并不是很大，但是修正的空间需要它自己的名字；我们称其为Q-空间。就像AdS一样，Q-空间也有一个UV-胚，那里物体变小变快了，但是不像AdS，它有第二边界，被

1. 我在这几个小节中所描述的东西大部分在利萨·兰德尔的优秀作品《偏见的交流》中都有清晰的解释。

称为IR-胚（IR的意思是红外，一个用来描述长波长光的词）。这个IR-胚是第二个边界——一块难以渗透的屏栏，在那里天使和魔鬼达到最大。如果UV-胚是一块带有无限深裂缝的天花板，那么Q-空间是一个普通的有天花板有地面的房间。如果忽略时间维度，仅仅画二维的空间维度，那么AdS和Q-空间看起来就是：

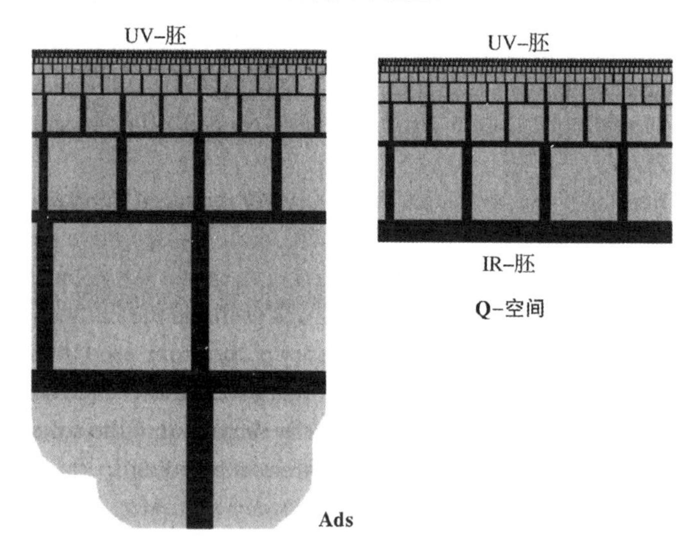

设想把一根弦状的粒子放入Q-空间，一开始放在UV-胚的附近。就好像有许多天使和魔鬼围绕着它，它将看起来十分的小——很可能是普朗克尺度的——而且极快速的振动。但是，如果同样的粒子移向IR-胚，它似乎会变大一些，就像被投影到一个后退的屏幕上。现在观察弦的振动。振动可以定义某种时钟，而且就像所有的钟一样，当它接近UV-胚的时候它高速振荡，当它移向IR-胚的时候速度就渐渐慢下来。一根IR边界附近的弦，不仅看起来是一根收缩的UV弦被放大的巨型版本，而且它会慢很多。这个区别听起来像真实的苍蝇，与它们的电影图像的区别一样——或者是基本弦和它们的核对应物的区别一样。

如果弦论中极其微小的普朗克尺度粒子“生活”在UV-胚附近而它们的放大版本——强子——生活在IR-胚附近，那么它们之间相隔多远呢？从某种意义上来说，并不是那么远；你只需要往下穿过大约66个魔鬼方块就能从普朗克尺度的物体到达强子。但是，记住每一步都是要比前面的大2倍。倍增66次等于膨胀了10^{20}倍。

对于基本弦和核物理之间的相似性有两种观点。一种相对保守的观点是认为它们是偶然的，或多或少就像原子和太阳系一样。这种相似性在原子物理的早期是有用的。尼尔斯·玻尔，在他的原子理论中用了牛顿用在太阳系的同样的数学。但是玻尔和其他任何人，都没有真正认为太阳系就是原子的放大版本。根据这种相对保守的观点，量子引力和核物理之间的联系只是一个数学上的类比，但是这个重要的类比，使得我们可以应用引力的数学，来解释某些核物理的特性。

让人更为兴奋的观点是，核弦跟基本弦实际上是同一样东西，只不过是通过透镜的扭曲使得它们的图像延伸速度减慢。根据这种观点，当一个粒子（或者弦）被放置在UV-胚附近时，它看起来很小，能量很高而且运动很快；所以它必定是一根基本弦。例如，一根在UV-胚上的闭弦会是一个引力子。但是同样的弦，如果它移动到了IR-胚附近，尺寸变大，速度变慢。从任何方面看，它看起来表现得都像一个胶子球。在这种观点中，引力子和胶子球是完全相同的东西，只是它们在胚上的位置不同。

设想一对引力子（在UV-胚附近的弦）要相互碰撞。 384

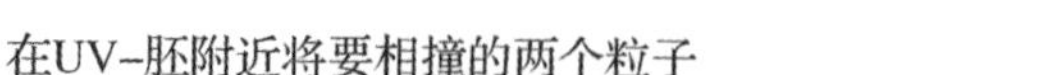

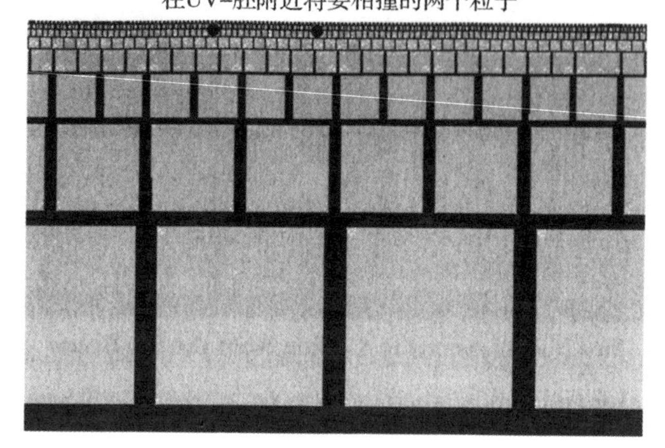

如果它们有足够的能量，当它们在UV-胚附近相撞时，一个普通的小型黑洞会形成：一个团能量会留在UV-胚上。这可以想象成一滴流体悬挂在天花板上面。组成它的视界的信息是普朗克尺度的。

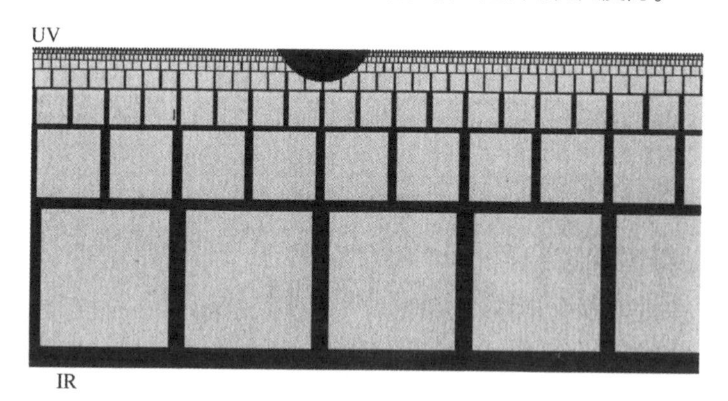

这当然是一个我们可能永远无法做的实验。 385

但是现在把引力子换成是两个原子核（在IR-胚附近的）并使它们相互撞击。

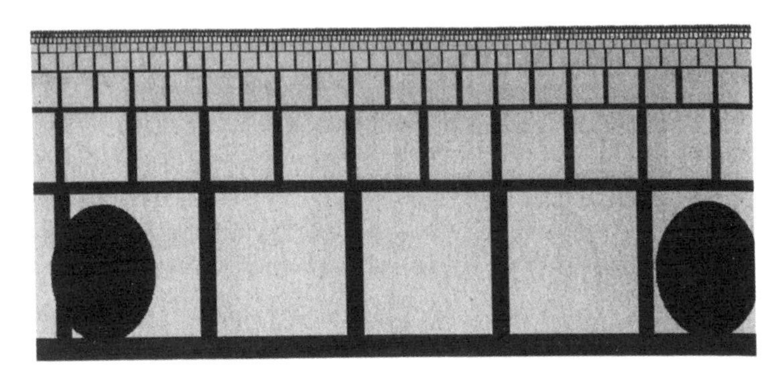

IR-胚附近即将相撞的两个原子核

这时对偶性显示其威力。一方面，我们可以用四维版本来看，在那里两个物体碰撞并形成一个黑洞。这时黑洞在IR-胚附近，就像地板上的一个巨大的水坑。这需要多少能量呢？要比在UV-胚附近形成黑洞少得多。实际上，对于RHIC来说这个能量很容易达到。

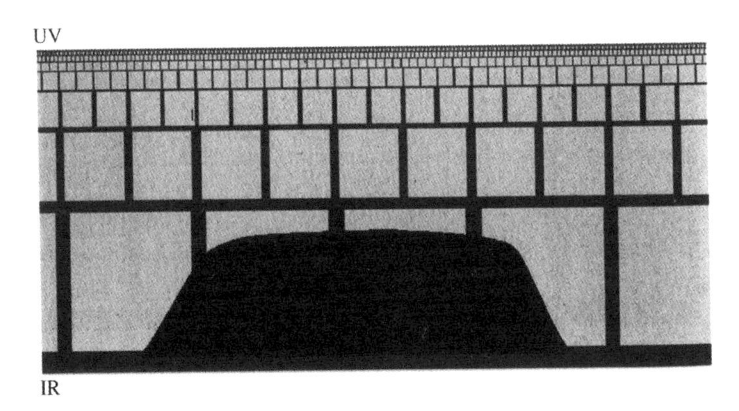

 另一方面，我们还可以从三维的角度来看这个问题。在这种情况

下，强子或原子核碰撞，并产出一堆夸克和胶子。

起初时，在任何人都没有意识到QCD可能会与黑洞物理有关系的时候，QCD的专家们已经预计到碰撞所产生的能量，会以一团粒子气的形式再次出现，这团气体不遇到任何阻力，并快速地散开。但是他们所看到的则完全不同：能量凝结成团，看起来很像一团流体——称为*热夸克汤*。热夸克汤并不真是什么流体，它有一些令人惊讶的流动特性，与黑洞的视界极为相似。

所有的流体都具有黏滞性。黏滞性是一种作用在流体中，有相对滑动的各个层面之间典型的摩擦力。黏度是一个物理量，用来区别黏滞性很强的流体，如蜂蜜，与不太黏的流体，如水。黏度并不只是一个定性的概念。而对于每一种流体来说，有一个精确的数值测量被称为*剪切黏度*[1]。

理论学家们一开始就用了一些标准的近似方法，并得出结论：热夸克汤具有很高的黏度。而最终结果却是它的黏度小得令人惊讶[2]。除了一些了解弦论的核物理学家，每个人对此都感到很意外。

根据对黏度的某种定量测量，热夸克汤是科学领域所知道的黏度最小的流体——要比水的黏度小很多。即使是超流体液氦（小黏度的前冠军）也要比它黏得多。

---

1. 剪切（shear）这个词的意思为一层在另一层上滑过去。
2. 严格地讲，黏度除以流体熵的值是如此的小。

自然界中有什么东西，可以与热夸克汤的这种低黏度相匹敌呢？有，但是并不是一种通常流体。一个黑洞的视界在它被扰动时表现得也像一个流体。例如，一个小的黑洞掉进了一个大黑洞里面，大黑洞的视界上会产生一个临时的突起，类似于一滴蜂蜜，滴在一壶蜂蜜上面所产生的突起。这个视界上的突起就像在一个黏性流体一样传播。很久以前，黑洞物理学家们计算了视界的黏度，当转换成流体的语言时，它很轻松的击败了超流体氦。当弦论学家开始猜测黑洞和核碰撞之间的联系的时候[1]，他们意识到所有东西中热夸克汤，是最类似于黑洞视界的东西。

387

什么东西最终会成为这团流体呢？就像一个黑洞，热夸克汤也蒸发，变成了各种类型的粒子，包括核子、介子、光子、电子和中微子。黏度和蒸发仅是视界和热夸克汤共同特性中的两种。

在研究核流体的热潮中，人们希望能够知道有没有其他特性能够显示与黑洞物理是相类似的。如果这个潮流继续下去，将意味着我们拥有了一个非凡的机会来证明霍金和贝肯斯坦的理论，以及黑洞互补性原理和全息原理。这是一扇探究量子引力世界的至关重要的窗口，在那里尺寸被放大了，频率被减缓了，这样普朗克距离不再比质子小很多。

有人说和平只是战争之间的短暂间隙。但是在科学上却跟战争相

1. 帕维尔 · 科夫通（Pavel Kovtun）、丹 · 松（Dam T. Son）和安德烈 · 斯塔里内特（Andrei O. Starinets）—— 三位西雅图华盛顿大学的理论物理学家 —— 首先认识到全息原理在热夸克汤的黏滞性特性上的内涵。

反，托马斯·库恩说得很对：大部分“普通科学”发生在巨变之间，是一个长期的、平静的、单调的过程。黑洞战争导致了物理学定律的一次疯狂的重建，但是现在我们看到它已经在那些天天都要用到的更普通的物理学中起到作用。就像先前许多次的革命性的想法一样，全息原理正在从激进的范式，渐渐地转变成核物理学每天都要用到的工具。

388

第 24 章
大成若缺

我们只是一些生活在一颗普通恒星的行星上的高级的猴子。但是我们可以理解宇宙。这使我们变得与众不同。

——史蒂芬·霍金

为了理解相对论，我们重新装备自己，这已经够难了。而如果是为了量子力学那更困难了。可预见性或者决定论必须离开，而失败的经典逻辑必须要被量子逻辑所取代。人们用抽象的无限维希尔伯特空间、数学上的对易关系以及其他一些怪异的发明来描述。

在整个20世纪的重新装备的过程中，至少到90年代中期，时空的实在性、事件的客观性已经是无可争议了。人们普遍认为量子引力在研究时空的大尺度特性时没什么用。史蒂芬·霍金以及他的信息佯谬，却无意或说是很不情愿地带我们走出了这个框架。

关于物质世界的新的观点在过去十多年的时间中不断地演变着，包括一种新的相对性原理和一种新的量子互补性原理。在1905年的时候，关于两个事件同时性的客观性就被否认了，但是事件本身这个概念却被坚实地保留了下来。如果一个核反应发生在太阳上，所有的观测者都会同意它发生在太阳上。没有人能在地球上观测到它。但是在引力作用极其强大的黑洞里，却出现了一些异常，一些破坏事件客观性的东西发生了。一件在自由下落的观测者看来是发生在巨型黑洞的内部的事件，在视界外部的另一个观测者看来却是在霍金辐射的光子中被“持球跑进”了。一个事件不能同时发生在视界内部和视界外面。同样的事件要么发生在视界后面要么在视界前面，这取决于观测者做的是哪个实验。但是互补性原理所有诡异的特性，在全息原理面前就成了小巫见大巫。立体的三维的世界似乎只是某种幻象，而真正的事情发生在空间的边界上面。

389

对于我们大部分人来说，一些像同时性（狭义相对论中的）和决定性（量子力学中的）这样的概念的崩溃，只不过是个别物理学家所感兴趣的晦涩而奇怪的事情。但是真实的世界截然相反：人类动作不自然的缓慢以及人身体内的10^{28}个原子都是自然界的特例。对于每个人而言，宇宙中存在着10^{80}个基本粒子。它们中大部分都以接近光速的速度运动，而且不是无法确定其位置就是无法确定其速度。

我们在地球上所感受到的引力作用之弱也是一个意外。宇宙在一个急速膨胀的状态中诞生；空间中的每一点都被一个半径比单个质子还小的视界所包围。宇宙中最著名的居民——星系——围绕着不断地吞噬着恒星和行星的巨型黑洞而形成。宇宙中每10 000 000 000比特信息中有9 999 999 999比特是与黑洞的世界相关的。显然，我们关于空间、时间和信息的这些幼稚的想法，用来了解自然是完全不够的。

量子引力的再装备过程，还远远没有完成。我不认为，我们已经有了一个能代替客观时空的老范式的合理框架结构。弦论强有力的数学是有帮助的，它使我们可以给出一个严格的框架，来验证那些我们只能在哲学层面争论的问题。但是弦论是一项未完成的，仍在继续中的工作。我们不知道它的确定原理，也不知道它是现实世界的最基本的描述，还是征途中另一个暂时性的理论。黑洞战争告诉我们一些非常重要而又出人意料的东西，但是它们仅仅是一个暗示，用来告诉我们现实与我们脑中的图像是如此的不同。即便是在我们用相对论和量子力学重新装备过之后，情况仍然如此。

390

宇宙视界

黑洞战争已经结束（这样讲可能会使很多还在为此战斗的人感到沮丧），但是就算它结束了，自然界，这个伟大的好事者，又投给了我们另一个曲线球[1]。在马尔达西纳发现的同时，物理学家开始确信我们生活在一个有着非零宇宙学常数的宇宙中。一个小得出奇的自然常数[2]，比任何物理学常数都要小，宇宙学常数是宇宙未来的主宰者。

宇宙学常数，也被称为暗能量。近一个世纪以来，它一直是物理学家们感到烦恼的事情。1917年，爱因斯坦推测有一种反引力，它可

1. 译者注：曲线球（curve ball）是棒球术语，棒球球场分内场和外场，比赛分两队，每队9人。内场设一、二、三和本垒4个垒位。攻队队员在本垒一次用棒击守队“投手”投来的球，并趁机跑垒，能依次踏过一、二、三垒并安全回到本垒者得1分。曲线球是指收队投手投出的诡异的球，所以又可解释为诡计、把戏等意思。

2. 宇宙学常数的数值约为10^{-123}个普朗克单位。对存在宇宙学常数的猜测开始于20世纪80年代中期，是一些宇宙学家仔细研究了天文数据所提出来的。但是在后面的十多年中，它并没有受到物理界很大的关注。如此小的一个值，使得大部分物理学家认为它并不存在。

以使宇宙中每样物体都排斥其他物体，以此来抵消通常引力的吸引作用。这个猜想并不是没有根据的，它是严格基于广义相对论的数学的。该方程有一个额外项的自由度，这个额外的项被称为宇宙学项。这种新作用的强度与一个新的自然常数成正比，即所谓的宇宙学常数，这个常数用大写的希腊字母Λ表示。如果Λ是正的，那么宇宙学项便会产生随距离增加而增加的排斥力；如果是负的，那么这个新的作用力则是一种吸引力；如果Λ是零，那么没有新的作用力，我们可以忽略它。

起初，爱因斯坦猜测Λ是正的，但是不久之后他开始讨厌整个想法，并称它是他一生中最大的错误。在他后半生中，他在他所有的方程中把Λ都设成零。虽然大部分物理学家不知道为什么Λ应该在这些方程中消失，但是他们都同意爱因斯坦。然而几十年过去了，人们又开始相信天文上存在一个正的小的宇宙学常数。

391

这个宇宙学常数，以及所有由它所产生的难题和佯谬，在我的《宇宙概况》中都有讲到。这里我只是告诉你最重要的结果：作用在宇宙学距离上的排斥力，会使空间指数式膨胀。宇宙在膨胀，这没什么新鲜的，但是没有宇宙学常数，这个膨胀速率是逐渐减小的。实际上，宇宙膨胀有可能会停止膨胀反而开始收缩，最终导致一个内向的大坍缩。与之相反，如果存在宇宙学常数的话，那么宇宙似乎每隔150亿年就会变大一倍，而且所有的迹象显示这种方式没有尽头。

在一个膨胀的宇宙中，或者对于一个膨胀的气球，两点间的距离越大，它们相对彼此后退得越快。这个距离和速度的关系被称为哈勃定律：两点间的退行速度与它们分开的距离成正比。对于任意观测者来说，不论他在哪里，环视四周便会发现那些遥远的星系都在远离他而去，它们的速度正比于它们与他之间的距离。

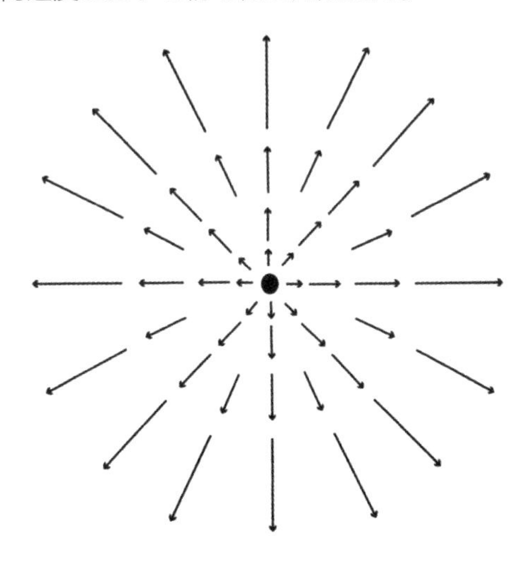

392　在这个膨胀的宇宙中，如果你可以看得足够远，那么你将会看到有一个点，那里的星系正在以光速远离你。一个指数式膨胀的宇宙，最显著的特征就是这个点的距离是不会改变的。在我们的宇宙中，约在150亿光年的地方的物体是以光速远离我们，更重要的是它们将永远以这种方式在退行。

这些东西听起来挺熟悉但又略有不同。它使我想起第2章中的蝌蚪湖。如果爱丽丝随着水流下去，她将穿过一去不复返点，并以声速远离鲍勃。类似的事情现在也同样发生在一个极大的尺度上面。我们从每一个方向观察，星系正在穿过那个点，在那个点上它们远离我们的速度将超过光速。我们每一个人都被一个宇宙学视界所包围——一个球面，其上所有的东西都以光速退行——因而没有信号可以从这个面之外的地方传达到我们这里。当一颗恒星穿越这个一去不复返点时，它将永远地消失了。现在看来，约在150亿光年的地方，我们的宇宙学视界正在吞噬着星系、恒星，还可能有生命。这就好像我们生活在我们自己的隐秘的里面朝外的黑洞中。

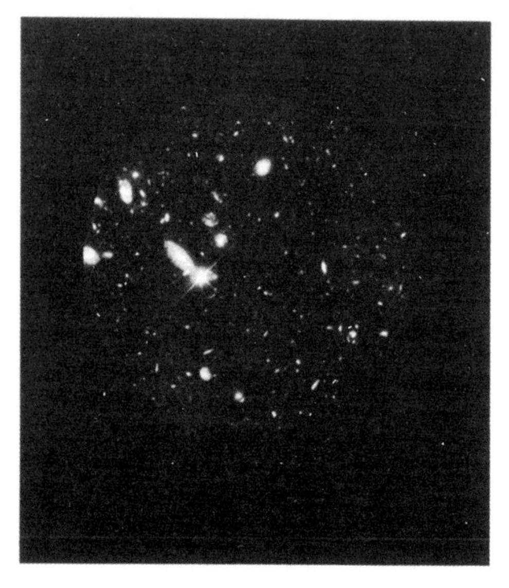

会不会存在着这样一些世界，它们很早以前就穿越了我们的视界，[393] 又与我们的世界类似，而且它们与我们所能观测的任何东西都完全无关？更糟的是，我们是不是永远无法了解宇宙中的大部分区域？这对于一些物理学家来说，是极其困扰人的。有一种哲学认为如果某些东西是不可观测的，从原则上是不可观测的，那么它将不属于科学范畴。如果没有办法证伪或证明一个假说，那么它与占星术和唯灵论一样都属于形而上学的猜想。以这种标准来看，宇宙中的大部分区域都没有真实的科学——只是我们通过想象来臆造的东西。

但是，将宇宙的大部分区域认为是没有价值的而摒弃又是难以接受的。并不存在任何证据，显示星系在视界上面慢慢变暗或者消失。天文观测表明在我们眼睛或望远镜所能看到的地方，它们还安好地存在着。我们该怎么理解这种情形呢？

以往在许多其他领域中有很多“不可观测”的东西被认为属于科学范畴而不予考虑。他人情感就是一个很著名的例子。整套行为主义[1]心理学所基于的原理就是认为情感和内在的意识状态是不可知的，所以它不应该出现在科学讨论中。只有实验上可观测的行为——人的身体活动、面部表情、体温、血压——才是行为主义心理学研究的对象。行为主义在20世纪中期影响力很大，但是今天大多数人认为它只是一种极端的观点。也许我们应该像承认他人内在生活是不可知那样，承认视界之外的宇宙是不可知的。

然而，可能有一个更好的答案。宇宙视界的这些特性看起来与黑洞的特性很相似。一个加速宇宙（特别是指数式膨胀的）的数学暗示着当有东西靠近宇宙视界的时候，我们会看到它们变慢。如果我们可以送一支温度计到这个宇宙视界的附近，那么我们会发现温度不断地上升，直到在视界面上温度趋向了无穷大。难道这意味着所有生活在遥远的行星上的人们正在被烧烤？答案就是他们跟在一个黑洞附近一样。对于一个随着膨胀穿越宇宙视界的观测者来说，这只是一个数学上的一去不复返点，并没有什么大不了的。但是，根据我们的观测，

394

1. 译者注：行为主义（behaviorism），美国现代心理学的主要流派之一，也是对西方心理学影响最大的流派之一，心理学不应该研究意识，只应该研究行为，把行为与意识完全对立起来。在研究方法上，行为主义主张采用客观的实验方法，而不使用内省法。

再配合上一些数学上的分析，我们发现他们正在靠近一个温度高得难以置信的区域。

那么它们的信息会发生什么变化呢？霍金用于证明黑洞辐射黑体谱的论证，同样可以用来告诉我们宇宙视界也在辐射。但是在这里，这种辐射不是向外的而是向内的，就像我们生活的房间的墙壁正在做热辐射。以我们的观点来看，当东西向视界运动的时候，它们很可能会被加热，并以光子的形式辐射回来。有没有可能存在一个宇宙学互补性原理呢？

> 对于一个宇宙视界内部的观测者来说，视界是一个由视界原子所组成的炙热表层，这些视界原子吸收，“持球跑进”，而且还退回所有信息。对于一个穿越了宇宙视界的自由运动的观测者来说，这种穿越没什么异样的地方。

然而，现在我们对宇宙视界知道得非常少。关于视界后面的物体的意义——它们是否真实，它们在我们对宇宙的描述中占什么样的地位——可能会是宇宙学中最深刻的问题。

下落的石头和轨道中的行星，都不能很好地告诉我们引力究竟是什么？黑洞是引力研究的适当场所。黑洞不仅仅是一个致密的星体，更是一个终极的信息储存器，在那里信息被紧紧地包裹起来就像一个二维的炮弹堆，但是尺度要小34个数量级。这就是量子引力：信息和熵被紧紧地包裹起来。

霍金关于自己的问题所给的答案可能是错的，但是这个问题本身，是这些年来物理学上意义最为深远的一件事情。可能是他的经典图像 395 过于根深蒂固——很容易认为，尽管时空可以变形，但也不过是一块物理学用来描绘世界的先验的画布——以至于不承认调和量子信息守恒和引力相互作用的深远意义。但是问题本身却打开了一条通向下一个物理学重大观念革命的道路。没有几个物理学家可以给出那个观点的。

霍金所带给我们的财富是非常巨大的。在他之前其他人也意识到了，引力和量子理论的不匹配会在某一天被消除，但是贝肯斯坦和霍金是第一个进入这个遥远国度，并带回来金子的人。我希望将来的科学史专家们会说，是他们开始了这一切。

> 一个从未尝试过失败的人是不会有伟大的成就的。
>
> ——赫尔曼·梅尔维尔（Herman Melville）[1]

果壳中的物理学

人们迷惘、没有方向；因果破却，确定性丧失；所有一切旧的规律都失效。这就是一个占支配地位的范式崩溃之时所发生的事情。

但是，接着一个新的模式出现了。起初它们是荒谬的，只是模式

1. 译者注：赫尔曼·梅尔维尔（1819～1891），美国后期浪漫主义小说家、散文家和诗人，《白鲸记》的作者。梅尔维尔的一生及其作品，是美国这一新生民族的内在冲突的象征，他与他所处时代的不切实际的理想主义格格不入。他认为人既是兽类，又是世间的精英，两者兼容并蓄，密不可分。

而已。接着应该做什么呢？将这个模式分类、量化并且用新的数学编码，如果必要的话还要用新的逻辑。用新的装备取代旧的并且慢慢熟悉它。亲不敬，熟生蔑[1]，或者至少是接受它。

396

我们很可能仍是一些满脑子错误图像的深感迷惑的初学者。终极的现实离我们还很远。这让人想到那个古老的绘图学里的术语，未发现的地域（terra incognita）。我们了解得越多，剩下的未知就越少。这就是果壳中的物理学。

1. 译者注：原文为谚语Family breeds contempt，即“亲不敬，熟生蔑”之意。这里必须要考虑到东西方文化的巨大差异，例如，中国人如直呼父母亲的名字，被视为大不敬，而西方家庭人员之间均以名字称呼，以示亲情。这里是说，如果我们通晓了新的模式，就不会再有迷惘。

397

跋

2002年，霍金迎来了他的第60个生日。没有人想到他会活到这一天，尤其是他的那些医生。这件事值得大大庆贺一番——举行一个盛大的生日宴会。于是我又再一次出现在剑桥，同时到场的还有其他数百人。有物理学家、新闻记者、摇滚明星、音乐家、一个玛丽莲·梦露的扮演者、康康舞女[1]，还有丰盛的食物和美酒。这边是媒体的一件大事，那边则是一个严肃的物理会议。任何一个与霍金科学生涯有缘的人都发了言，包括霍金本人。以下就是我发言中一段简短的摘录。

> 我们都知道，霍金绝对是这个世界上最固执、最惹人恼火的人。我想就科学而言，本人与他的关系，可称之为势不两立。在有关黑洞、信息及所有类似事物的深层次问题上，我们有着深刻的分歧。有时他会让我因怒火郁结而扯掉自己的头发——你们可以清楚地看到它的后果。我可以向你们保证，20多年前我们开始争辩的时候，我脑袋上的头发可是长满的。

---

1. 译者注：康康舞又译坎坎舞，是一种快速活泼的舞会舞蹈，1830年进入法国，19世纪末常在舞厅、酒吧间演出，女演员身着肥大裙子，以掀裙高踢腿为其特征。

讲到这一点，我可以看到坐在礼堂后边的霍金在调皮地笑着。我 398 接着说：

> 我还可以说，在我认识的所有物理学家中，他对我和我的思想影响最大。自1983年以来，我思考的几乎每一个问题，都在以某种方式对他作出了回应，对有关掉入黑洞的信息命运，这一有深刻见地的命题作出回应。尽管我坚信他的答案是错误的，但这一问题，以及他坚持不懈地寻求有说服力的答案的努力，迫使我们重新思考物理学的根基。其结果是，一个全新的模型正在成形。我深感荣幸，能来这里庆贺霍金所作出的巨大贡献，特别是他卓越的顽强精神。

我说的每一句话都是当真的。

我只记得其他三个发言。其中有两个是罗杰·彭罗斯作的，个中原因我记不得了，但他确实讲了两次。在第一个发言中，他坚决主张信息必然会在黑洞的蒸发中丢失。这些是霍金早在26年前就提出的论点。彭罗斯坚持说霍金和他现在依然相信它们。我很是吃惊，因为就我（以及一直关注新近进展的任何一个人）而言，矩阵理论、马尔达西纳的发现以及斯特鲁明格和瓦法的熵演算都已最终平息了这一问题的争论。

但在他的第二个发言中，彭罗斯坚持认为全息原理以及马尔达西纳的研究都是建立在错误概念之上的。直白地说，他的观点就是，“高维度空间中的物理学，怎么可能用低维度空间的理论来描述？”我觉得他思考得还不够深。我和彭罗斯做了40年的朋友，知道他很叛逆，总是和主流学识唱反调。我本不该感到惊讶，他会唱对台戏的。

存留在我脑中的另一个讲演是霍金的——这倒不是因为他讲到 399 了什么，而反倒是因为他没有讲到的东西。他简洁地回顾了一生中令人瞩目的闪亮之处——宇宙学，霍金辐射，精彩的卡通画[1]，但是对信息丢失却只字未提。会不会他开始动摇了？我猜想如此。

然后，在2004年的一次记者招待会上，霍金宣布，他的看法改变了。霍金说，他的最新研究终于解决了他自己的佯谬：不管如何，信息似乎确实从黑洞里渗出，并最终消失在蒸发产物之中。照霍金的说法，不知何故，在这整段时间中那个机制被忽视了，但他最终还是确立了它，并将在都柏林的下一次会议上报告他的结论。媒体紧张了起来，人们在屏息等待着这次会议的到来。

报纸还报道说，霍金将向约翰·普雷斯基尔支付他输掉的赌注（此人构思独特的思想实验在圣芭芭拉曾让我担心）。1997年，普雷斯基尔与霍金打赌，说信息确实会从黑洞中逸出，赌注是一本棒球百科全书。

最近我获悉，1980年唐·佩吉和霍金也有过一次类似的打赌。正如我从佩吉在圣芭芭拉的演讲中得出的猜想那样，他一直对霍金的主

---

1. 译者注：卡通画指《果壳中的宇宙》《时间简史彩图本》中的插图。

张存有怀疑。2007年4月23日，在我写这段文字的两天前，霍金正式认输了。佩吉很友好地将原赌约的一份影印件送给了我——一个以1英镑赌1美元的赌约——外加霍金签名认输的文字。末尾那黑乎乎的一团是霍金拇指的指印。

How Predictable Is Quantum Gravity?

Don Page bets Stephen Hawking one pound Sterling that strong quantum cosmic censorship holds, namely, that a pure initial state composed entirely of regular field configurations on complete, asymptotically flat hypersurfaces will have a unique S-matrix evolution under the laws of physics to a pure final state composed entirely of regular field configurations on complete, asymptotically flat hypersurfaces.

Stephen Hawking bets Don Page $1.00 that in quantum gravity the evolution of such a pure initial state can be given in general only by a $-matrix to a mixed final state and not always by an S-matrix to a pure final state.

"I concede in light of the weakness of the $"
Stephen Hawking, 23 April 2007

Don N. Page

Stephen Hawking

霍金的演讲怎么样？我不知道，因为我不在场。但是几个月后的一篇文章披露了其中的细节。他讲得并不多：关于佯谬由来的一个简短介绍，对马尔达西纳一些观点的一段冗长表述，最后是一段痛苦的说明，解释为什么自始至终每个人都是对的。

然而，并不是每个人都是对的。

过去几年中，我们已看到过一些备受争议的论战，它们伪装成科学的辩论，但实际上却是政治争论。这些争论包括：智慧设计论[1]；全球是否真的在变暖，如果是，是否是人为造成的；昂贵的导弹防御系

401

左起：克劳迪奥·泰特尔鲍姆（本斯特），赫拉德·特霍夫特，作者，约翰·惠勒，弗朗索瓦·恩格勒。瓦尔帕莱索，1994

1. 译者注：智慧设计论，认为生命或宇宙不可能偶然发生，而是由某种智慧实体设计创造的一种理论。

统的价值；甚至还有弦论。但幸运的是，并不是所有的科学辩论都是论战。在一些重大问题上，确确实实的看法分歧，会不时地出现并激发出新的深刻见解，甚至是范式的变更。黑洞战争是非论战型辩论的一个范例；事关对互相冲突科学原理切实的看法分歧。虽然信息在黑洞中是否丢失，这一争论起初确实是个看法问题，但现在科学界的看法已经在一种新范式上大体得到了统一。纵使原先的战争结束了，我对我们是否已吸取了其中所有重要教训还存有怀疑。弦论最恼人的未了之处，是如何将它运用到现实的宇宙中去。全息原理非常精彩地被马尔达西纳的反德西特空间理论所证实，但是现实宇宙的几何学却不是反德西特空间的。我们生活在一个膨胀的宇宙之中，它带着宇宙视界和冒泡的小宇宙或许更像是一个德西特空间。眼下无人知道如何将

402

霍金与作者。瓦尔迪维，智利，2008

弦论、全息原理或者其他有关黑洞视界的知识，运用到宇宙视界上去，但是两者很可能有着深刻的关联。我本人的猜想是，这些关联会涉及许多宇宙学难题的根基。我希望有一天能再写一本书，解释最终这一切是如何结束的，不过，我想这一时刻不会很快来临。

词汇表

anti de Sitter Space（反德西特空间）—— 具有负常数曲率的连续统空间，类似于一个球面容器。

antipodal（对径点）——球的直径与球面相交的两点称对径点。

bit（比特）——信息的基本单位。

black body radiation（黑体辐射）——由非反射体的自身热量所导致的电磁辐射。

black hole（黑洞）——一个如此重而稠密的客体，没有任何东西能从它之中逃逸。

Black Hole Complementarity（黑洞互补性原理）——将玻尔的互补性原理应用到黑洞。

Boundary Theory（边界理论）—— 在空间区域的边界上的数学理论，它能描述该区域内部的所有事情。

Brownian Motion（布朗运动）—— 悬浮在水中的花粉的随机运动，该运动是由水分子的热运动碰撞花粉所产生的。

classical physics（经典物理）——不考虑量子力学的物理学，也称为决定论性物理学。

closed string（闭弦）——类似于橡皮筋的没有端点的弦。

corpuscles（微粒）——在牛顿微粒说中，所假设的光的粒子。

curvature（曲率）——描述空间或时空的弯曲程度的一个数学量。

dark star（暗星）——一个如此重而稠密的恒星，光也无法从中逃逸，现称其为黑洞。

D - brane（D - 胚）——一个时空曲面，基本弦的端点能够位于其上。

determinism（决定论）—— 经典物理学原理，认为未来完全决定于现在。量子力学是非决定论。

Dollar - matrix（美元矩阵）——霍金试图以此替代 **S** 矩阵。

duality（对偶性）——同一系统的两种表观上不同描述之间的联系。

dumb hole（哑洞）——在孔附近流速超过水中的声速的一个排水孔。

electric field（电场）——电荷周围的力场。

electromagnetic waves（电磁波）—— 由振动的电场和磁场组成的类波扰动。可见光是一种电磁波。

embedding diagram（嵌入图）——由时空连续统切片表示的某一时刻的时空图。

entropy（熵）—— 隐藏信息的量度。储存在系统中的细节上的信息，由于过细过多而无法追踪。

escape velocity（逃逸速度）——抛物体逃离有质量客体引力的最低速度。

Equivalence Principle（等价原理）—— 爱因斯坦提出的一条原理，认为引力无法与加速度相区分。例如，升降机里所发生的情形。

event（事件）—— 时空中的一个点。

extremal black hole（极端黑洞）—— 对于给定电荷达到了最低质量的荷电黑洞。

First Law of Thermodynamics（热力学第一定律）—— 能量守恒定理。

fundamental strings（基本弦）—— 配制引力子的弦。基本弦的典型尺寸不比普朗克长度大多少。

gamma rays（伽马射线）—— 最短波长与最大能量的电磁波。

General Theory of Relativity（广义相对论）—— 基于弯曲时空的引力的爱因斯坦理论。

geodesic（测地线）—— 在弯曲空间中最接近直线的东西，两点之间的最短路径。

glueball（胶子球）—— 仅有胶子而没有夸克组成的强子，胶子球是闭弦。

gluons（胶子）—— 一种能制成弦的粒子，可以束缚夸克。

grok（干扰克）—— 从本质上以极度直觉方式理解某事物。

ground state（基态）—— 量子系统的最低能量态，经常等同于绝对零度态。

hadrons（强子）—— 密切相关于原子核的粒子：核子、介子和胶子球。强子由夸克和胶子组成。

Hawking radiation（霍金辐射）—— 由黑洞发射的黑体辐射。

Hawking temperature（霍金温度）—— 从远处看到的黑洞温度。

Heisenberg Uncertainty Principle（海森伯不确定原理）—— 尽最大努力同时确定位置和速度的限制，为量子力学原理。

hertz（赫兹）—— 频率单位，测量每秒钟完全振动的次数。

hologram（全息）—— 三维信息的二维表示。一种照片类型，它能够重构三维像。

Holographic Principle（全息原理）—— 该原理认为所有信息位于空间的区域边界上。

horizon（视界）—— 视界是一个曲面，在该曲面内，任何事物无法逃离黑洞。

information（信息）—— 区分一个事态与另一事态的数目，用比特计量。

infrared radiation（红外辐射）—— 比可见光波长更长的电磁波。

interference（干涉）—— 由两个分离的源发出的波，在某处相消或增强的一种波动现象。

IR（红外）—— 红外。经常用于标记大距离。

magnetic field（磁场）—— 围绕磁体和电流的力场。

microwaves（微波）—— 波长比无线电波稍短的电磁波。

neutron star（中子星）—— 质量大于形成白矮星，小于坍缩成黑洞的恒星，演化的最终阶段。

Newton's constant（牛顿常数）—— 牛顿引力定律中的一个数值常数，在米单位中 $G=6.7\times10^{-11}$。

No - Quantum - Xerox Principle（量子复印机不存在性原理）——量子力学的一条定理，禁戒完全复制量子信息机器的可能性，又称不可克隆原理。

nucleon（核子）——中子或质子。

open string（开弦）——具有两个端点的弦。橡皮筋是闭弦，用剪刀将它剪开，就变成了开弦。

oscillator（振子）——任何经历周期振动的系统。

photons（光子）——光的不可再分部分。

Planck length（普朗克长度）——当 **3** 个自然界基本常数 ***c***、***h*** 和 ***G*** 都等于 **1** 时的长度单位。经常作为最小长度，等于 10^{-42} 秒。

Planck mass（普朗克质量）——普朗克单位制中的质量单位，等于 10^{-8} 千克。

Planck 's constant（普朗克常数）——数值常数 ***h***，用来描述量子现象。

Planck time（普朗克时间）——普朗克单位制中的时间单位，等于 10^{-42} 秒。

point of no return（一去不复返点）——黑洞视界的一个比拟。

proper time（固有时）——依照运动时钟流逝的时间，沿世界线的距离量度。

QCD（量子色动力学）——量子色动力学的缩写。

Quantum Chromodynamics（量子色动力学）——描述夸克和轻子以及它们如何组成强子的量子场论。

Quantum Field Theory（量子场论）——统一物质的粒子与波特性的数学理论，是基本粒子物理的基础。

quantum gravity（量子引力）——统一量子力学与爱因斯坦广义相对论的理论，目前尚未完备的理论。

radio waves（无线电波）——波长最长的电磁波。

RHIC（相对论性重离子对撞机）——一个加速重核到接近光速的加速器，并使它们碰撞而产生高热原子核物质飞溅出来。

Schwarzschild radius（史瓦西半径）——黑洞视界的半径。

Second Law of Thermodynamics（热力学第二定律）——熵总是增加的。

simultaneity（同时性）——通常用来称同时发生的事件。从狭义相对论可知，同时性不再是一个客观性质。

singularity（奇点）——在黑洞中心无限稠密的点，在该点潮汐力为无穷大。

S - matrix（S 矩阵）——粒子间碰撞的数学描述。**S** 矩阵是一个表列出可能的输入和所有结果的概率振幅。

space - time（时空）——将空间和时间统一进一个四维流形中。

Special Theory of Relativity（狭义相对论）——爱因斯坦 **1905** 年提出的理论，论述了光速的佯谬。该理论称时间是第四维。

speed of light（光速）——光移动的速度，约为每秒 **186 000** 英里，用字母 ***c*** 标记。

String theory（弦论）——基本粒子被看做微观的、一维能量弦的数学理论，它是量子引力的候选者。

temperature（温度）——当系统熵增加一个比特，系统能量增加后的效应。

tidal forces（潮汐力）——由于引力强度的空间变化所产生的扭曲力。

tunneling（隧道效应）——一种量子力学现象，粒子通过了在经典情形下，由于缺少足够能量而不能通过的势垒。

ultraviolet radiation（紫外辐射）——波长比可见光稍短的电磁波。

UV（紫外）——经常用来称非常小的尺寸。

viscosity（黏滞性）——在流体层之间，由于相互移动通过而生成的摩擦。

wavelength（波长）——从波峰到波峰的一个完全波所占有的距离。

white dwarf（白矮星）——为恒星质量不比太阳质量大多少时，它演化的最终阶段。

world line（世界线）——时空中粒子的轨迹。

X - rays（**X** 射线）——波长比紫外光稍短，但比伽马射线稍长的电磁波。

zero point motion（零点运动）——由于不确定原理，量子系统的剩余运动不能被消除，也称为量子晃动。

索引

B

I

J

K

M

N

S

U

Z